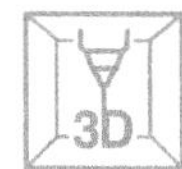

"十四五"职业教育
"特高"建设规划教材

数字化无模成形加工技术

张敬骥
阴　曙

佟宝波
张海涛

丁宾　审

化学工业出版社
·北京·

内容简介

本教材以数字化无模铸造精密成形加工制造技术为主线，设置4个项目、8个教学任务，主要内容包括数字化无模铸造精密成形技术基础、平面模型加工、复杂曲面模型加工、异形件模型加工以及典型零件检测。本教材配有视频资源，读者扫描二维码即可完成视频资料学习。

本教材可供职业学校1+X专业课程教学使用，还可作为加工制造企业的职工培训教材。

图书在版编目（CIP）数据

数字化无模成形加工技术/张敬骥，阴曙主编.—北京：化学工业出版社，2022.6

ISBN 978-7-122-41060-3

Ⅰ.①数… Ⅱ.①张…②阴… Ⅲ.①成型加工-教材 Ⅳ.①TQ320.66

中国版本图书馆CIP数据核字（2022）第048196号

责任编辑：冉海滢　刘　军　　文字编辑：陈立璞　林　丹
责任校对：李雨晴　　装帧设计：王晓宇

出版发行：化学工业出版社（北京市东城区青年湖南街13号　邮政编码100011）
印　　装：北京科印技术咨询服务有限公司数码印刷分部
787mm×1092mm　1/16　印张$13^3/_4$　字数304千字　2022年8月北京第1版第1次印刷

购书咨询：010-64518888　　售后服务：010-64518899
网　　址：http://www.cip.com.cn
凡购买本书，如有缺损质量问题，本社销售中心负责调换。

定　　价：49.80元

前言

PREFACE

为贯彻落实《国家职业教育改革实施方案》《北京市人民政府关于加快发展现代职业教育的实施意见》《北京职业教育改革发展行动计划》等文件要求，加强北京市特色高水平职业院校、骨干专业、实训基地（工程师学院和技术技能大师工作室项目）建设，北京金隅科技学校以无模铸造精密成形为方向组织编写了本教材，阐述数字化无模成形加工技术的原理，突出其高效率、高精度、高性能的技术优点。编写过程中，在职教师与企业工程师充分合作，将企业实际生产的产品案例优化调整后作为教材的任务载体，以机械科学研究总院数字化无模铸造精密成形机的产品加工为主线，参照相关行业标准和企业标准进行编写，内容更加贴近企业生产的实际需求。本教材也是“北京国创成形技术工程师学院”建设项目的成果之一，可用于职业学校相关专业教学，也可以用于无模成形加工企业职工培训。

在教材编写中建设了与内容同步配套的信息化学习资源，分别在零件浇注系统设计、零件分型定位设计、模具的编程和加工、质量检测等环节制作了精良的微课视频，对知识内容进行细致的讲解和演示，以二维码的形式嵌入，将理论知识形象化和生动化，便于读者学习理解。

本书由张敬骥、阴曙主编，佟宝波、张海涛副主编。阴曙和张海涛编写项目一，张敬骥编写项目二和项目三任务一，佟宝波编写项目四和项目三任务二，轻量化院潍坊平台单超、戴文强工程师提供了部分案例并参与了编写工作。本书在编写过程中得到中国机械科学研究总院集团轻量化院侯明鹏博士、潍坊平台徐继福副主任的鼎力支持，同时得到了王志冰工程师、邵春燕工程师的鼎力协助，在此一并致谢。

由于编者水平有限，书中难免存在不足之处，敬请广大读者批评指正。

编者

2022.1

目录
CONTENTS

项目一 数字化无模铸造精密成形技术基础

项目导入

数字化无模铸造精密成形技术与装备是计算机、自动控制、新材料、铸造等技术的集成创新，三维 CAD 模型直接驱动铸型制造，是一种全新的复杂金属件快速制造方法，能够实现复杂金属件制造的柔性化、数字化、精密化、绿色化、智能化，是铸造技术的革命。

项目目标

1. 了解数字化无模铸造精密成形技术的发展历史。
2. 了解数字化无模铸造精密成形技术及装备的应用范围。
3. 掌握数字化无模铸造技术和无模成形设备的特点。
4. 掌握数字化无模铸造成形机的操作方法。
5. 掌握数字化无模铸造成形机的安全操作规程。
6. 掌握数字化无模铸造成形机的维护及保养方法。

任务一

了解数字化无模铸造精密成形技术

任务目标

1. 了解数字化无模铸造精密成形技术的发展。
2. 掌握数字化无模铸造精密成形技术的特点。
3. 了解数字化无模铸造精密成形技术及装备的重要应用。
4. 了解数字化无模铸造技术在我国的发展前景。

任务分析

本任务是了解数字化无模铸造精密成形技术在我国的发展历史，掌握无模铸造技术的特点及其使用应具备的工艺能力和编程能力，了解数字化无模铸造技术的应用范围、发展前景。

知识准备

一、数字化无模铸造精密成形技术的发展历史

铸造是机械装备制造业产品毛坯的主要提供者。目前我国有铸造企业约 3 万家，比世界上发布的 35 个国家和地区铸造企业的总和还多。2018 年我国铸件产量为 4935 万吨，占全球的 44%，较 2000 年提升 27 个百分点。2018 年全球铸件产量 1.13 亿吨，同比增长 2.6%。

我国铸造行业能源、资源消耗高，废砂粉尘排放量大，传统铸造行业节能减排方面面临很大的问题。传统有模铸造流程如图 1-1 所示。

传统铸造需要木模、金属模等模具，存在工序多、流程长、形状精确控制难等世界性难题（表 1-1），难以满足多品种、小批量、短周期、高精度、高性

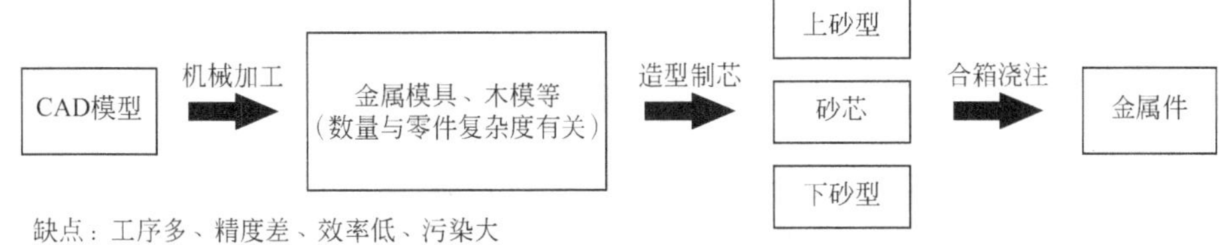

图 1-1 传统有模铸造的流程

能的迫切要求，为此提出了复杂铸件无模复合成形制造技术。

表1-1 传统有模铸造技术存在的问题

工序多	拔模斜度 / 金属模或木模 / 砂箱等
精度差	单件 / 小批量，木模，手工造模
效率低	模具制造花费 2 ～ 3 个月，是整个加工周期的 3/4
污染大	模具制造过程中浪费了许多金属、木材及其他能源

1. 技术背景 1——市场需求

随着我国近年来对环境保护的高要求、高标准，铸造业必须符合节能减排、可持续发展和减小环境污染的发展方向，做到低价格、高质量，能满足制造的各种工艺要求。

2. 技术背景 2——发动机等领域亟需关键部位的快速精密铸造技术及装备

在发动机等高精尖技术领域，我国传统的铸造技术存在发动机内外结构尺寸精度差、壁厚不均匀等问题，如图 1-2 所示。传统有模铸造的周期长、成本高，不能满足复杂精密的铸造需求。

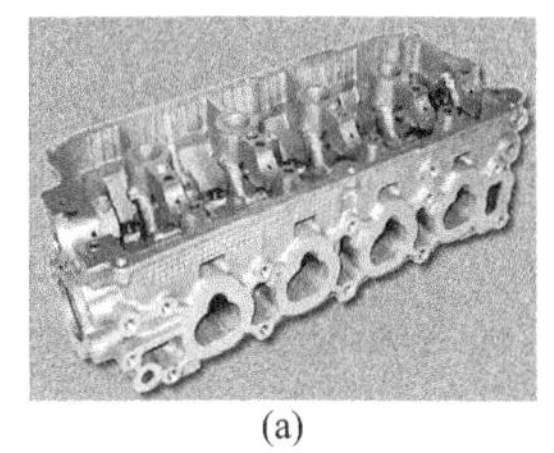
(a)

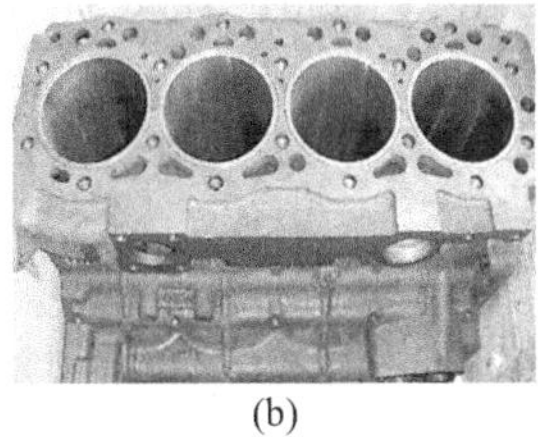
(b)

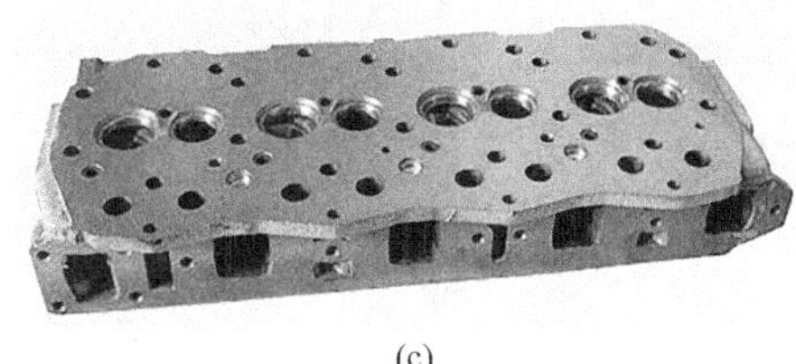
(c)

图 1-2 传统铸造模具

复杂铸件无模复合成形制造技术的原理是根据铸件三维 CAD 模型，结合创建的铸造工艺数据库和砂型工艺数据库，建立不同材质型砂的复合砂型三维优化模型；由三维 CAD 模型驱动砂型柔性挤压近成形、砂型切削净成形，制造出不同材质的砂型 / 砂芯单元，组装出复合铸型，浇注熔融金属制造出高品质的复杂铸件。该技术实现了数字化无模柔性高效、高精制造，制造周期缩短 50% 以上。

3. 技术背景3——无模铸造带来工艺革新

与传统铸造工艺相比，数字化无模铸造技术的加工时间缩短了50% ~ 80%，制造成本降低了约30% ~ 50%。中国机械工业联合会专家指出数字化无模铸造技术是一种重要的创新技术并达到了国际先进水平，如图1-3所示。

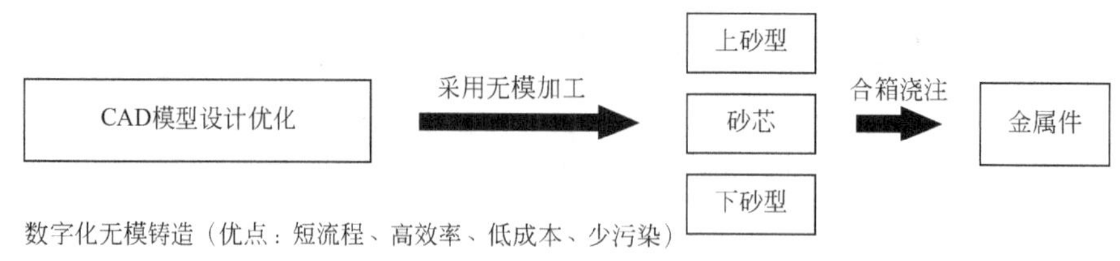

图1-3　先进无模铸造的流程及优点

二、无模铸造技术的工艺设计流程

1. 无模铸造技术的工艺流程

无模铸造技术的工艺流程如图1-4所示。

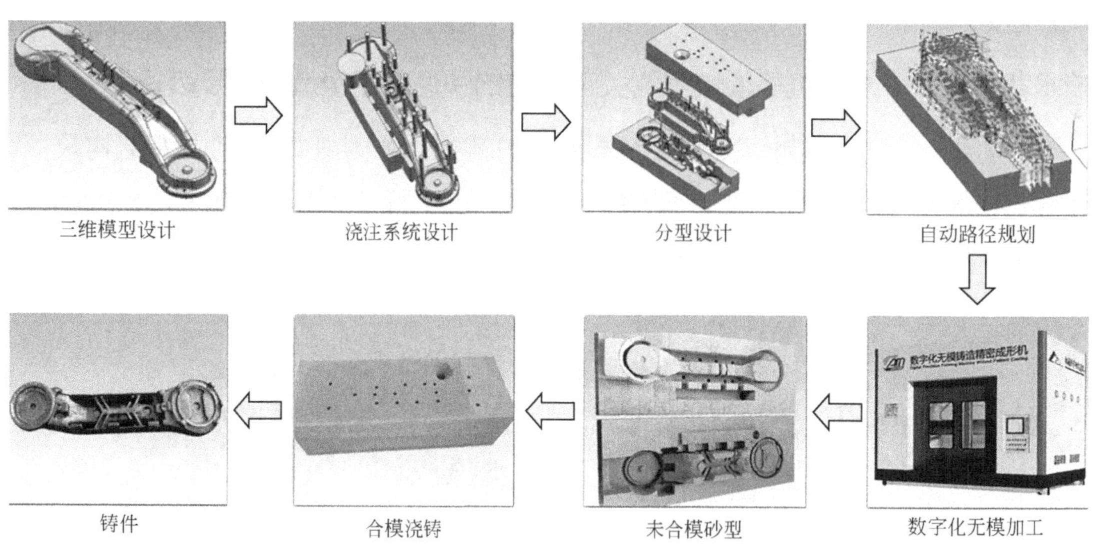

图1-4　无模铸造技术工艺流程

2. 无模铸造技术及装备

无模铸造技术及装备如图1-5所示。

（1）金属切削　金属层不断地被刀具挤压产生很大的弹性变形和塑性变形，最后被切离工件本体。

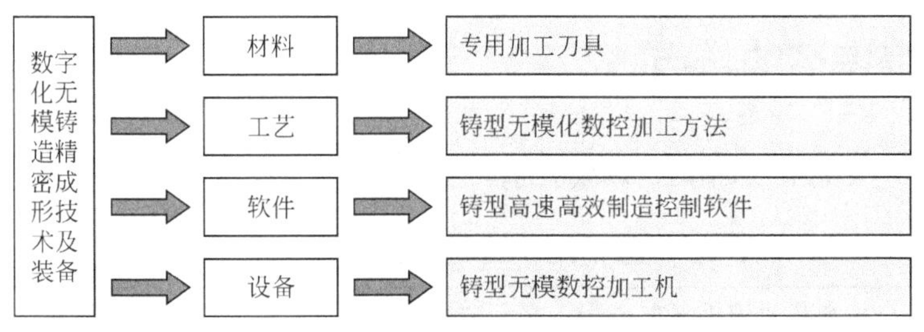

图 1-5　无模铸造技术及装备

（2）砂型铣削　刀具与型砂的相互碰撞作用，使型砂获得足够的动能，脱离黏结作用与周围型砂分离而不是砂粒破碎，如图 1-6 所示。切削过程中铣刀高速旋转磨损严重，表面形成明显划痕，甚至发生崩刃。

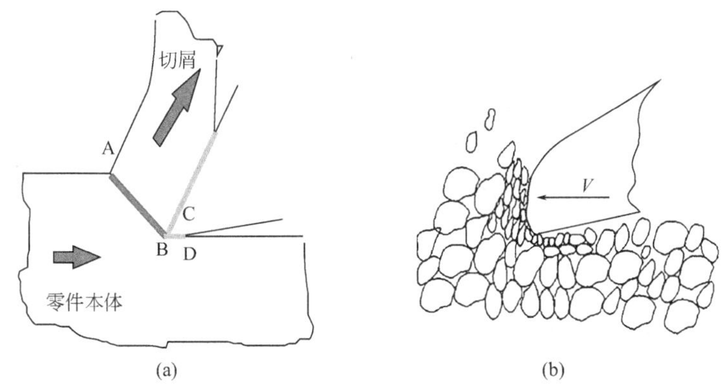

图 1-6　无模铸造刀具

3. 数字化无模加工关键技术——CAMTC-SMM1500 系列成形机

中型铸型数字化无模铸造成形机（图 1-7）的加工范围：1500mm×1000mm×400mm；快速移动加工速度：0.5m/s、1m/s；重复定位精度：±0.05mm。

图 1-7　数字化无模铸造精密成形机

三、数字化无模铸造的特点

数字化无模铸造的特点如表 1-2 所示。

表1-2　无模铸型快速制造的主要特点

数字化	在计算机模拟优化铸件的基础上，采用数控编程控制数控机床对铸型材料进行切削，少有或者无需人为干预，加工出来的铸型无需后处理。采用该方法可以实现铸型设计、加工和浇铸的一体化，加工出来的铸型能够和目前的铸造生产实现无缝连接
精密化	利用数控机床可以加工各种各样的空间曲面以及各种细小结构特征，可以在铸型材料上直接加工出复杂、精细的内部型腔结构，实现精密铸造
柔性化	由于该方法省去了传统铸型加工方法中模样的制作过程，使得铸型加工周期大大缩短，通常一周时间即可加工出所需的铸型，大大缩短了产品开发和上市时间，适用于一些单件、小批量铸件的生产。该方法的整个加工过程是在封闭的环境中进行的，无废气或粉尘污染，解决了传统铸型加工车间废气、粉尘污染严重的问题。使用该方法切削产生的废料还可以二次利用，节约了原料

四、数字化无模铸造设计者需要具备的能力

1. 熟练掌握软件的使用

辅助线、辅助平面、保护表面、构建块、填补孔及分模等软件的应用。

2. 加工过程的基本知识

工艺方案、工艺路线、加工方法、机床及刀具的选择。

3. 机床及刀具知识

机床的性能、加工能力、机床坐标系、刀具及夹具等。

五、数字化无模铸造技术编程步骤

数字化无模铸造技术的编程步骤如表 1-3 所示。

表1-3　数字化无模铸造的编程步骤

 UG 编程环境	 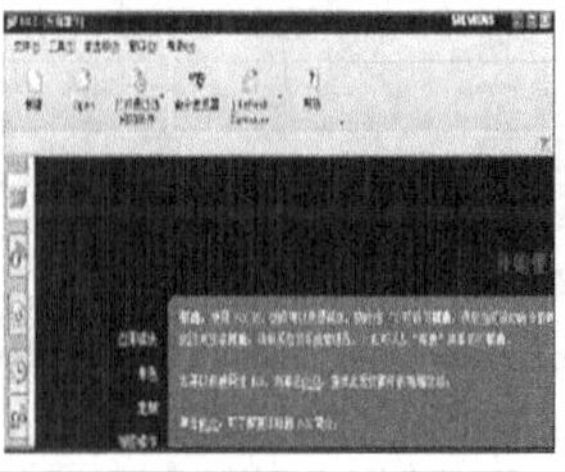 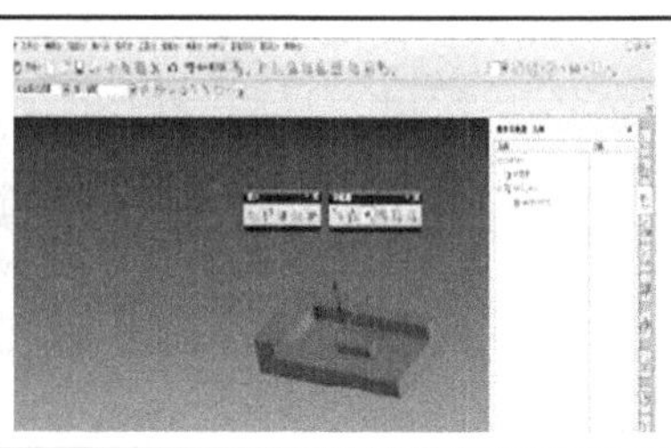

续表

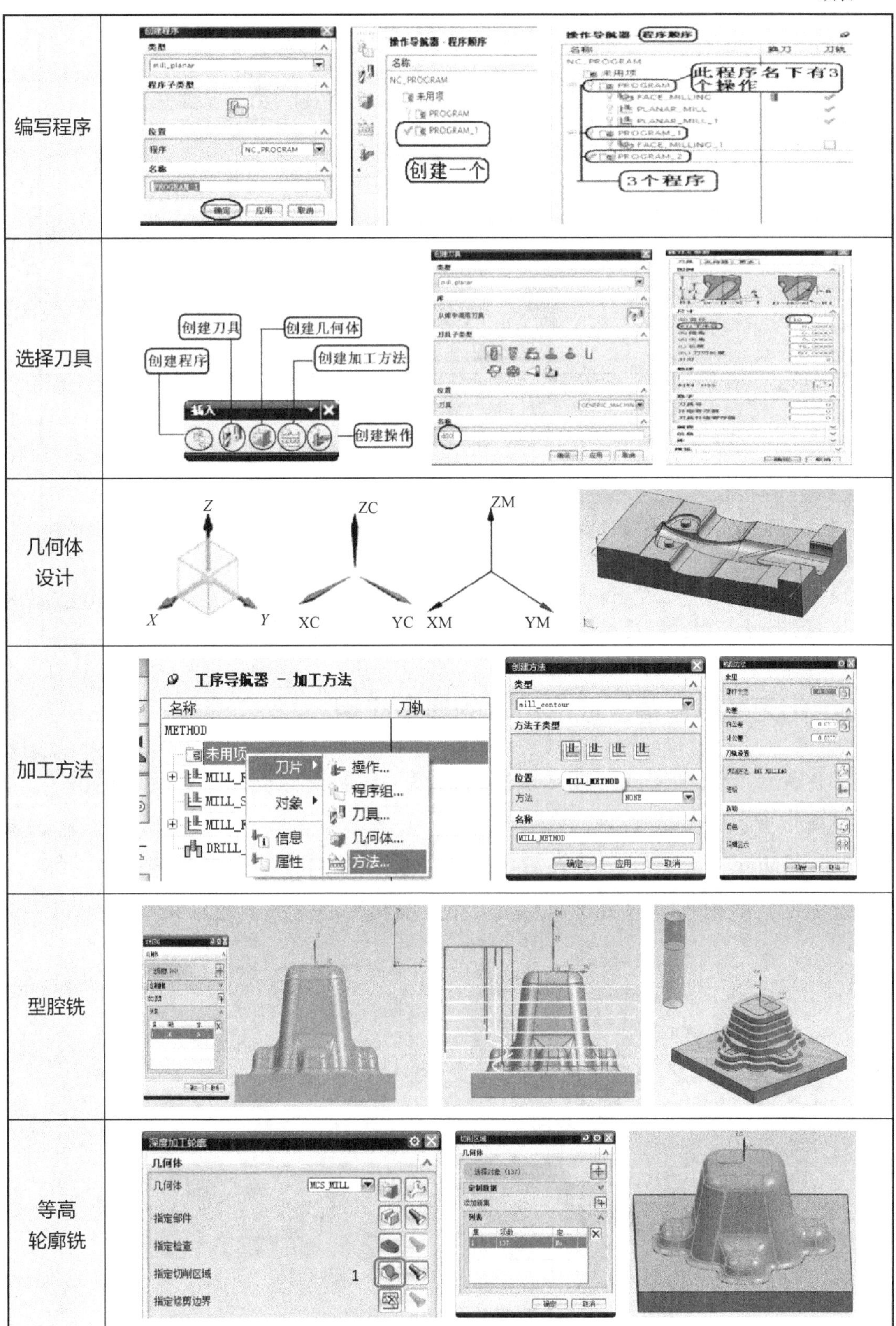

编写程序	
选择刀具	
几何体设计	
加工方法	
型腔铣	
等高轮廓铣	

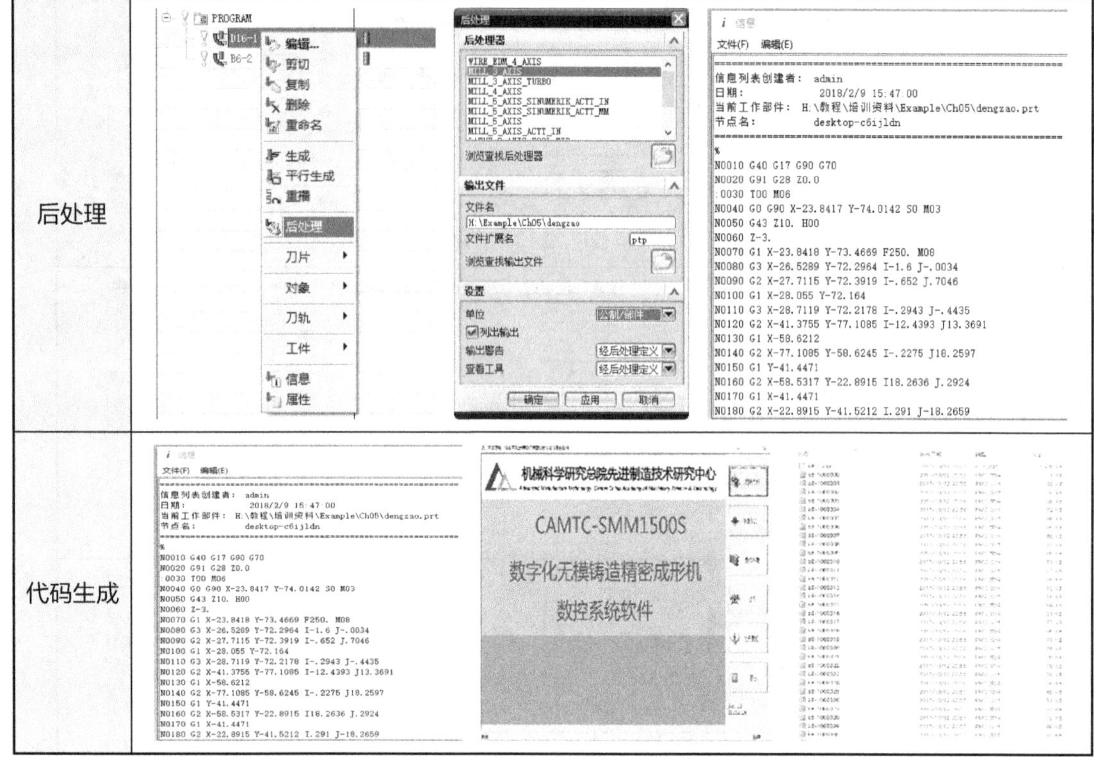

后处理	（截图）
代码生成	（截图）

六、数字化无模铸造精密成形技术的典型应用

数字化无模铸造精密成形技术及装备为军工、航天等重大工程实施提供了技术和设备重要保证。

（1）在国防军工、航空航天关键零部件（图 1-8）的数字化无模铸造中，缩短了开发周期，节约了时间和成本，为产品开发和生产提供了有力保障。

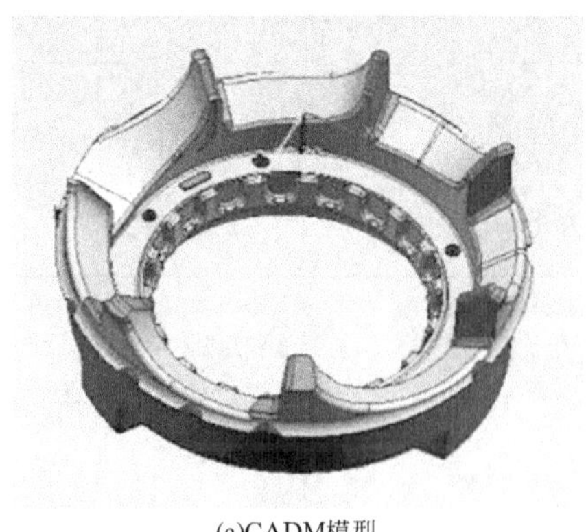

(a)CADM模型

(b)砂型

图 1-8　军用直升机的发动机主机闸砂型

（2）汽车工业关键零部件（图 1-9）的无模铸造技术应用广泛。

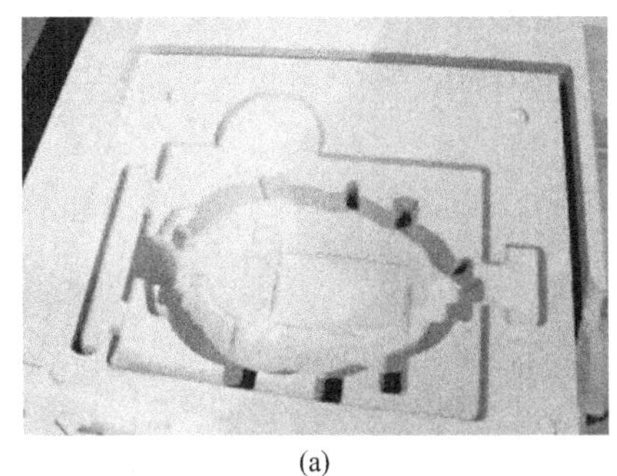

(a)

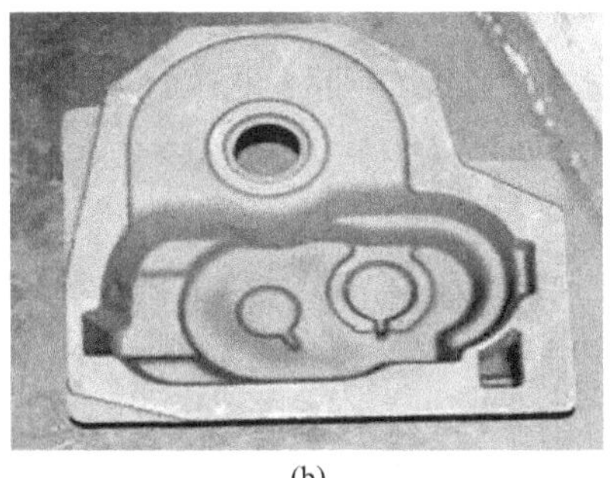

(b)

图 1-9　汽车减速机壳体无模铸造

（3）舰船、汽车发动机关键零部件（图 1-10）的数字化无模铸造，在大型柴油发动机机体及曲轴箱等系列柴油机部件的加工中产品的开发周期缩短 2/3 以上，每个发动机件节约经费 100 万元以上。

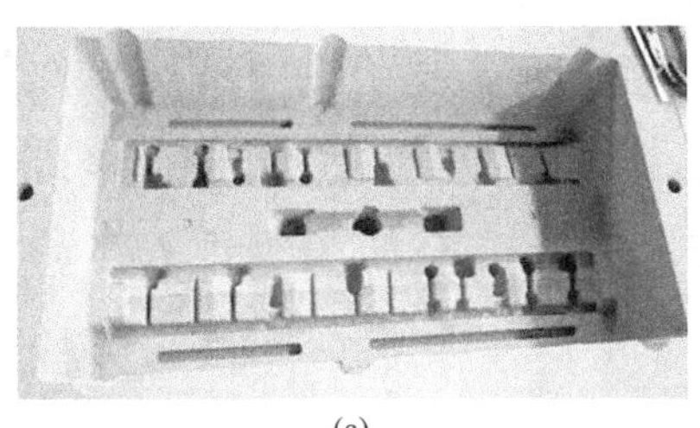

(a)

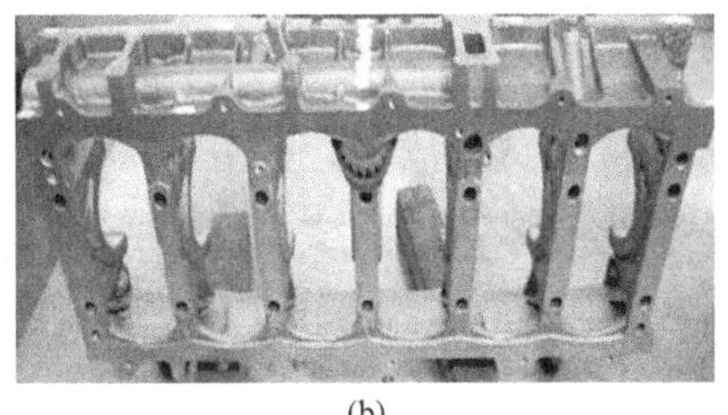

(b)

图 1-10　柴油发动机曲轴箱体铸造

（4）轨道交通、水利电力领域关键零部件的无模铸造技术。涡壳的铸造如图 1-11 所示。传统铸造工艺需模具 6 ～ 8 套，周期 2 ～ 3 个月，成本 20 万～ 50 万元；采用数字化无模铸造，从 CAD 到铸件只需 7 天，成本 2 万元，节约模具材料 1t，减少模具制造加工时间 1000h。

(a)

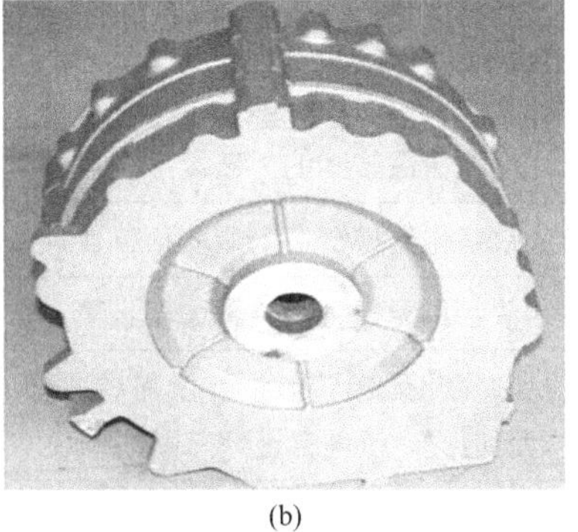

(b)

图 1-11　电机壳体无模铸造砂型及铸件

（5）液压泵阀、工程机械等行业关键零部件的无模铸造。某箱体铸件的加工如图 1-12 所示。采用传统铸造工艺需 20 天，成本 5000 欧元；采用数字化无模铸造成形技术加工的组合砂模分上中下三个部分，铸造仅需 5 天时间。

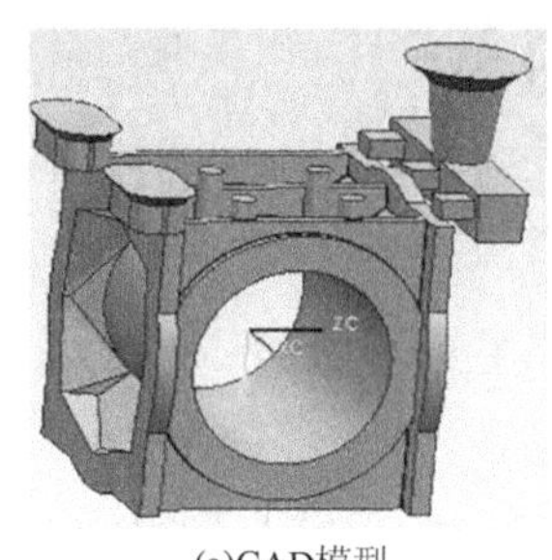
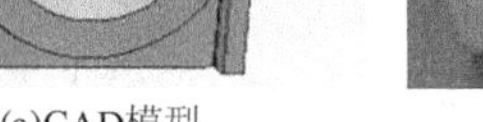
(a)CAD模型

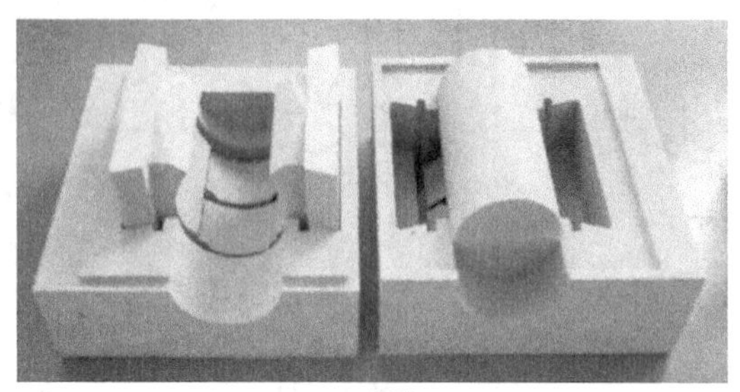
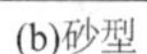
(b)砂型

(c)铸件

图 1-12　某箱体铸件

数字化无模铸造精密成形技术及装备在我国航天、发动机、汽车制造等产业的多家企业推广应用，适用于汽车缸体缸盖、航空发动机、液压泵阀等多种复杂零部件的深度开发，可以使用陶瓷、石墨、树脂砂、覆膜砂、聚苯乙烯等多种材料进行数字化无模成形，为我国国防军工、航空航天等重大工程实施提供了技术和设备重要保证。

任务实施

通过以上知识的学习，了解数字化无模铸造精密成形技术的发展历史、无模铸造技术的工艺设计流程及典型应用，掌握数字化无模铸造的原理和特点、编程步骤，在此基础上完成学习任务单（表 1-4）。

表1-4　学习任务单

序号	问题内容	描述与解答
1	简述无模铸造技术的工艺设计流程	
2	简述数字化无模铸造的原理和特点	
3	总结数字化无模铸造技术编程步骤	
4	结合数字化无模铸造设计者需要具备的能力和自己具备的知识情况，梳理自己还有哪些方面需要学习提高	
5	谈谈你对数字化无模铸造精密成形技术的展望	

任务评价

任务评价见表 1-5。

表1-5 任务评价表

评价项目	评价内容	评 价 标 准	配 分	综合评分
技术比较	1. 传统铸造优缺点	缺 1 项扣 2 分	5	
	2. 无模铸造优缺点	缺 1 项扣 2 分	5	
	3. 成本比较	缺 1 项扣 2 分	5	
	4. 无模铸造特点	缺 1 项扣 2 分	5	
能力需要	1. 常用软件	缺项不得分	5	
	2. 基本知识	缺项不得分	5	
	3. 刀具知识	缺项不得分	5	
编程步骤	1. 编程环境	错误不得分	8	
	2. 刀具选择	错误不得分	8	
	3. 几何体设计	错误不得分	8	
	4. 型腔铣设计	错误不得分	8	
	5. 后处理及代码生成	错误不得分	8	
典型应用	1. 国防军工	缺 1 项扣 2 分	5	
	2. 交通水利水电	缺 1 项扣 2 分	5	
	3. 机械模具	缺 1 项扣 2 分	5	
职业素养	1. 遵守实训车间纪律，不迟到早退，按要求穿戴实训服、护目镜和帽子	每违反一次扣 2 分	3	
	2. 正确操作实训的机床设备，自觉遵守操作要求和规范，安全实训，使用后做好设备的日常清洁和保养	每违反一次扣 2 分	3	
	3. 正确使用工、量、刀具，各类物品合理摆放，保持实训工位的整洁有序	每违反一次扣 1 分	2	
	4. 具备团结、合作、互助的精神，能按照要求完成学习任务	根据学习中的表现合理评价打分	2	
总评			100	

任务二

数字化无模铸造精密成形机操作及维护

任务目标

1. 了解数字化无模铸造精密成形机的性能、特点及机床构成。
2. 掌握数字化无模铸造精密成形机的基本操作。
3. 掌握数字化无模铸造精密成形机的软件操作方法、手动操作方法。
4. 掌握数字化无模铸造精密成形机的安全操作规程。
5. 掌握数字化无模铸造精密成形机的维护及保养方法。

任务分析

本任务要求了解数字化无模铸造精密成形机的性能特点及机床构成，掌握数字化无模铸造精密成形机的基本操作方法、操作顺序和手动操作方法及其安全操作规程，能正确操作数字化无模铸造精密成形机，正确进行设备的维护和保养工作。

知识准备

CAMTC-SMM1500S/SMM2000S 系列铸型数控加工成形机（图 1-13）是机电一体的铸型加工设备，它的核心部分由 *X*、*Y*、*Z* 驱动轴及电主轴构成；驱动轴采用交流伺服电动机控制，电主轴采用进口主轴单元，主轴变频调节，实现无级调速。数控系统采用开放式系统，通过编程输入可自动实现各种复杂形状铸型的加工，特别适合多品种、中小批量产品的生产，能满足对复杂、高精度零件铸型的加工要求，广泛用于机械、汽车、摩托车、阀门、仪表、医疗、航空航天、军工等行业。由于铸型的加工是由数控系统完成的，因此铸型的尺寸形状精度高、加工周期短，极大地满足了上述各行业的需求，引领了当今绿色制造的潮流。

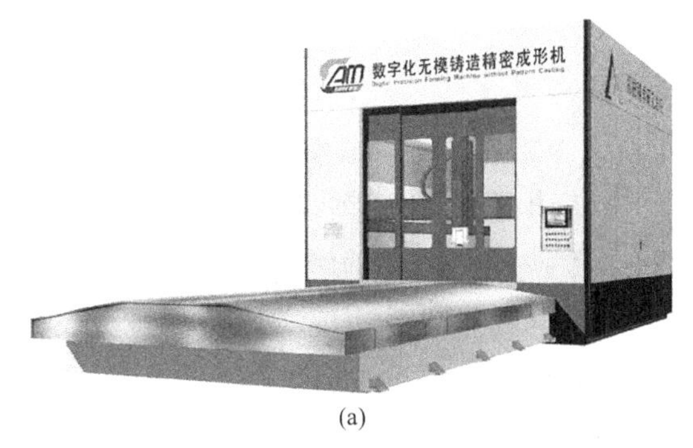

(a)

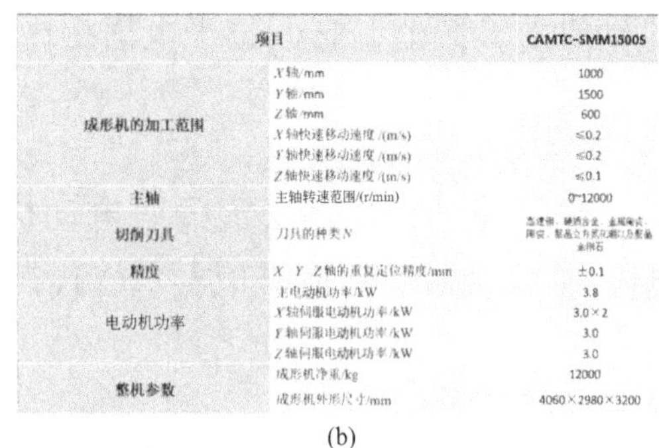

项目		CAMTC-SMM1500S
成形机的加工范围	X轴/mm	1000
	Y轴/mm	1500
	Z轴/mm	600
	X轴快速移动速度/(m/s)	≤0.2
	Y轴快速移动速度/(m/s)	≤0.2
	Z轴快速移动速度/(m/s)	≤0.1
主轴	主轴转速范围/(r/min)	0~12000
切削刀具	刀具的种类N	高速钢、硬质合金、金属陶瓷、陶瓷、聚晶立方氮化硼以及聚晶金刚石
精度	X Y Z轴的重复定位精度/mm	±0.1
电动机功率	主电动机功率/kW	3.8
	X轴伺服电动机功率/kW	3.0×2
	Y轴伺服电动机功率/kW	3.0
	Z轴伺服电动机功率/kW	3.0
整机参数	成形机净重/kg	12000
	成形机外形尺寸/mm	4060×2980×3200

(b)

图 1-13　数字化无模铸造精密成形机及设备性能

一、数字化无模铸造精密成形机的性能特点

（1）铸型加工材料应用广泛，可用于树脂砂、水玻璃砂、覆膜砂及塑料等非金属材料的加工。

（2）三维 CAD 模型驱动能够接受由 CAE 软件 Powermill、Pro/E 等生成的标准 G 代码。

（3）铸型数控专用软件可以对标准 G 代码文件编辑，设置各种加工参数、优化加工路径以适应不同材质的加工要求，满足手动编程、自动编程以及设备的在线控制。

（4）对于复杂铸型加工能够实现三轴联动，完成任意角度直线、圆弧的高精度铣削，满足复杂铸型的加工要求。

（5）采用金刚石专用加工刀具及节气喷嘴，实现了砂粒的及时排除。采用加工空间全封闭的防护系统，X、Y、Z 轴和加工主轴全密封防护。

（6）关键零部件如丝杠、伺服电动机、控制器等全部采用进口产品，性能稳定、质量可靠。

二、数字化无模铸造精密成形机的构成

1. 数控系统

为方便操作，输入和显示部分布置在独立的操作台上，控制柜在成形机的右侧与机身整体连接在一起。

2. 伺服单元和变频器

伺服单元（包括伺服驱动器、线性模块电源、制动电阻、PMAC 控制卡）、

主轴电动机的变频器，它们位于电器柜内。

3. 驱动电动机

驱动进给电动机采用交流伺服电动机；主电动机采用变频调速电动机，经过变频调速，主轴的转速可以在 NC 代码中指定，可以根据切削条件选择最佳切削速度。

4. 三坐标直线运动系统

X、*Y*、*Z* 轴由驱动电动机的联轴器将动力传至滚珠丝杠副，通过丝杠螺母机构的相对运动，使主轴在加工的空间内任意移动。两根 *X* 轴通过控制系统实现同步驱动。每个运动轴均配有一台伺服电动机，其中 *X*、*Z* 轴为带抱闸伺服电动机。

5. 电主轴和刀具

电主轴由变频器控制；刀具为金刚石（PCD）铣刀和硬质合金铣刀，由电主轴弹簧夹头夹持动做旋转运动来切削铸型。

6. 气动系统

气动系统由随刀具同时移动的节气喷嘴吹砂装置和手持气枪清砂装置两部分构成。

7. 机身、加工平台及废砂小车

机身及平台均为精铸而成。

8. 水平调整装置

水平调整装置可以将机身底部调整至水平状态。

9. 粉尘收集系统

粉尘收集系统是将在铸型加工过程中产生的飘浮在成形机内部的砂沫、粉尘等收集起来，避免对成形机内部及环境造成污染，净化了工作环境。

10. 冷干机

冷干机是对气泵产生的压缩空气进行除水除油净化和冷却处理，产生洁净的压缩空气，供成形机在工作时使用。

任务实施

一、数字化无模铸造精密成形机的基本操作

1. 加工准备

（1）气压　保证气压达到额定工作压力。

（2）上电　打开控制柜电源，检查各部件通电是否正常。

（3）工件放置　在工作台上将工件或毛坯摆正夹紧。

（4）刀具夹持　刀身嵌入夹头，用工具夹紧，点击气路按钮夹紧。注意防止刀具滑落造成损伤。

（5）检查软件　打开操作软件，检查软件通信状况，确认连接成功即可操作。

（6）检查程序　查看加工刀路的轨迹是否与工件的轮廓一致，检查程序各项参数，可根据实际情况做出修改，修改完毕后保存，如图 1-14 所示。

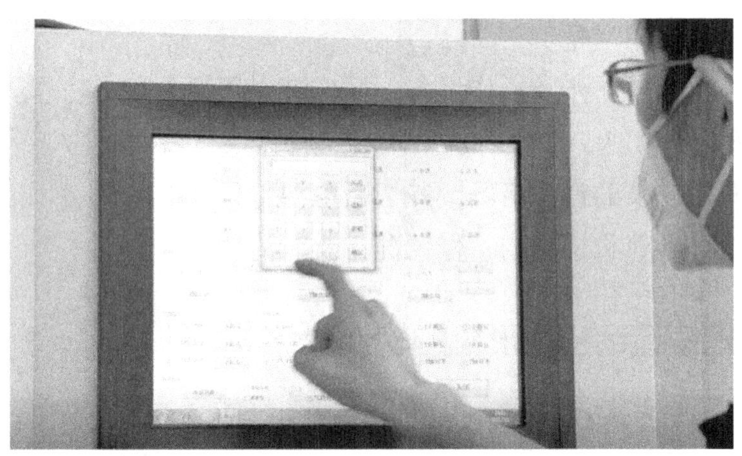

图 1-14　数字化无模铸造精密成形机操作

2. 加工过程

（1）关闭防护门。

（2）对刀。

（3）下载运行程序。

（4）程序运行过程中如发生紧急情况（如设备运行轨迹与程序不一致），应迅速停止程序，必要时可使用急停按钮，如图 1-15 所示。

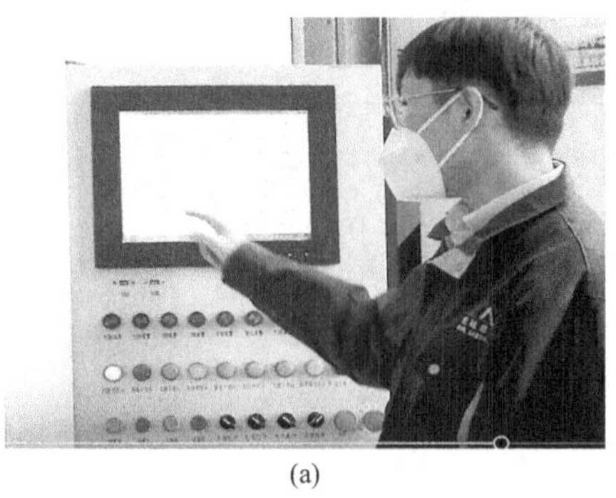
(a)

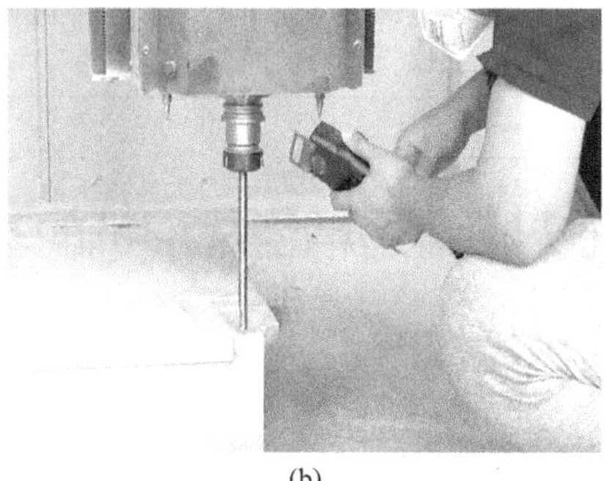
(b)

图 1-15　数字化无模铸造精密成形机程序及刀具操作

3. 加工完毕后的操作

（1）程序执行完毕，关闭伺服电源和主轴电源。

（2）点击松刀按钮，卸下刀具，注意防止刀具滑落。

（3）卸下工件或毛坯，清理工作台。

（4）关闭控制软件和控制柜电源。

4. 日常维护及保养

（1）严禁超性能使用设备。

（2）必须严格按照操作步骤操作设备，操作者必须熟悉设备功能及性能。

（3）工作中发生异常现象或故障报警时，应立即停机并通知维修人员检修排除。

（4）工作完毕后应及时清理机场，并切断电源。

（5）定时检查各导轨和主轴的工作情况，及时清理保养。

二、数字化无模铸造精密成形机的软件操作

CAMTC-SMM1500S/SMM2000S 的主要功能如下:

1. 加工代码生成

在加工砂型（芯）前，由三维模型经 CAE 软件（Powermill、Pro/E、UG 等）生成标准 G 代码。采用该系统可以读入标准 G 代码并将其转变成无模化金属件制造设备运动控制 PMAC 卡所能识别的 PMC 代码，由 PMC 代码通过运动系统驱动铣刀进行砂型（芯）加工，从而实现砂块的快速加工操作。

2. 数据连续下载

加工生成的 PMC 代码通过连续下载，实现不间断加工及无人看护，提高了

加工效率。

3. 加工轨迹观察

通过对加工过程中的轨迹进行观察，了解加工的过程状态，及时进行相关信息的处理。

4. 软件菜单功能

操作界面中最重要的是菜单命令条，系统功能操作主要通过菜单命令来实现。每一级菜单项下包括若干子菜单项，即在主菜单下选择一个菜单项后，用户可根据显示的子菜单内容选择所需的操作，如图 1-16 所示。

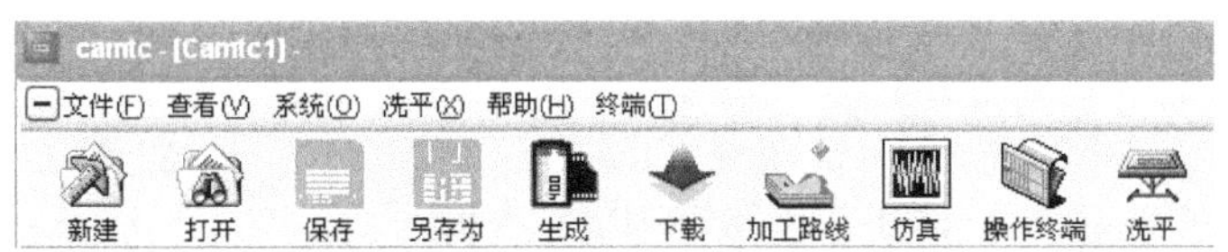

图 1-16　软件菜单功能

三、数字化无模铸造精密成形机的手动操作

1. 主要内容

（1）手动移动成形机坐标轴（手动、增量）。

（2）手动控制主轴（启停、点动）。

（3）手动数据输入（MDI）运行。

成形机的手动操作主要由终端操作控制面板完成，包括断电保护，起点设定，回零设定，相对坐标、绝对坐标显示，移动速度、距离设定，移动操作六大部分。选择工具栏中终端操作的图标，就可进入终端操作控制界面，如图 1-17 所示。

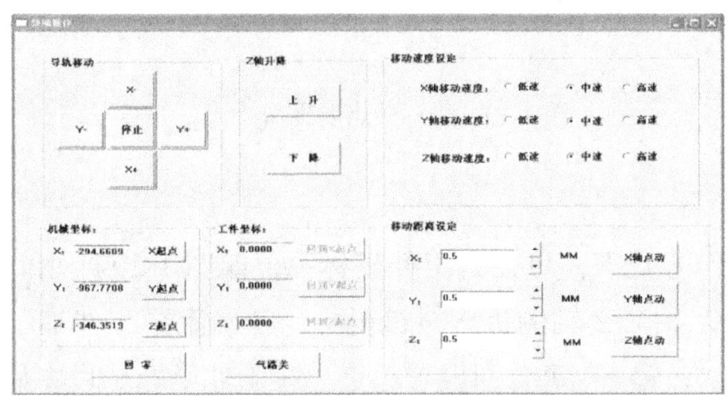

图 1-17　手动操作界面

2. 坐标轴移动

手动移动控制操作主要包括 X 轴、Y 轴、Z 轴的移动调整，由终端操作控制面板上的导轨移动，Z 轴升降，移动速度设定三大部分共同完成，如图 1-18 所示。

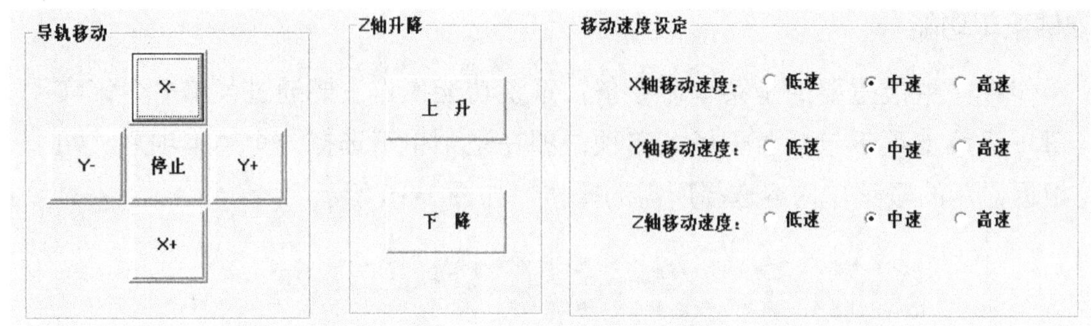

图 1-18　坐标轴移动界面

3. 坐标轴点动

在手动进给操作方式下，采用点动方式控制各运动轴的移动。如图 1-19 所示，“点动”表示每按压一次“点动”按键均移动固定的距离，此距离在允许范围内可由用户设定。按压各轴向的“点动”按键可分别实现 X 轴、Y 轴、Z 轴的点动进给操作。

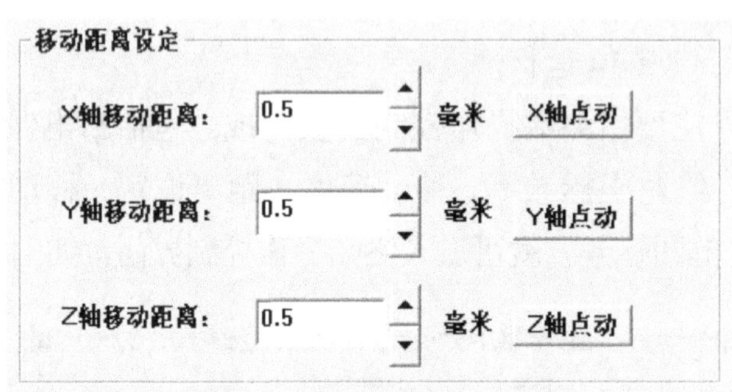

图 1-19　坐标轴点动界面

4. 起始点设定

在手动进给操作方式下，可设置工件坐标系，如图 1-20 所示。在机械坐标显示栏中分别对应 X、Y、Z 轴的机床机械坐标，在确定了工件加工起点后点击“X 起点”“Y 起点”“Z 起点”可分别设置起点。在工件坐标栏目中显示机床的相对坐标，右侧“回到 X 起点”“回到 Y 起点”“回到 Z 起点”可对各个坐标轴进行回零操作，方便回到工件起始点。

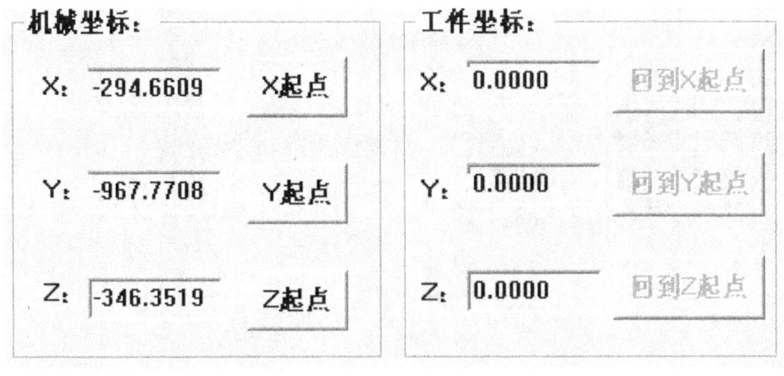

图 1-20 起始点设定界面

5. 手动数据输入运行

选择工具栏中的下载图标，可在系统弹出界面中进行手动命令的输入。命令行与菜单条的显示如图 1-21 所示。

图 1-21 手动数据输入界面

6. PMAC 格式文件生成

CAMTC-SMM1500S/SMM2000S 型设备为了达到快速加工的目的，首先 CAE 软件生成标准 G 代码，然后再将 G 代码转换成设备运动控制 PMAC 卡所能识别的 PMC 代码。

选择工具栏中的生成图标，就可进入 PMAC 转化界面。系统弹出界面主要包括 PTP 文件打开、数据处理参数输入和 PMC 文件保存。

7. 数据下载

（1）数据下载操作 CAMTC-SMM1500S/SMM2000S 为了达到快速加工的目的，对生成的 PMC 文件进行快速、连续的下载操作。选择工具栏中的下载图标，就可进入文件下载界面，如图 1-22 所示。首先点击文件连续下载，弹出文件选择窗口，然后点击相应的文件就可以实现文件的连续下载了。下载状态显示栏会显示下载的文件状态。

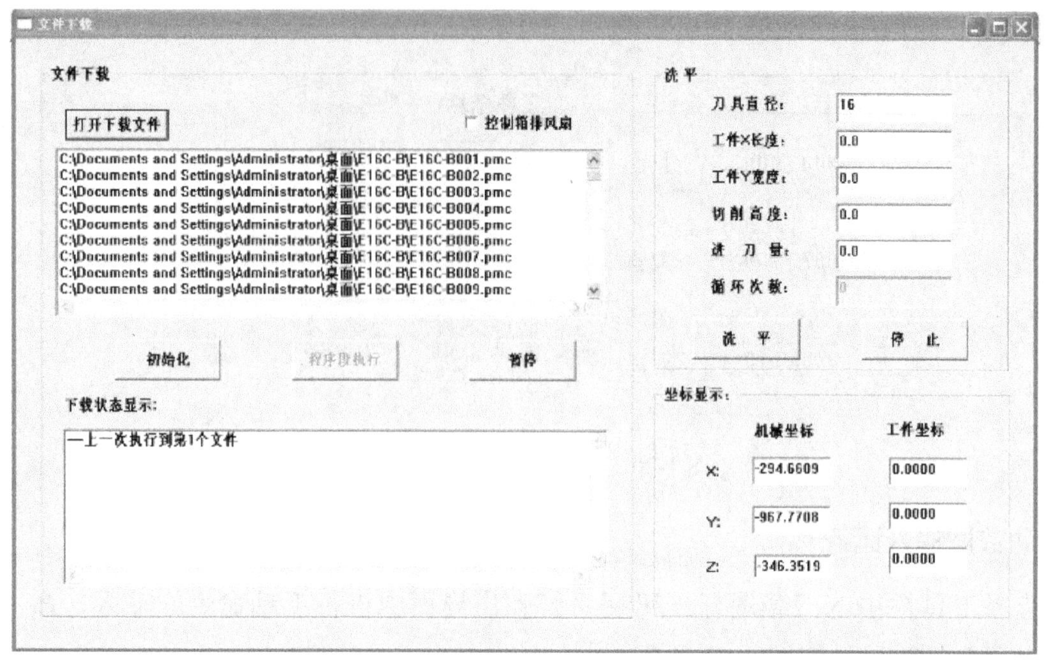

图 1-22　数据下载界面

（2）初始化、程序段执行操作　选择开始的程序段文件后，点击“初始化”按钮，“程序段执行”按钮变为可点击状态，点击即可实现连续下载操作。在“下载状态显示”中会显示上一次操作时执行的文件号，下一次执行时只需从下一个文件执行便可。点击“暂停”按钮可暂停正在执行的程序。

（3）铣平在下载界面右上角的铣平栏目中，按照“刀具直径”“工件 X 长度”“工件 Y 宽度”“切削高度”“进刀量”等参数填写完成后，点击“铣平”按钮，可自动对工件进行铣平操作。点击“停止”按钮可停止运行，如图 1-23 所示。

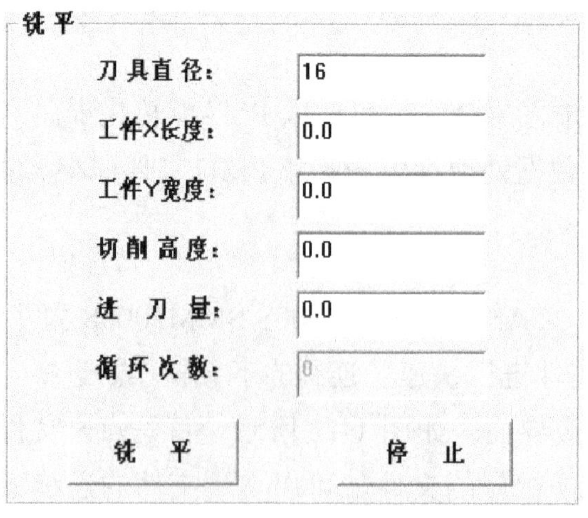

图 1-23　铣平加工界面

8. 网络与通信

网络路径的建立、网络程序的操作以及串口的连接和串口程序的操作，其操作步骤如下：

（1）连接好串口线后，点击数控系统桌面快捷键，进入数控系统，如图1-24所示。

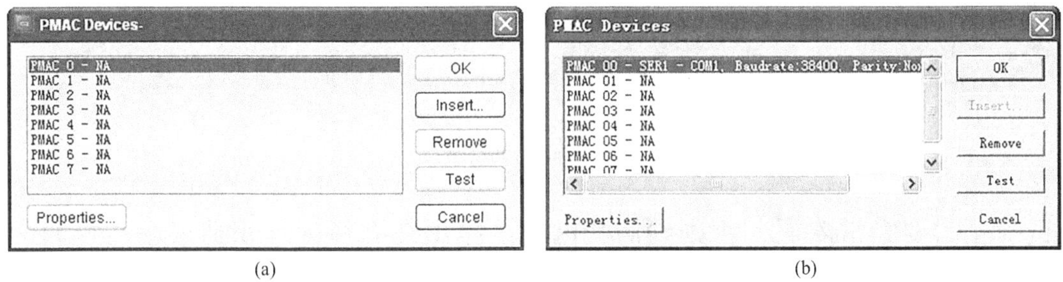

(a) (b)

图 1-24　进入数控系统

（2）选择“Insert...”按键，然后选择相应端口（只需正确选择端口）。

（3）选择“Test”按键，检查 PMAC 卡是否找到了端口以及通信是否正常。

（4）通信建立（图 1-25），可对成形机进行控制操作。

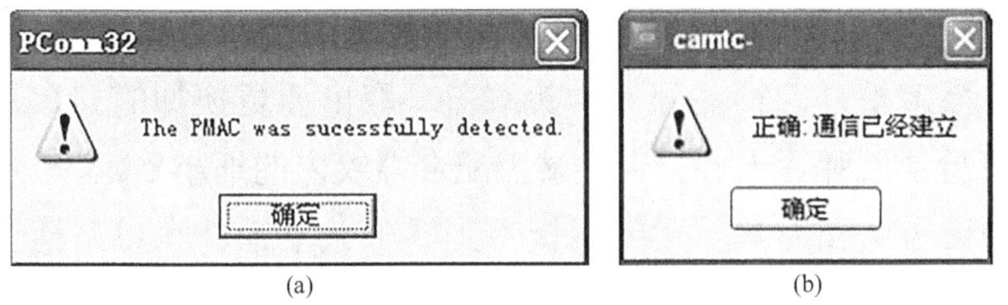

(a) (b)

图 1-25　建立通信联系

四、数字化无模铸造精密成形机的安全操作

1. 数字化无模铸造精密成形机的清理

设备运行过程中，要及时清理平台上和排砂小车中的废砂。换刀时先将卡头部位清理干净再装上新刀。

每天均要对平台上的废砂进行清理，并用气枪将直线运动单元表面及风琴护罩上、风琴罩槽里面的灰尘吹扫干净，吹扫时注意不要将灰尘吹入运动单元里面。因为砂型材料对皮肤有轻度腐蚀，要求戴手套、防尘口罩工作。换刀时不允许戴手套，避免造成损伤，如图 1-26 所示。

(a)

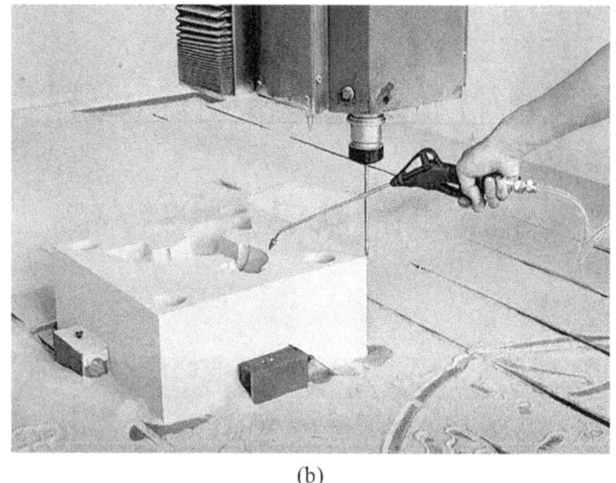
(b)

图 1-26　设备清理及吹砂

铣削孔时要经常吹屑，否则砂屑会因无法排出在孔径内堆积造成小直径刀具折断；大直径刀具则会带动工件移动，使工件偏离加工位置。

零件加工时分上下面加工，先加工面内容少、孔少、加工深度浅，主要加工放在反面，避免一面尺寸加工过大造成空腔导致再加工时塌陷。设备长期停用前，要将设备彻底清理干净，并在平台表面涂上防锈油。

2. 刀具更换

（1）按下 Z 轴上的气动开关按钮，卸下电主轴上的带刀刀柄。

（2）用专用扳手松开刀柄底部的卡头端盖，取出要更换掉的刀具和弹簧卡头，同时利用气枪清除弹簧卡头、卡头端盖配合螺纹内的细小砂粒。

（3）更换弹簧卡头和刀具，用专用扳手上紧卡头端盖，完成刀柄上的刀具更换，如图 1-27 所示。

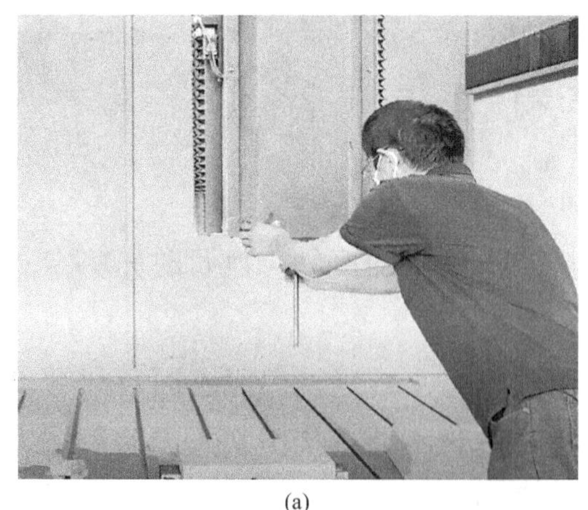
(a)

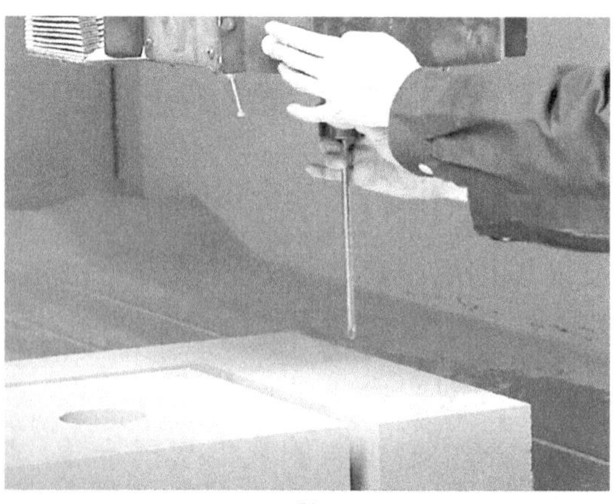
(b)

图 1-27　更换设备刀具

（4）更换后的刀柄置于电主轴刀柄孔内，点击气动开关按钮夹紧。注意防止刀柄滑落造成刀具、设备损伤及对操作人员的伤害。

（5）完成后用力下拽刀具，检验刀具是否卡紧；开动主轴观察刀杆的转动情况，检验刀具装卡是否正确。若出现异常，应立即停止转动，重新进行上述步骤并检查刀具系统的零部件是否损坏；零部件损坏或多次尝试不能解决异常状况时应与制造厂家联系。

（6）严禁戴手套换刀。

3. 安全注意事项

（1）运转时注意检修门是否关闭。

（2）一定要用额定电压，避免发生火灾或触电事故。

（3）在关掉电源的情况下，管道内的风也可能使风轮转动，有可能卷入运转部而受伤。

（4）检查时，应戴好安全手套及安全帽等，避免发生烧伤或划伤等事故。

（5）由于内部有高温部分，不能徒手检查，避免发生烧伤事故。

（6）使用指定的熔断器，避免发生火灾。

（7）需要在额定范围内运转。

（8）对于电器设备应按照电器的技术基准及内线规定进行操作或维护，避免产生漏电现象或火灾事故。

（9）设置地线，避免发生触电事故。

（10）操作动作应准确无误，防止铣刀损坏。

（11）运行前，确认成形机各门关闭。

五、数字化无模铸造精密成形机的操作规程

操作规程的内容如表 1-6 所示。

表1-6　无模铸造成形机的操作规程

	1. 本操作规程适用范围 适用于车间数字化无模铸造精密成形机

续表

	2. 作业前的准备 （1）加工人员穿戴好劳保防护用品，如口罩、手套、劳保鞋等 （2）将运输砂坯用叉车放置在设备工作台面合适的位置 （3）选择合适的加工刀具 （4）提前准备好加工过程中用到的程序，用U盘拷贝至操纵盘显示界面 （5）检查供给电源是否为380V，防止缺相位、短路的情况发生
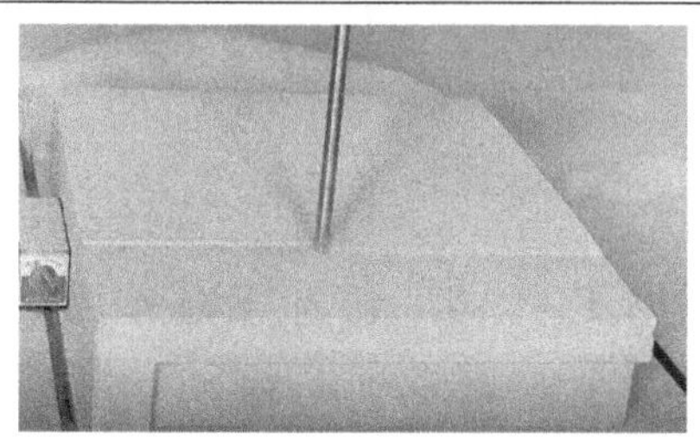 	3. 操作步骤 （1）砂型毛坯正面操作 ① 开启总电源开关，打开伺服开关，打开软件界面，点动回零按键，将设备调至回零状态 ② 装入D50/D80铣刀，点动X、Y、Z轴进行对刀点设置，调至铣平界面，输入铣平平面范围、步距、铣平厚度，点击开始，铣平毛坯上表面 ③ 用百分表校正砂型毛坯是否摆正，用磁力座固定砂坯四周 ④ 按照编程顺序将第一把刀具装入主轴，设备先回机械原点，再设置程序起刀点，打开主轴和气路开关，加载数控程序，开始加工 ⑤ 加工过程中持续观察运行状况，及时吹走积砂 （2）砂型毛坯翻面操作 ① 用叉车将砂坯翻转180°放到清理后的工作台加工端 ② 装入D50/D80刀具，铣平砂坯表面 ③ 用百分表校正砂型毛坯是否摆正，用磁力座固定砂坯四周 ④ 将刀具装入主轴，对好起刀点，加载数控程序，打开主轴开始加工 ⑤ 加工过程中不定时观察运行状况，及时用风枪吹走积砂
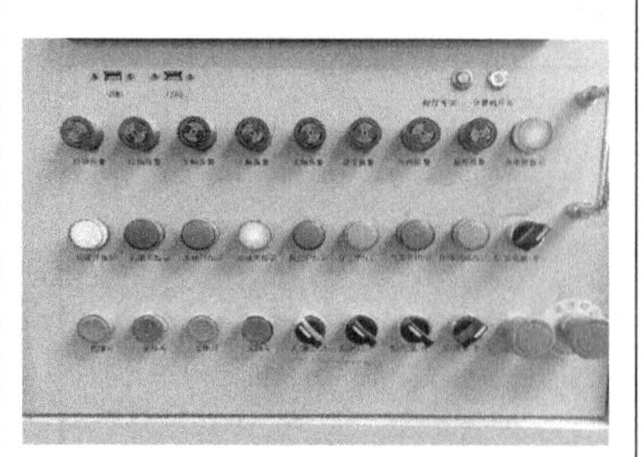	4. 注意事项 （1）刀具装入主轴前，要确认刀刃无损坏和刀具长度足够，并检查刀具与刀柄的连接是否足够紧固 （2）加工过程中要不定时地观察设备的运行状况，避免积砂，如出现意外情况，应及时按急停按钮停止操作 （3）加工过程中注意关闭门，防止细砂喷溅飞出 （4）设备回机械零点前，要保证三个轴的位置坐标都为负数 （5）百分表找正时，保证精度为0.05mm/m

六、数字化无模铸造精密成形机的安全维护

1. 电气维护保养

（1）严禁超性能使用设备。

（2）必须严格按照操作步骤操作设备，操作者必须熟悉设备功能及性能。

（3）工作中发生不正常现象或故障报警时，应立即停机并通知维修人员检修排除。

（4）工作完毕后应及时清理机场，并切断电源。

（5）定时检查导轨和主轴的工作情况，及时清理保养。

2. 机械维护保养

（1）设备运行过程中，要及时清理平台上和排砂车中的废砂。

（2）换刀时先将卡头部位清理干净再装上新刀。

（3）每天工作结束后都要将平台上的废砂清掉。

（4）设备长期停用前，要将设备彻底清理干净，并在平台表面涂上防锈油。

任务评价

任务评价见表 1-7。

表1-7　任务评价表

评价项目	评价内容	评价标准	配分	综合评分
设备组成	1. 操作系统组成	缺 1 项扣 2 分	5	
	2. 电气系统组成	缺 1 项扣 2 分	5	
	3. 气动系统组成	缺 1 项扣 2 分	5	
	4. 其他组成	缺 1 项扣 2 分	5	
基本操作	1. 加工准备	缺 1 项不得分	5	
	2. 加工过程	缺 1 项不得分	5	
	3. 加工完成	缺 1 项不得分	5	
	4. 日常保养	缺 1 项不得分	5	
软件系统界面	主要功能	缺 1 项不得分	10	
手动操作	1. 操作内容	缺 1 项不得分	4	

续表

评价项目	评价内容	评价标准	配分	综合评分
手动操作	2. 文件生成	缺 1 项不得分	4	
	3. 数据下载	缺 1 项不得分	4	
安全操作规范	1. 设备清理内容	缺 1 项不得分	6	
	2. 刀具更换要求	缺 1 项不得分	6	
	3. 安全注意事项	缺 1 项扣 1 分	6	
电气设备养护	1. 电气设备维护	禁止性规定违反不得分	5	
	2. 机械设备维护	禁止性规定违反不得分	5	
职业素养	1. 遵守实训车间纪律，不迟到早退，按要求穿戴实训服、护目镜和帽子	每违反一次扣 2 分	3	
	2. 正确操作实训的机床设备，自觉遵守操作要求和规范，安全实训，使用后做好设备的日常清洁和保养	每违反一次扣 2 分	3	
	3. 正确使用工、量、刀具，各类物品合理摆放，保持实训工位的整洁有序	每违反一次扣 1 分	2	
	4. 具备团结、合作、互助的精神，能按照要求完成学习任务	根据学习中的表现合理评价打分	2	
总评			100	

科技强国

数字化无模铸造精密成形加工，是一种全新的基于三维 CAD 模型驱动的柔性化、数字化、精密化、绿色化快速制造方法，省去了模样 / 模具制造环节，缩短了工艺流程，提高了铸件制造工艺的灵活性和可操作性，实现了汽车部件、发动机排气管、工程机械部件、曲轴箱体、柴油机缸体、涡壳等复杂部件的数字化快速制造，如图 1–28 所示。无模成形技术是一种重要的创新技术，开发出了砂型 / 芯柔性挤压成形机、数字化无模铸造精密成形机、数字化砂型打印精密成形机等系列化装备，解决了复杂铸件高精度成形制造装备难题，铸件精度提高 2 ~ 3 个等级（可达 CT8），实现了铸钢、铸铁、铝合金、镁合金等材质发展高精制造及发动机缸体缸盖、航空发动机机匣等3000余种复杂铸件制造。

数字化无模成形加工技术中零件从CAD数据设计开始，直到产品完成铸造，它的生产周期平均为22天，最短24h即可，制造费用是传统铸造工艺的1/10，时间比传统有模铸造工艺缩短30～90天，费用平均减少63%。对提升装备制造技术水平，促进重大技术装备国产化，推进战略性新兴产业发展，缩短同发达国家之间的技术差距，打破国外技术封锁和价格垄断，维护国防安全，提升企业核心竞争能力，促进机械装备制造行业节能减排和可持续发展具有重要战略意义。

(a)

(b)

图1-28　五轴加工叶轮砂型

项目练习

1. 传统有模铸造和数字化无模铸造的区别有哪些?
2. 数字化无模加工的特点有哪些?
3. 数字化无模成形机的构成有哪几部分?
4. 数字化无模成形机的操作规程是什么?
5. 数字化无模成形机的清理要求有哪些?

项目二

平面模型加工

法兰和圆台零件是无模成形加工中的典型零件，本项目以这两个零件为载体设置教学任务，介绍零件浇注系统和分型定位设计的原理，使读者能合理制定零件上、下、芯模的加工工艺，对零件的上、下、芯模进行数控编程，最后操作设备完成模具的加工和检测分析。

1. 理解无模成形技术的原理。
2. 理解法兰和圆台零件浇注系统设计的原理。
3. 掌握法兰和圆台零件分型定位设计的原理和方法。
4. 能使用 UG 软件完成法兰和圆台零件的分型定位设计。
5. 能合理制定法兰和圆台零件上、下模的加工工艺。
6. 能使用 UG 软件完成法兰和圆台零件上、下模的数控编程加工。
7. 能正确操作设备完成零件上、中、下模的加工。
8. 能完成零件检测、数据分析及任务评价。

任务一

加工法兰零件

任务布置

法兰零件是某设备上的重要配件，如图 2-1 所示。该零件要使用无模成形技术完成模具的加工。本任务要求能合理地对法兰零件进行浇注系统的设计，能对法兰零件进行分型、定位设计及对上、下模进行数控编程加工，操作无模成形加工设备完成法兰零件上、下模的砂型加工，同时完成零件检测及数据分析、任务评价。

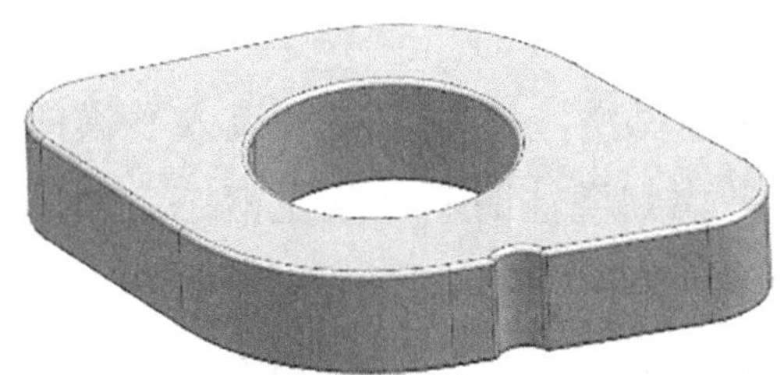

图 2-1　法兰零件

任务目标

1. 理解无模成形技术的原理和特点。
2. 理解法兰零件分型定位设计的原理。
3. 掌握法兰零件浇注系统设计的原理。
4. 掌握使用 UG 软件对法兰零件模具分型定位设计的方法。
5. 能使用 UG 软件完成对法兰零件模具分型定位设计的操作。
6. 能合理制定法兰零件上、下模的加工工艺。
7. 能使用 UG 软件完成对法兰零件上、下模的数控编程加工操作。
8. 能独立完成法兰零件的加工。
9. 能独立完成法兰零件的检测、数据分析和任务评价。

任务分析

首先对法兰零件进行分型定位设计，再使用 UG 软件完成零件的上、下模数控编程加工，最后操作设备完成上、下模砂型的加工，同时完成零件检测、数据分析和任务评价。

任务实施

一、法兰零件浇注系统的设计

浇注系统是零件模具在设计时的重要部分，要充分考虑零件在浇注时的各种因素，保证浇注的质量。下面以法兰零件的浇注系统为例简单介绍设计的思路和步骤。

1. 设计直浇道

（1）直浇道是法兰零件模具浇注时液态金属流入砂模的通道，该通道直径一般为 60mm 左右；因为考虑到浇注时利用的是液态金属的自重流入，所以铸件（法兰零件）的顶面和直浇道的垂直距离一般不小于 90mm。

（2）以法兰零件的底面为基准在草图中绘制 ϕ60mm 的圆，该圆与法兰侧边的距离为 50mm 左右，退出草图后使用“拉伸”功能将该圆拉伸到 115mm 的高度。直浇道的设计如图 2-2 所示。

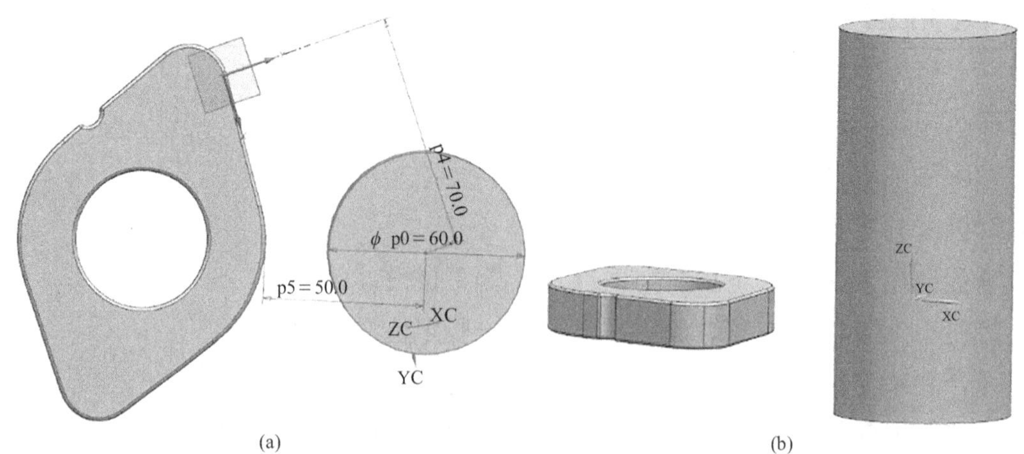

图 2-2　设计法兰零件直浇道

2. 设计内浇道

以法兰底面为基准在草图中的法兰和直浇道之间绘制一个梯形的轮廓作为内浇道，该梯形的高为 40 ～ 50mm，上底长度为 15 ～ 20mm，下底长度合理设置即可退出草图使用“拉伸”功能将该轮廓拉伸 5 ～ 10mm。内浇道的设计如图 2-3 所示。

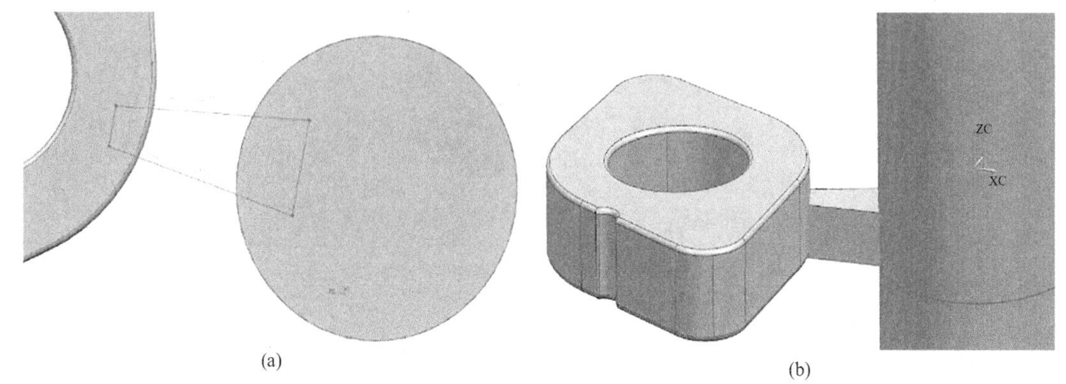

图 2-3　设计法兰零件内浇道

3. 设计浇口杯

为了方便浇注，在直浇道的顶端面处做一个漏斗形状的浇口杯。以直浇道顶面为基准在草图中绘制 ϕ100mm 的圆，退出草图后将该圆拉伸并且设计一定的拔模角度。浇口杯的设计如图 2-4 所示。

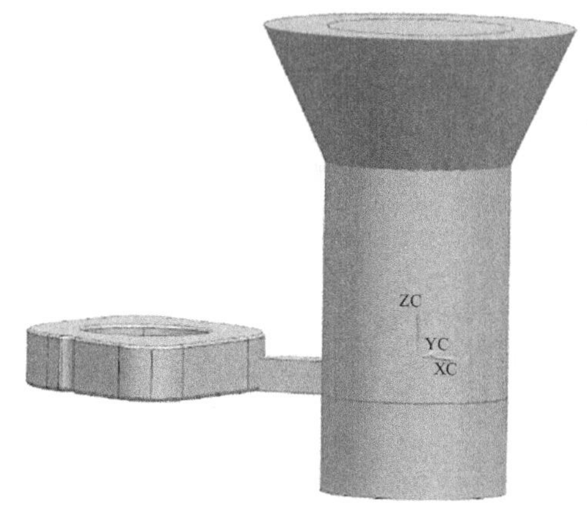

图 2-4　设计法兰零件浇口杯

4. 设计浇口窝

为了浇注时能缓冲液态金属的冲击，在直浇道底部绘制一个圆弧形结构作为浇口窝。可以使用倒角功能或者绘制一个类似的模型。浇口窝的设计如图 2-5 所示。

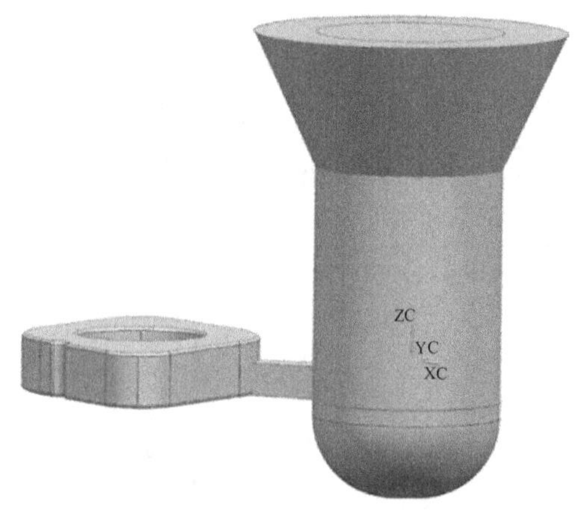

图 2-5　设计法兰零件浇口窝

5. 完善浇注系统的设计

以直浇道为中心使用“阵列特征”功能对法兰零件和内浇道部分进行圆形阵列，适当对各个部位进行倒圆角。法兰零件模具的浇注系统如图 2-6 所示。

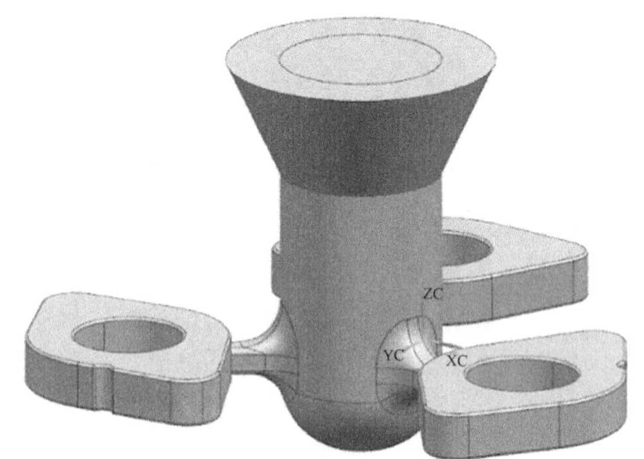

图 2-6　法兰零件的浇注系统

二、法兰零件的分型定位设计

1. 设置零件的分型面

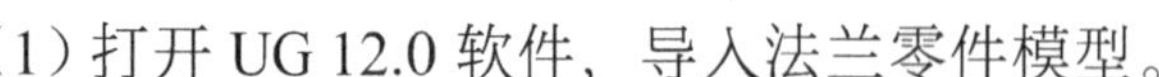

（1）打开 UG 12.0 软件，导入法兰零件模型。

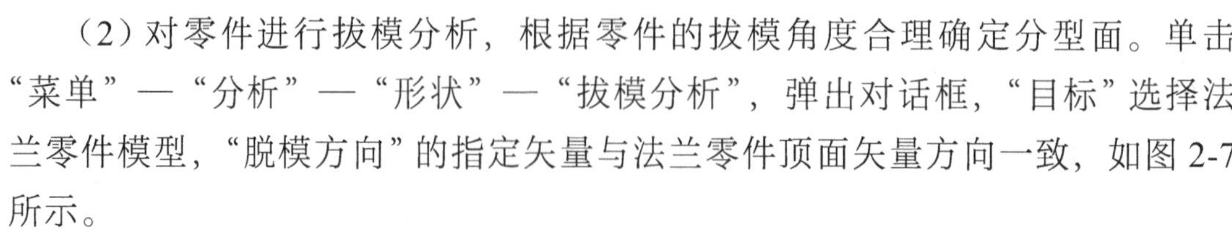

（2）对零件进行拔模分析，根据零件的拔模角度合理确定分型面。单击“菜单”—“分析”—“形状”—“拔模分析”，弹出对话框，“目标”选择法兰零件模型，“脱模方向”的指定矢量与法兰零件顶面矢量方向一致，如图 2-7 所示。

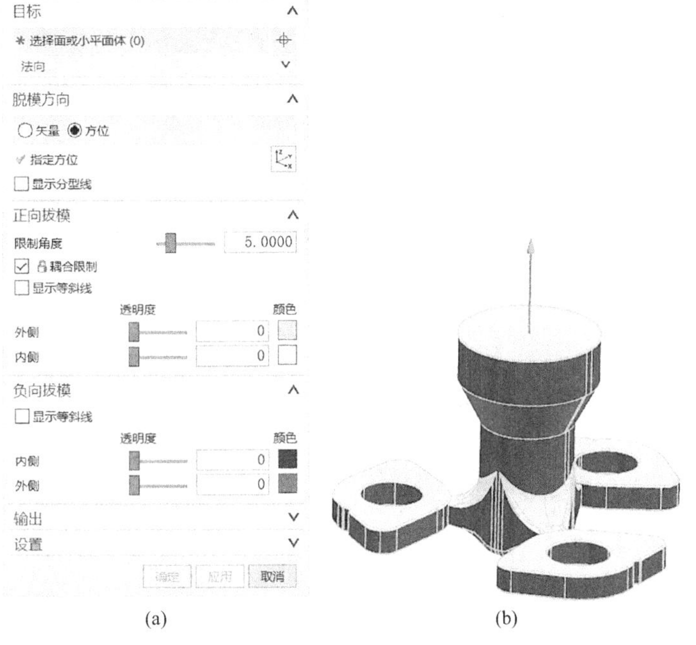

(a) (b)

图 2-7　设置拔模分析（法兰零件）

（3）根据拔模分析的显示，将零件的分型面设置在法兰底部的平面位置（图 2-8），单击“确定”关闭对话框。

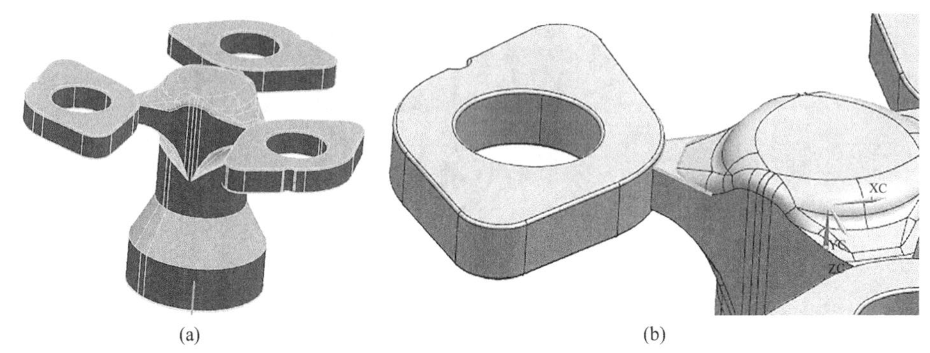

(a) (b)

图 2-8　法兰零件的拔模分析

（4）单击工具栏的“基准平面”按钮，弹出对话框，将新的基准平面设定在上步骤选定的分型面所在的平面位置，将该平面适当手动放大，该平面为法兰零件的模具分型面，如图 2-9 所示。

2. 设置注塑模向导

（1）打开软件主菜单中的“注塑模向导”模块，如果软件中未显示搜索该模块名称即可找到。单击工具栏中的“包容体”按钮，弹出对话框，“类型”选择

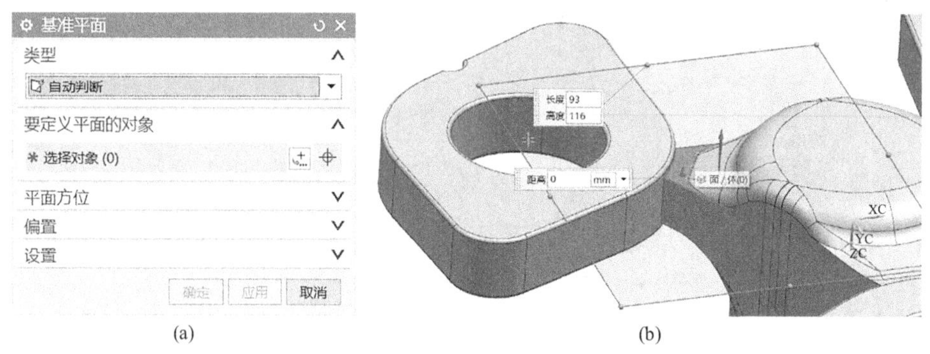

(a)　　(b)

图 2-9　设置法兰的分型面

为“块”，“对象”选择法兰零件，“参数”—“偏置”输入“70mm”（注意要勾选上“单个偏置”），其余参数默认。此时就设置好了法兰零件的包容块，单击“确定”，如图 2-10 所示。

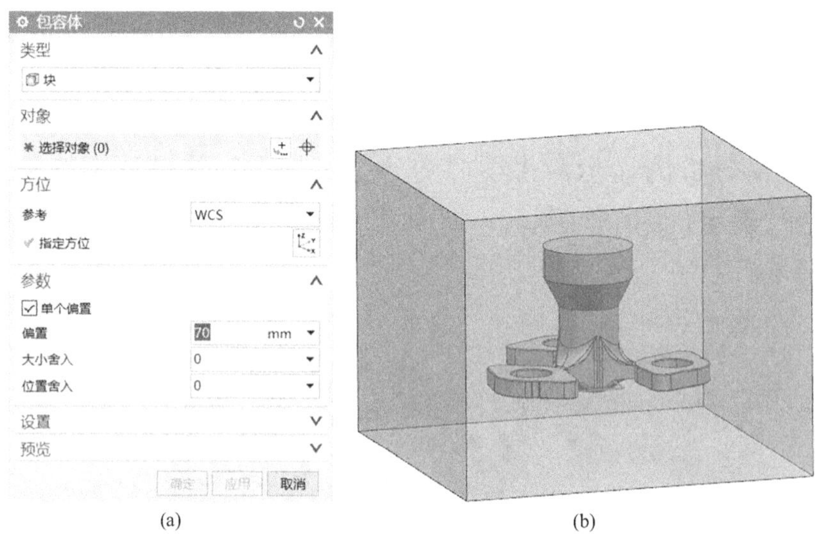

(a)　　(b)

图 2-10　设置法兰的包容块

（2）使用“替换面”功能，使包容块的顶面与法兰顶面齐平，如图 2-11 所示。

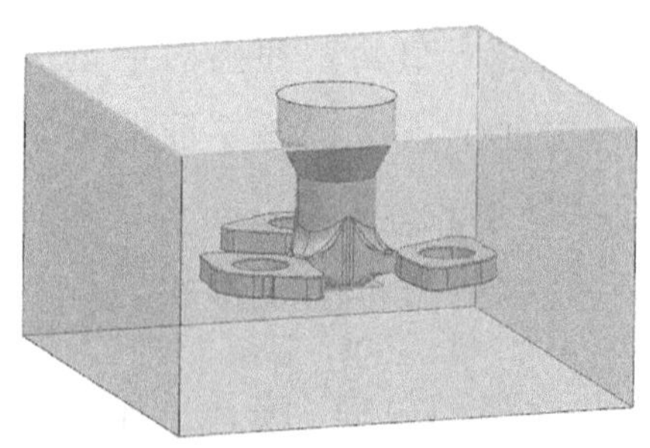

图 2-11　包容体顶面与法兰顶面齐平

3. 设置零件的包容体

（1）单击工具栏中的“减去”按钮，弹出对话框，“目标”选择体为“包容块”，“工具”选择体为“法兰零件”,“设置”处勾选上“保存工具”，其余默认，单击“确定”，此时包容块内部有与法兰零件轮廓和尺寸一致的型腔，如图 2-12 所示。

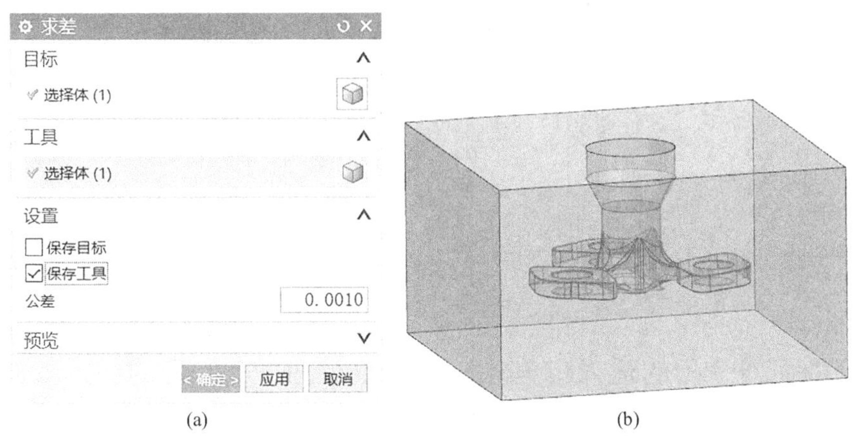

图 2-12　包容块内法兰的型腔

（2）使用“移除参数”功能将法兰零件的包容块参数移除。

（3）单击工具栏中的“拆分体”按钮，弹出对话框,“目标”选择“包容块”，“工具”选择设置好的“分型面”，以分型面为基准将法兰的包容块分为两部分，单击“确定”，如图 2-13 所示。

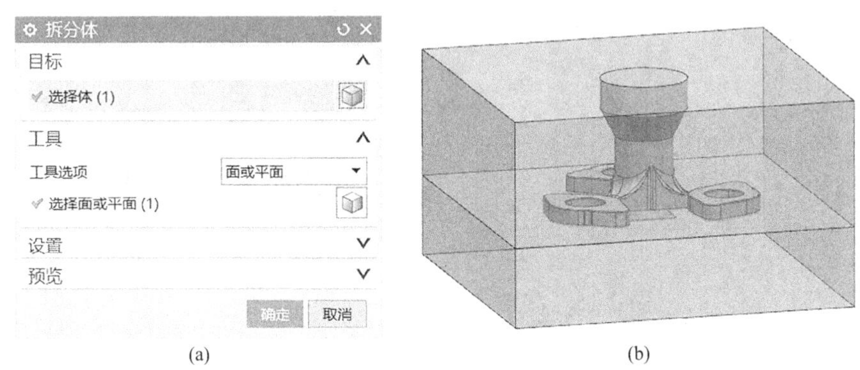

图 2-13　拆分法兰的包容块

（4）将包容块参数移除，包容块便可由一个整体从分型面位置分为两个，即法兰零件的上、下模；使用“对象编辑”功能将包容块的透明度设置为“0”（方法不再赘述），分别隐藏两个包容块和法兰零件，检查内部型腔是否有问题，法兰零件的分型设计即完成，如图 2-14 所示。

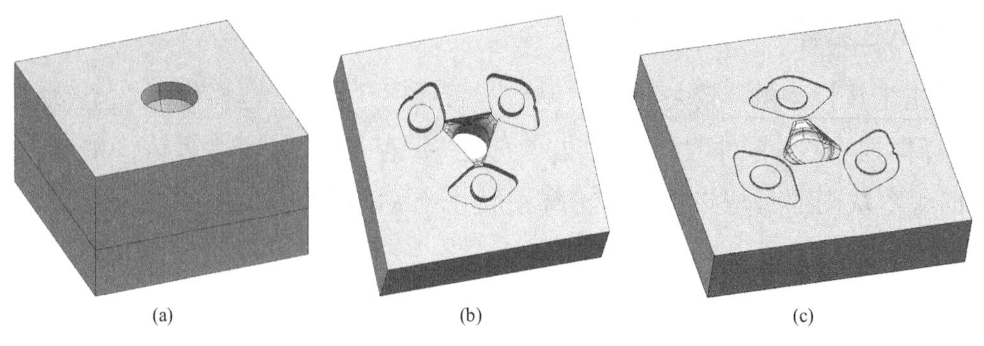
(a) (b) (c)

图 2-14 法兰的上、下模

4. 定位设计

（1）将法兰零件的上模隐藏，以下模的分型面为基准绘制草图，进入草图绘制环境。

（2）在分型面四个角的适当位置绘制四个直径为“50mm”的圆，如图 2-15（a）所示，单击“完成草图”，退出草图绘制环境；使用“拉伸”功能，将四个圆拉伸为圆柱体，高度为“30mm”，“布尔”选择“合并”，圆柱体和下模合成一个实体，如图 2-15（b）所示。

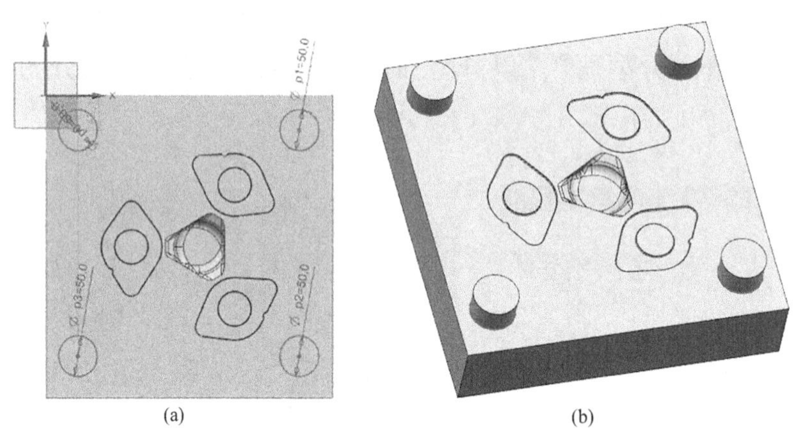
(a) (b)

图 2-15 法兰下模的定位设计

（3）使用“拔模”功能对四个圆柱体进行拔模，矢量方向与圆柱顶面矢量方向一致，固定面为圆柱顶面，要拔模的面为圆柱体的侧面，拔模角度为“10°”，圆柱体变为圆锥体，它们具有模具的定位功能；使用“边倒圆”功能对定位圆锥体顶面的边进行圆弧倒角，半径为“5mm”，将下模参数移除，如图 2-16（a）所示。

（4）使用“减去”功能处理模型，“目标”选择体为上模，“工具”选择体为下模，单击“确定”，此时上模做好了与下模定位圆锥体一致的定位圆锥孔；对定

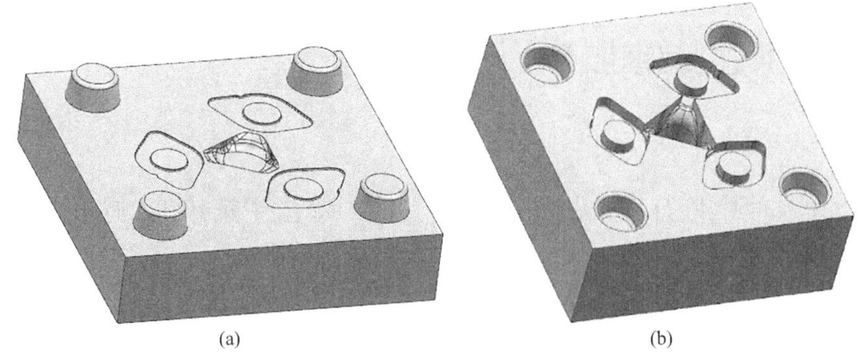
(a) (b)

图 2-16 法兰下模和上模的定位设计

位圆锥孔进行半径为 5mm 的边倒圆处理 [图 2-16（b）]，将上、下模参数移除，法兰零件的分型定位设计即完成，保存零件。

为了定位的准确和方便，使用“偏置区域”功能将定位圆锥孔的直径适当放大一些，让定位圆锥销与其为间隙配合便于安装。

5. 导出部件

打开法兰上下模的模型文件，分别将上、下模导出为单独的部件。单击主菜单中的“文件”—“导出”—“部件”，弹出对话框；单击“类选择”选择零件的上模，单击“确定”返回对话框；单击“指定部件”弹出对话框，选择保存法兰上模的位置，重命名为“法兰上模”，单击“确定”，法兰上模的模型导出完成，如图 2-17 所示。法兰下模的模型导出方法相同。

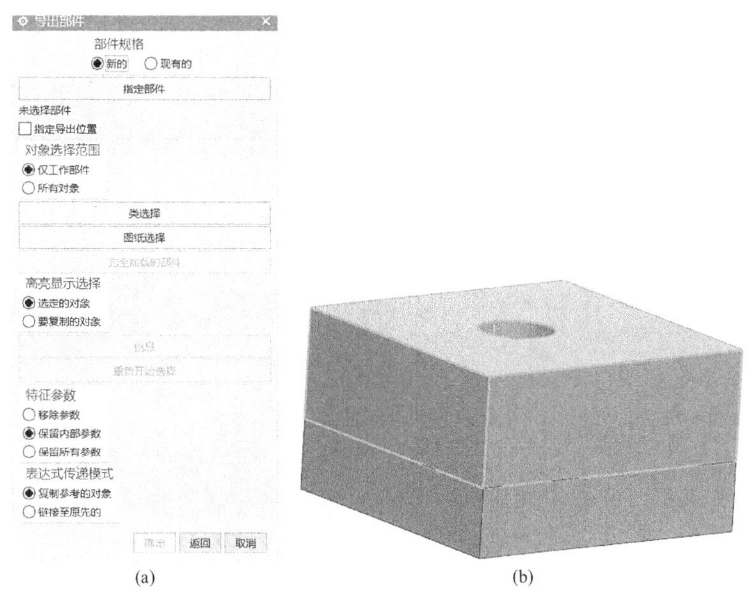

(a) (b)

图 2-17 导出法兰上模的模型

三、法兰上模的数控编程加工

1. 创建几何体

在 UG 12.0 软件中打开导出的法兰上模文件，单击主菜单的“应用模块”—“加工”进入加工环境。

（1）指定部件几何体和毛坯　单击“创建几何体”—“workpiece”按钮，弹出对话框，“指定部件”选择法兰上模；单击“指定毛坯”按钮，弹出对话框；“类型”选择为“包容块”，在“限制”—“X Y”处输入“30”，单击“确定”即可，指定部件和毛坯完成，如图 2-18 所示。

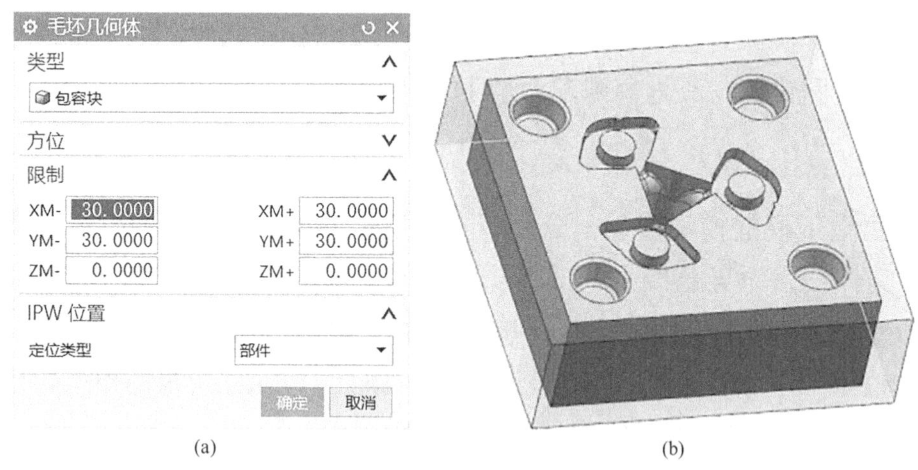

(a)　(b)

图 2-18　指定部件几何体和毛坯（法兰上模）

（2）创建加工坐标系　法兰上模的上、下两面都要加工，因此需要创建两个坐标系。坐标系与 workpiece-1 为父子集关系，命名为“MCS-1”和“MCS-2”，位于模型同一侧平面的两对角处，如图 2-19 所示。

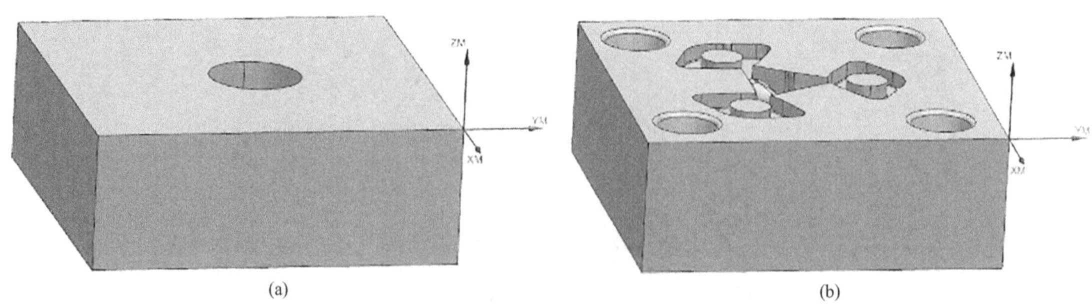
(a)　(b)

图 2-19　创建坐标系 MCS-1 和 MCS-2（法兰上模）

2. 创建刀具

按照表 2-1 所示的要求创建刀具。

表2-1　创建刀具（法兰上模）

序号	名称	直径 /mm	长度 /mm
1	立铣刀 D16	$\phi16$	200
2	立铣刀 D12	$\phi12$	200
3	球头铣刀 D8	$\phi8$	200

3. 创建程序组

根据加工的需求创建两个程序组，命名为“法兰上模加工程序 1”和“法兰上模加工程序 2”。

4. 创建程序

（1）铣削法兰上模的轮廓

① 选择加工方法　单击工具栏中的“创建工序”—“型腔铣”，弹出对话框，“程序”选择“法兰上模加工程序 1”，“刀具”选择“立铣刀 D16”，“几何体”选择“MCS-1”，“方法”选择“MILL_ROUGH”，单击“确定”，如图 2-20（a）所示。

在“型腔铣”对话框中“切削模式”选择“跟随周边”，【最大距离】选择“3mm”，其余参数默认，如图 2-20（b）所示。

② 设置切削参数　单击“切削参数”按钮，弹

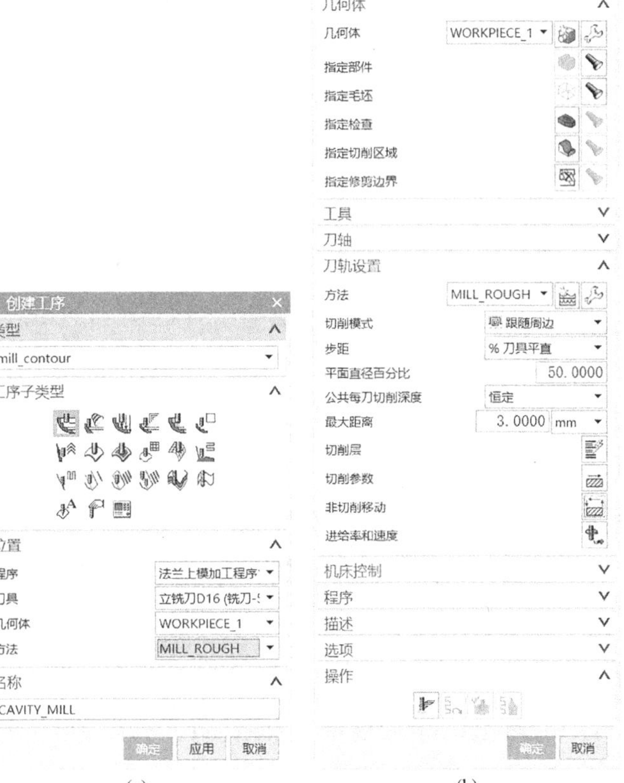

图 2-20　创建型腔铣（铣削法兰上模的轮廓）

出对话框，“余量”输入“0”，“拐角”—“光顺”选择“所有刀路”，其余参数默认。

③ 设置非切削移动参数　单击“非切削移动参数”按钮，弹出对话框，“进刀”—“封闭区域”—“进刀类型”选择为“无”,“开放区域”—“进刀类型”选择为“与封闭区域相同”，其余参数默认。

④ 设置进给率和速度　根据加工需要自行设置。

⑤ 生成刀路轨迹　单击对话框的“生成”按钮，生成加工刀路，如图2-21所示。

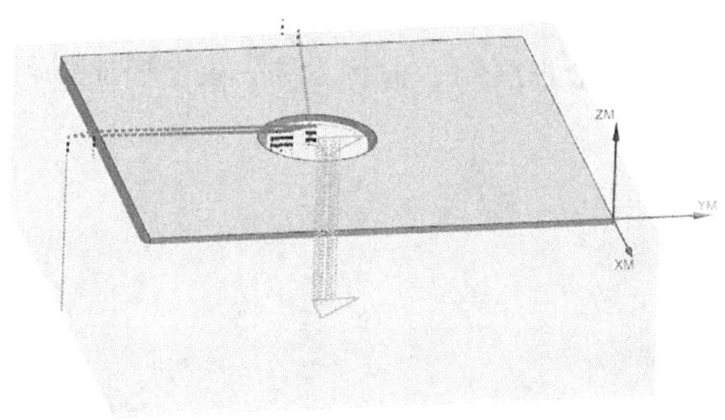

图 2-21　生成的刀路（铣削法兰上模的轮廓）

（2）精铣法兰上模顶部的型腔

① 选择加工方法　单击工具栏中的“创建工序”—“深度轮廓铣”，弹出对话框，“程序”选择“法兰加工程序 1”，“刀具”选择“球头铣刀 D8”，“几何体”选择“MCS-1”,“方法”选择“MILL_FINISH”，单击“确定”，如图 2-22（a）所示。

在“深度轮廓铣”对话框中“指定切削区域”选择上表面中间圆孔内所有的表面，“最大距离”选择为“1mm”，其余参数默认，如图 2-22（b）、（c）所示。

② 设置切削参数　单击“切削参数”按钮，弹出对话框，“策略”—“切削方向”选择为“混合”，“连接”勾选“层间切削”，“连接”—“步距”选择“残余高度”，其余参数默认。

③ 设置非切削移动参数　单击“非切削移动参数”按钮，弹出对话框，“进刀”—“封闭区域”—“进刀类型”选择为“无,”“开放区域”—“进刀类型”选择为“与封闭区域相同”，其余参数默认。

④ 设置进给率和速度　根据加工需要自行设置。

⑤ 生成刀路轨迹　单击对话框的“生成”按钮，生成加工刀路，如图 2-23所示。

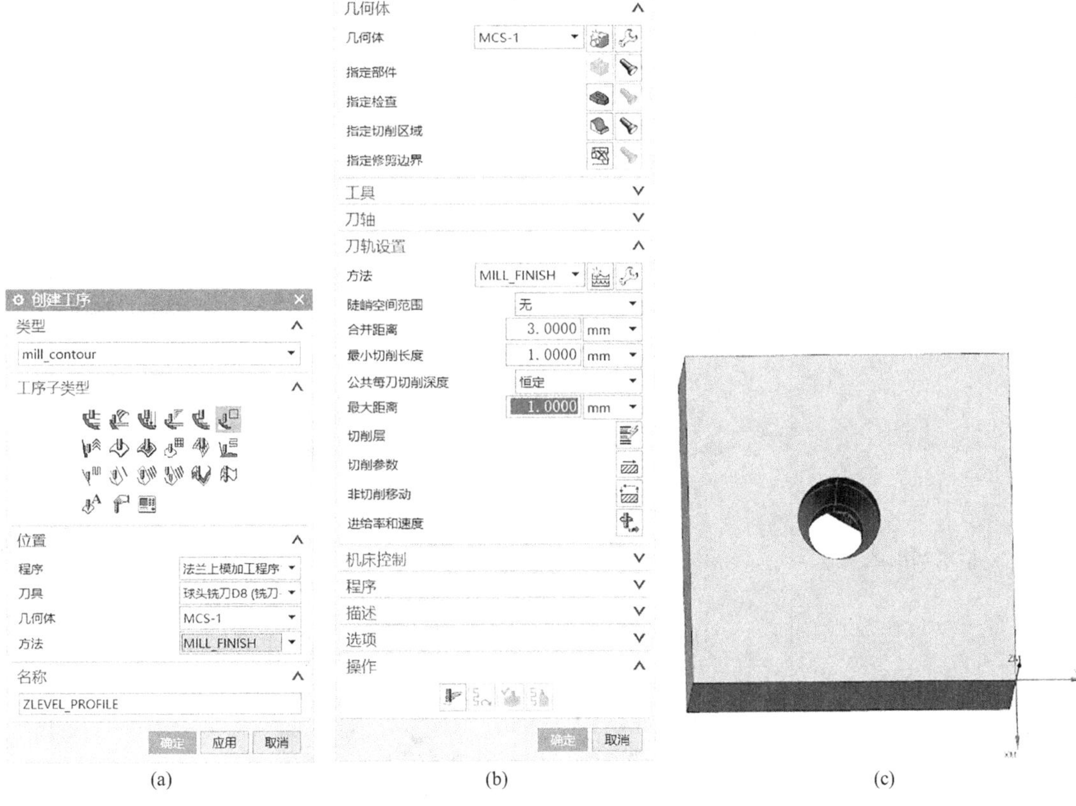

图 2-22　创建深度轮廓铣和指定切削区域（精铣法兰上模顶部的型腔）

图 2-23　生成的刀路（精削法兰上模顶部的型腔）

（3）翻面装夹，粗铣法兰上模的型腔　创建型腔铣工序，创建的方法同前（可将前面的型腔铣工序复制，内部粘贴在 MCS-2）。工序参数设置参照表 2-2 进行修改。

表2-2 工序参数设置（粗铣法兰上模的型腔）

序号	名称	参数内容
1	程序	法兰上模加工程序 2
2	刀具	立铣刀 D12
3	几何体	MCS-2
4	方法	MILL_ROUGH
5	指定切削区域	框选零件整体，再去除掉已经加工好的表面，例如四周的轮廓和上表面的内型腔面 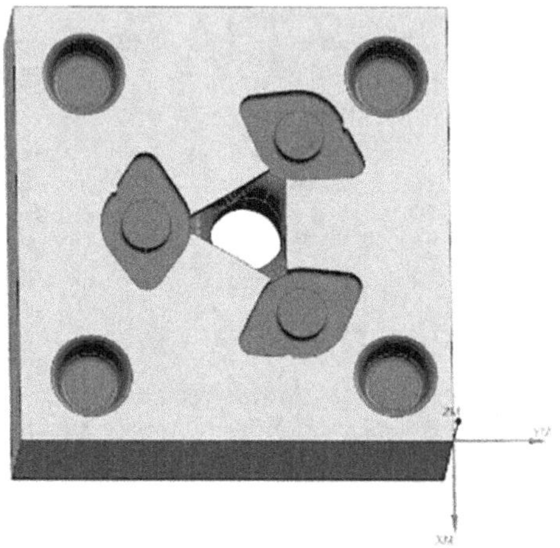
6	切削模式	跟随周边
7	最大距离	3mm
8	切削参数	“余量”输入“1” “拐角”—“光顺”选择“所有刀路”，其余参数默认
9	非切削移动参数	“进刀”—“封闭区域”—“进刀类型”选择为“无”，“开放区域”—“进刀类型”选择为“与封闭区域相同”，其余参数默认
10	生成的刀路	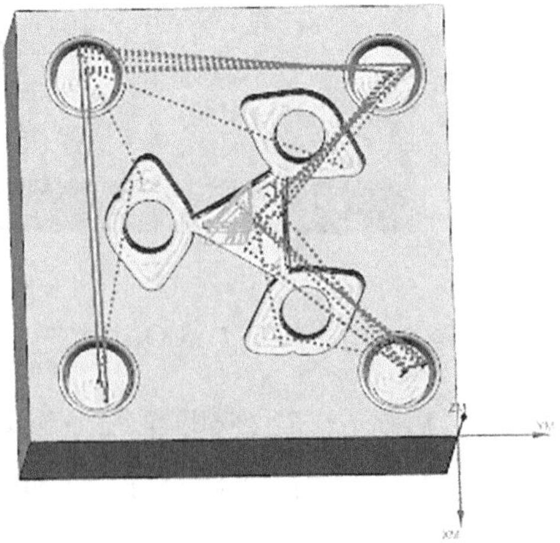

（4）精铣法兰上模的型腔　创建深度轮廓铣工序，创建的方法同前（可将前面的深度轮廓铣工序复制，内部粘贴在 MCS-2）。工序参数设置参照表 2-3 进行修改。

表2-3　工序参数设置（精铣法兰上模的型腔）

序号	名称	参数内容
1	程序	法兰上模加工程序 2
2	刀具	球头铣刀 D8
3	几何体	MCS-2
4	方法	MILL_FINISH
5	指定切削区域	框选零件整体，再去除掉已经加工好的表面，例如四周的轮廓和上表面的内型腔面
6	最大距离	1mm
7	切削参数	“余量”输入“0” “策略”—“切削方向”选择为“混合” “连接”勾选“层间切削” “连接”—“步距”选择“残余高度”，其余参数默认
8	非切削移动参数	“进刀”—“封闭区域”—“进刀类型”选择为“无”，“开放区域”—“进刀类型”选择为“与封闭区域相同”，其余参数默认
9	生成的刀路	

四、法兰下模的数控编程加工

1. 创建几何体

在 UG 12.0 软件中打开导出的法兰下模文件，单击主菜单的“应用模块”—“加工”进入加工环境。

（1）指定部件几何体和毛坯　单击“创建几何体”—“workpiece”按钮，弹出对话框，“指定部件”选择法兰下模；单击“指定毛坯”按钮，弹出对话框，“类型”选择为“包容块”，在“X Y”处输入“30”，单击“确定”，指定部件和毛坯完成，如图 2-24 所示。

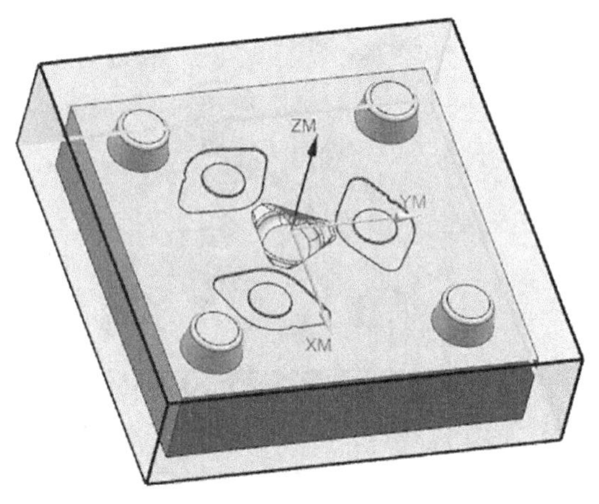

图 2-24　设置毛坯（法兰下模）

（2）创建加工坐标系　法兰下模要加工轮廓和表面的型腔，因此需要创建两个坐标系。坐标系与 workpiece-1 为父子集关系，命名为“MCS-1”和“MCS-2”，位于模型同一侧平面的两对角处，如图 2-25 所示。

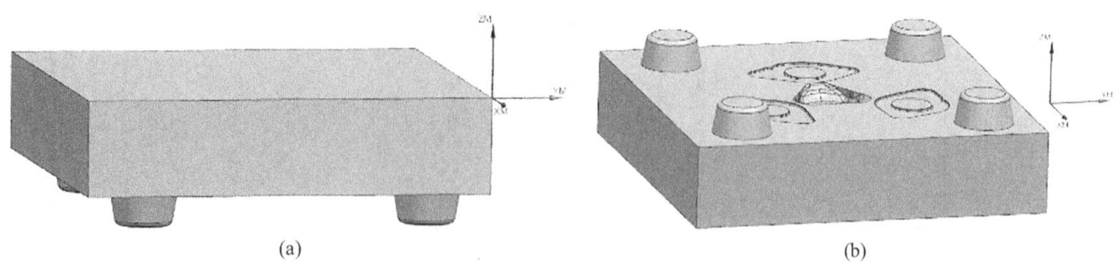

(a)　(b)

图 2-25　创建坐标系（法兰下模）

2. 创建刀具

按照表 2-4 的要求创建刀具。

表2-4　创建刀具（法兰下模）

序号	名称	直径 /mm	长度 /mm
1	立铣刀 D50	$\phi 50$	200
2	立铣刀 D16	$\phi 16$	200
3	球头铣刀 D8	$\phi 8$	200

3. 创建程序组

根据加工的需求创建程序组，命名为“法兰下模加工程序 1”和“法兰下模加工程序 2”。

4. 创建程序

（1）铣削法兰下模的轮廓　创建型腔铣工序，创建方法同前。工序参数设置参照表 2-5 进行修改。

表2-5　工序参数设置（铣削法兰下模的轮廓）

序号	名称	参数内容
1	程序	法兰下模加工程序 1
2	刀具	立铣刀 D50
3	几何体	MCS-1
4	方法	MILL_ROUGH
5	切削模式	跟随周边
6	最大距离	3mm
7	切削参数	“余量”输入“0” “拐角”—“光顺”选择“所有刀路”，其余参数默认
8	非切削移动参数	“进刀”—“封闭区域”—“进刀类型”选择为“沿形状斜进刀” “最小安全距离”输入“1mm” “最小斜坡长度”输入“150%”刀具 “如果进刀不合适”选择“跳过” “开放区域”—“进刀类型”选择为“与封闭区域相同”，其余参数默认
9	设置进给率和速度	根据加工需要自行设置
10	生成的刀路	

（2）翻面装夹，粗铣法兰下模的型腔　创建型腔铣工序，创建的方法同前（可将前面的型腔铣工序复制，内部粘贴在 MCS-1）。工序参数设置参照表 2-6 进行修改。

表2-6　工序参数设置（粗铣法兰下模的型腔）

序号	名称	参数内容
1	程序	法兰下模加工程序 2
2	刀具	立铣刀 D16
3	几何体	MCS-2
4	方法	MILL_ROUGH
5	指定切削区域	框选零件整体，再去除掉已经加工好的表面，例如四周的轮廓和下底面
6	切削模式	跟随周边
7	最大距离	3mm
8	切削参数	“余量”—“部件侧面余量”输入“1” “部件底面余量”输入“0” “拐角”—“光顺”选择“所有刀路”，其余参数默认
9	非切削移动参数	“进刀”—“封闭区域”—“进刀类型”选择为“无” “开放区域”—“进刀类型”选择为“与封闭区域相同”，其余参数默认
10	生成的刀路	

（3）精铣法兰下模的型腔　创建深度轮廓铣工序，创建的方法同前。工序参数设置参照表 2-7 进行修改。

表2-7　工序参数设置（精铣法兰下模的型腔）

序号	名称	参数内容
1	程序	法兰下模加工程序 2
2	刀具	球头铣刀 D8
3	几何体	MCS-2
4	方法	MILL_FINISH
5	指定切削区域	框选零件整体，再去除掉已经加工好的表面，例如四周的轮廓和上下表面 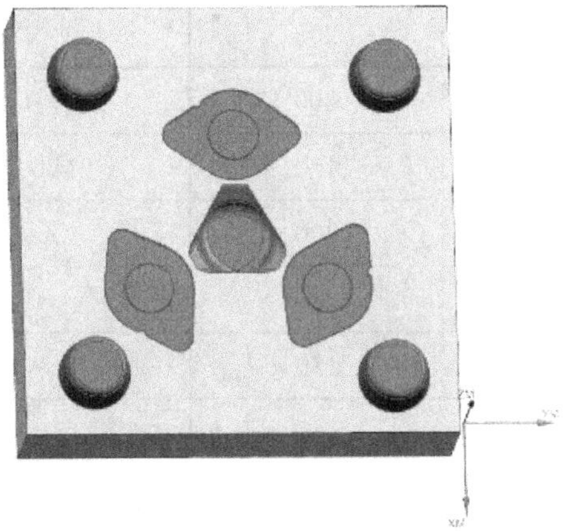
6	最大距离	1mm
7	切削参数	“余量”输入“0” “策略”—“切削方向”选择为“混合” “连接”勾选“层间切削” “连接”—“步距”选择“残余高度”，其余参数默认
8	非切削移动参数	“进刀”—“封闭区域”—“进刀类型”选择为“无” “开放区域”—“进刀类型”选择为“与封闭区域相同”，其余参数默认
9	生成的刀路	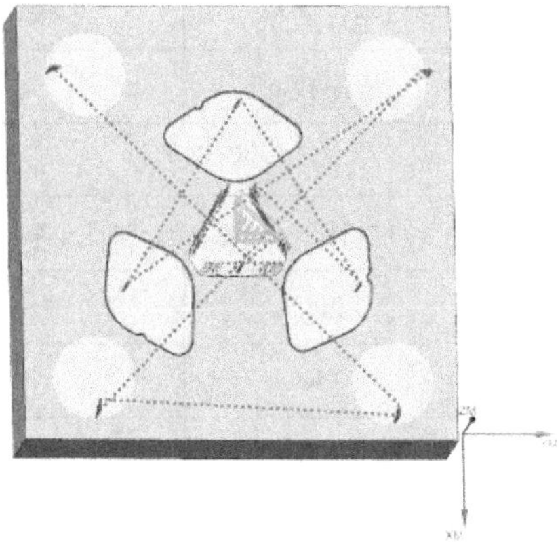

五、法兰零件工序卡

法兰零件上、下模工序卡见表 2-8、表 2-9。

表2-8　法兰零件上模工序卡

无模车间加工工序卡					
项目名称	01- 法兰	零件名称	上模	设备编号	
编程人员		程序校对		操作人员	
程序列表					
程序名称	刀具名称	刀具长度 /mm	加工时间 /h	备注	
正面边框	D16	200	1	磁力座加垫块	
正面浇注孔	D16	200	1.5	磁力座加垫块	
浇注孔精加工	B8	150	1	磁力座加垫块	
反面边框	D16	200	1	磁力座加垫块	
反面开粗	D16	200	1.5	磁力座加垫块	
反面精加工	B8	150	1	磁力座加垫块	

表2-9　法兰零件下模工序卡

无模车间加工工序卡					
项目名称	01- 法兰	零件名称	下模	设备编号	
编程人员		程序校对		操作人员	
程序列表					
程序名称	刀具名称	刀具长度 /mm	加工时间 /h	备 注	
正面开粗	D16	200	1	磁力座加垫块	
正面精加工	B8	150	1	磁力座加垫块	
反面开粗	D16	200	1	磁力座加垫块	
反面二次开粗	D16	200	0.5	磁力座加垫块	

续表

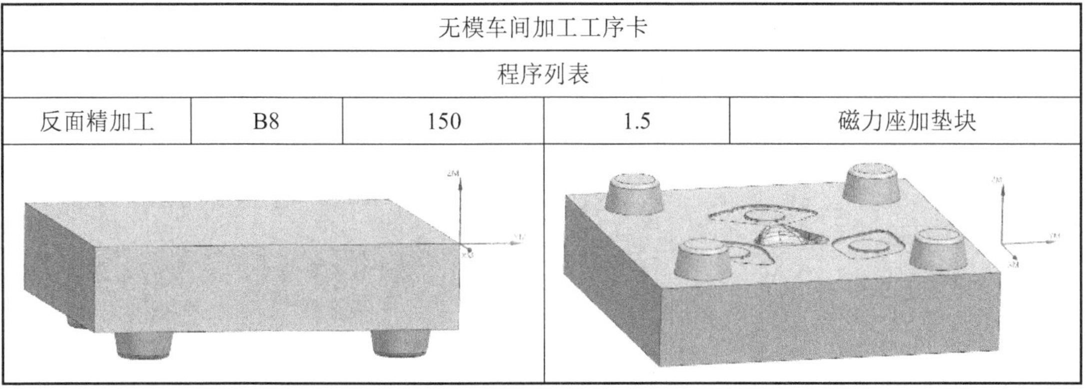

无模车间加工工序卡				
程序列表				
反面精加工	B8	150	1.5	磁力座加垫块

六、法兰零件加工过程

法兰零件加工过程见表 2-10。

表2-10　法兰零件加工过程

步骤	加工内容	加工图示	加工说明
1	上模正面铣平		1. 加工准备，将刀具移动到加工起点，设置好 *X*、*Y*、*Z* 起点 2. 将刀具移动到砂型的对角线外侧，设置刀具直径 D16 略小于刀具实际直径 3. 设置 *X*、*Y* 长度，设定切削高度 6mm，进刀量 3mm 4. 启动主轴，开始铣平
2	正面粗铣设置		1. 设置刀具起点为加工原点，设置好 *X*、*Y*、*Z* 起点 2. 编程时根据刀具长度确定切削深度，不能超出刀具长度，粗铣留加工余量，一般为 0.5 ～ 1mm 3. 加载第一个程序，启动主轴，设置加工速度，开始执行程序
3	正面粗铣		1. 零件加工时分上下面加工，先加工面内容少、孔少、加工深度浅，主要加工放在反面，避免一面尺寸加工过大造成空腔加工时容易塌陷 2. 铣削孔时要经常吹砂，否则砂屑会因无法排出致使小直径刀具折断，大直径刀具则会带着工件移动，致使工件偏离加工位置

续表

步骤	加工内容	加工图示	加工说明
4	正面精铣设置 正面精铣		1. 更换精加工刀 B8，精加工刀具重新定位 Z 点，将刀具移回起点 2. 进刀量要小，一般为 0.5 ~ 1mm。程序参数设置时“切削参数”—“连接”—“层间切削”—“选用残余高度 0.02mm”必须勾选 3. 保证加工区域在砂坯内，机床工作坐标与编程工作坐标对应 4. 打开精加工程序，设置加工速度，开始执行程序
5	砂型翻转 确定反面 基准		1. 加工后翻转砂型 2. 翻转后的砂型进行对刀，将百分表固定在主轴上，百分表指针靠近正面已加工平面 3. 使用皮锤敲击砂型，使指针保持在 0.01 ~ 0.05mm 以内 4. 使用磁力座将砂型固定，进行反面对刀，对刀时有轻微摩擦感即可，设置好 X、Y 起点
6	反面铣平确定最终高度		1. 先铣削平面 2. 铣平后测量高度，输入残余高度和进刀量，进刀量 2 ~ 3mm，进行第二次铣平加工 3. 铣平后设定速度、铣平参数，启动主轴，反面粗铣加工
7	反面粗铣		1. 找平砂坯，用刀具依次确定 x、y、z 面，保证正反两面加工相对应 2. 换刀 D16 重新设置起点，打开程序，设置速度执行程序，开始反面粗铣
8	反面精铣		1. 换刀 B8 2. 进入加工界面，打开精加工程序，启动主轴，设定速度，执行精加工程序，开始精加工 3. 完成上模反面精铣

续表

步骤	加工内容	加工图示	加工说明
9	下模正面铣平 刀具设置正面粗铣		1. 正面铣平。安装 B16 刀具对刀，设置 X、Y、Z 长度，将刀具移动到砂型对角线端工件外侧 2. 设置刀具直径略小于实际加工直径，设置速度及进刀量 3. 开始铣平 4. 完成正面粗铣
10	砂型翻转 确定参数 粗加工		1. 正面加工完成后测量砂型尺寸，确认无误将砂型翻转 180° 2. 对刀，指针靠近正面已加工对刀面，通过敲击砂型使指针保持在 1 ～ 5mm 以内 3. 找平后用磁力座将砂型固定 4. 使用对刀工具进行反面对刀，设置 X 和 Y 长度，设置起点 5. 开始粗加工
11	反面精加工		1. 刀具回到起点，换刀 B8，对刀 2. 设置起点，将刀具移回原位 3. 进入加工界面，打开精加工程序，启动主轴，设定速度，执行精加工程序，开始精加工 4. 完成下模反面精加工

七、法兰零件检测过程

法兰零件检测过程见表 2-11。

表2-11　法兰零件检测过程

步骤	检测内容	检测图示	检测说明
1	法兰上模 扫描准备		1. 检查法兰上模砂型模具表面保持清洁的状况（用吸尘器清理） 2. 贴光标点，光标点间距尽量在 15mm 左右，如果有复杂特征不易扫描，光标点可适当加密 3. 连接扫描仪与电脑，打开激光扫描专用软件 VXelements，开始扫描

续表

步骤	检测内容	检测图示	检测说明
2	扫描过程		扫描过程中，扫描仪与模具的间距应适宜，不可过大或过小。间距过大，反映到软件上的扫描线变成蓝色；间距过小，扫描光线呈红色；合适距离时，光线呈绿色。扫描过程中注意观察扫描线的颜色并及时调整间距，保持适当间距
3	观察调整 扫描效果		1. 观察扫描后的模型，在需要参考、对比、分析的部分扫描完成后，保存扫描光标点；如扫描效果不好，可在需要扫描位置重新扫描或贴光标后再扫描，直至符合要求 2. 导出扫描文件为点云 stl 格式文件，保存文件
4	法兰下模 扫描准备		1. 检查法兰下模砂型模具表面是否清洁 2. 贴光标点，光标点间距尽量在 15mm 左右，如果有复杂特征不易扫描，光标点可适当加密
5	扫描过程		1. 扫描过程中，扫描仪与模具间的距离应适宜，不可过大或过小 2. 扫描过程中注意观察扫描线的变化，根据扫描线的变化调整扫描距离，避免扫描效果不清晰准确 3. 扫描效果不清晰可以反复扫描或增加扫描点再次扫描
6	扫描效果 观察调整		1. 观察扫描后的模型形状是否有缺失或者不清晰，反复扫描直至符合要求 2. 根据显示的颜色深度可以观察判断扫描清晰度 3. 检查扫描的效果和数据是否清晰完整

续表

步骤	检测内容	检测图示	检测说明
7	导出文件 数据分析	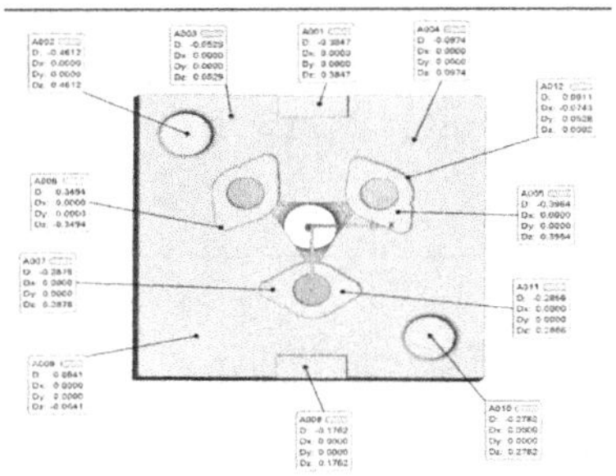	1. 导出扫描文件为点云 stl 格式文件，并保存 2. 通过 Geomajic control 软件进行数模分析，检测模型加工精度 3. 根据数据判断零件是否符合加工要求

任务评价

任务评价见表 2-12。

表2-12　任务评价表

评价项目	评价内容	评价标准	配分	综合评分
任务实施完成情况评价（80 分）	法兰零件浇注系统的设计	设计合理 15 分 设计基本合理 9 分 设计不合理 0 分	15	
	法兰零件分型定位设计	分型定位设计合理 15 分 分型定位设计基本合理 9 分 分型定位设计不合理 0 分	15	
	法兰零件上模的数控编程	加工刀路和参数合理 10 分 编程加工刀路和参数基本合理 6 分 编程加工刀路和参数不合理 0 分	10	
	法兰零件下模的数控编程	加工刀路和参数合理 10 分 加工刀路和参数基本合理 6 分 加工刀路和参数不合理 0 分	10	
	法兰零件上模、下模砂型的加工	正确熟练操作设备完成加工 20 分 操作设备正确，不熟练 12 分 操作设备不正确 0 分	20	
	法兰零件模具的精度检测	正确熟练操作设备完成检测 10 分 操作设备正确，不熟练 6 分 操作设备不正确 0 分	10	
职业素养（20 分）	1. 遵守实训车间纪律，不迟到早退，按要求穿戴实训服、护目镜和帽子	每违反一次扣 2 分	5	

续表

评价项目	评价内容	评价标准	配分	综合评分
职业素养（20分）	2. 正确操作实训的机床设备，自觉遵守操作要求和规范，安全实训，使用后做好设备的日常清洁和保养	每违反一次扣 2 分	5	
	3. 正确使用工、量、刀具，各类物品合理摆放，保持实训工位的整洁有序	每违反一次扣 2 分	5	
	4. 具备团结、合作、互助的精神，能按照要求完成学习任务	根据学习中的表现合理评价打分	5	
总评			100	

任务二

加工圆台零件

任务布置

圆台零件是某设备上的定位导向零件，其轮廓较为简单，如图 2-26 所示。本任务以圆台零件为载体，要求能合理地对圆台零件进行浇注系统和分型定位设计，以及对上、中、下模进行数控编程加工，最后完成圆台零件上、中、下模的砂型加工，并对零件进行检测及任务评价。

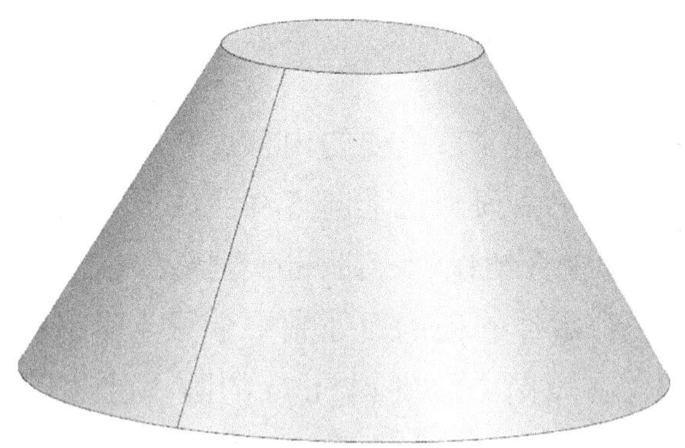

图 2-26　圆台零件

任务目标

1. 理解无模成形技术的原理和特点。
2. 理解圆台零件浇注系统设计的原理。
3. 理解圆台零件分型定位设计的原理。
4. 掌握使用 UG 软件对圆台零件模具分型定位设计的方法。
5. 能使用 UG 软件完成对圆台零件模具的分型定位设计。
6. 能合理制定圆台零件上、下模的加工工艺。
7. 能使用 UG 软件完成圆台零件上、下模的数控编程加工操作。

8. 能独立完成圆台零件的加工。

9. 能独立完成圆台零件的检测和任务评价。

任务分析

首先对圆台零件进行浇注系统和分型、定位设计，根据零件的特点以圆台的顶面和底面为分型面共设计上、中、下三层模具，再使用 UG 软件对零件的上、中、下模完成数控编程加工，操作无模成形加工设备完成各个模具砂型的加工，同时完成零件检测及任务评价。通过本任务的学习掌握 UG 软件分型定位设计和数控编程加工的方法，打好基础。

任务实施

一、圆台零件浇注系统的设计

在模具的设计中浇注系统是非常重要的内容，它决定着零件最终的铸造质量。圆台零件的结构简单，它由顶部自上向下浇注成形，因此需要设置对应的浇口杯。下面以圆台零件为例介绍设计浇口杯的步骤。

为了方便浇注，在圆台零件的顶端面处做一个漏斗形状的浇口杯。以圆台的顶面为基准创建草图，在草图中绘制 ϕ75mm 的圆，退出草图后使用“拉伸”功能将该圆的高度拉伸为“80mm”，拔模角度为“−20°”，合理设置参数。浇口杯的设计如图 2-27 所示。

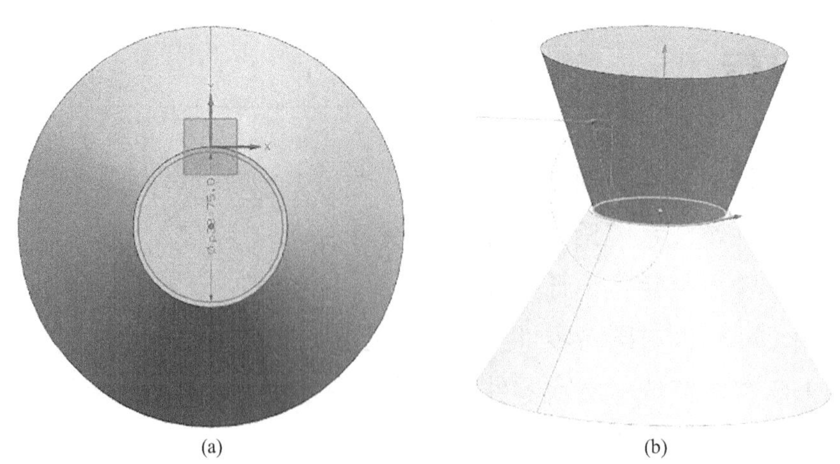

(a)　　　　(b)

图 2-27　设计圆台零件浇口杯

二、圆台零件的分型定位设计

1. 设置零件的分型面

（1）打开 UG 12.0 软件，导入圆台零件模型。

（2）对零件和浇注系统进行拔模分析，根据零件的拔模角度合理确定分型面。单击“菜单”—“分析”—“形状”—“拔模分析”，弹出对话框，“目标”选择圆台零件模型，“脱模方向”的指定矢量与圆台零件顶面矢量方向一致，如图 2-28 所示。

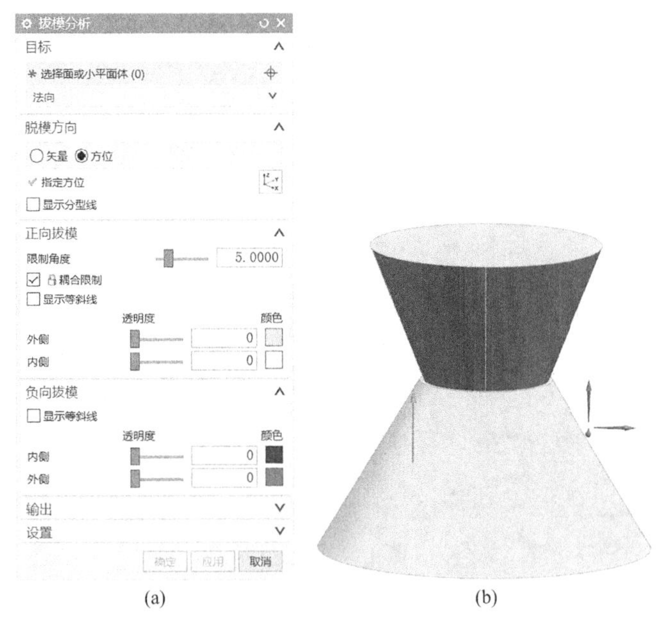

(a) (b)

图 2-28　设置圆台零件拔模分析

（3）根据“拔模分析”的显示，将零件的分型面设置在圆台顶部的平面位置。

（4）单击工具栏的“基准平面”按钮，弹出对话框，将新的基准平面设定在上步骤选定的分型面所在的平面位置，将该平面适当手动放大，该平面为圆台零件的模具分型面，如图 2-29 所示。

2. 设置注塑模向导

（1）打开软件主菜单中的“注塑模向导”模块，单击工具栏中的“包容体”按钮，弹出对话框，“类型”选择为“块”，“对象”选择圆台零件，“参数”—“偏置”输入“70mm”（注意要勾选上“单个偏置”），其余参数默认，设置好圆台零

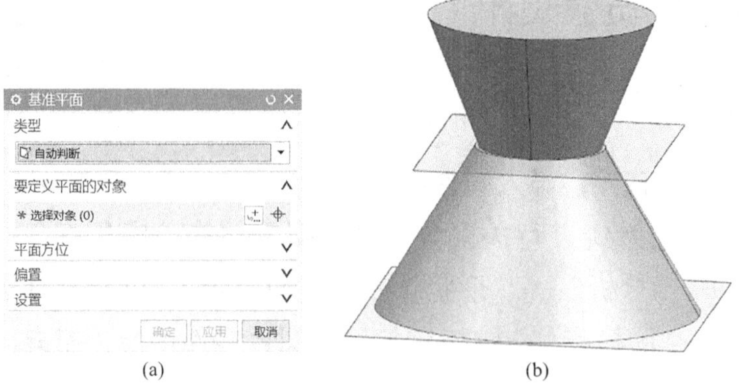

图 2-29　设置圆台的分型面

件的包容块，单击“确定”，如图 2-30 所示。

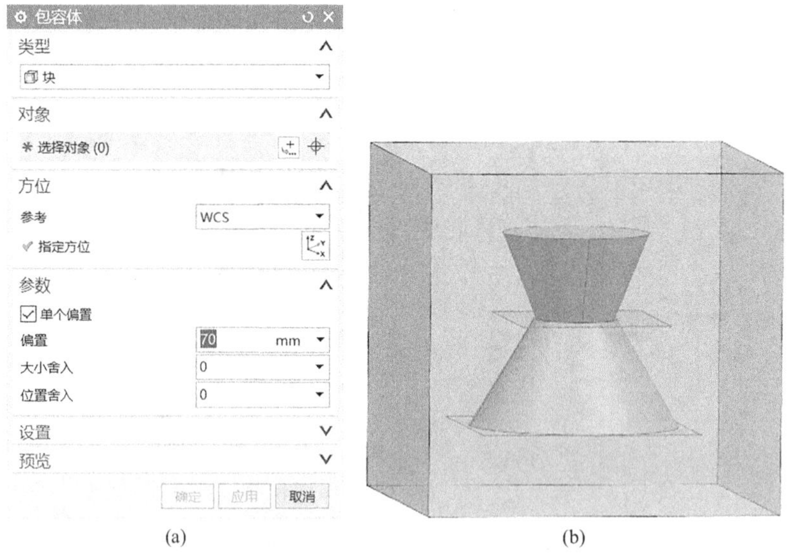

图 2-30　设置圆台的包容块

（2）使用“替换面”功能，使包容块的顶面与圆台顶面齐平，如图 2-31 所示。

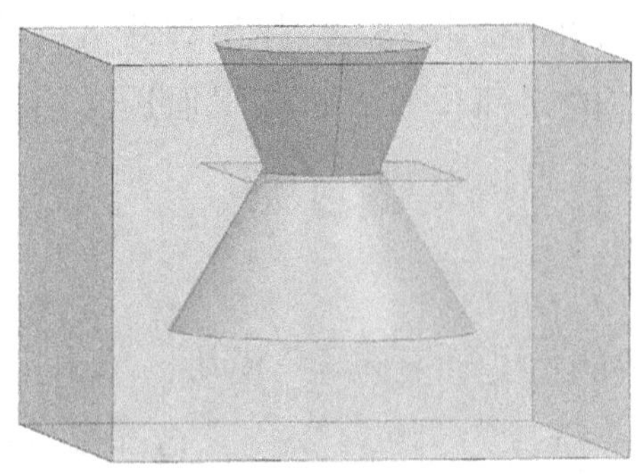

图 2-31　使包容体顶面与圆台顶面齐平

3. 设置零件的包容体

（1）单击工具栏中的“减去”按钮，弹出对话框，“目标”选择体为“包容块”，“工具”选择体为“圆台零件”，“设置”处勾选上“保存工具”，其余默认，单击“确定”，此时包容块内部有与圆台零件轮廓和尺寸一致的型腔，如图 2-32 所示。

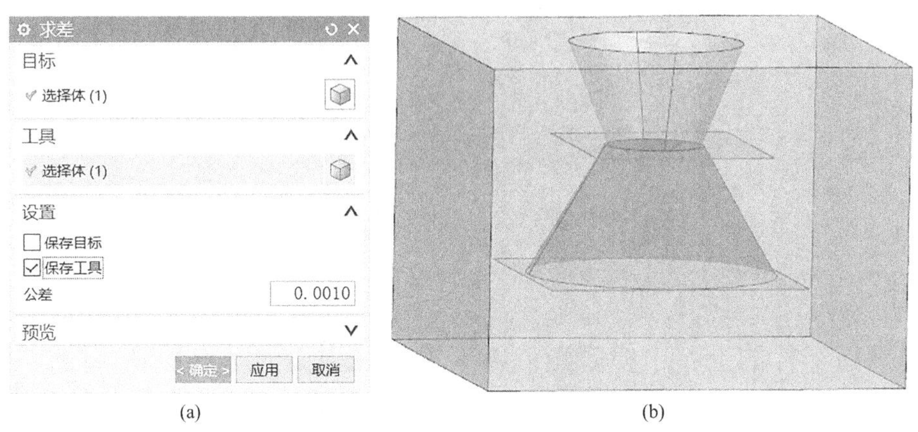

(a)　　(b)

图 2-32　包容块内圆台的型腔

（2）使用“移除参数”功能将圆台零件的包容块参数移除。

（3）单击工具栏中的“拆分体”按钮，弹出对话框，“目标”选择“包容块”，“工具”选择设置好的“分型面”，以分型面为基准将圆台的包容块分为三部分，单击“确定”，如图 2-33 所示。

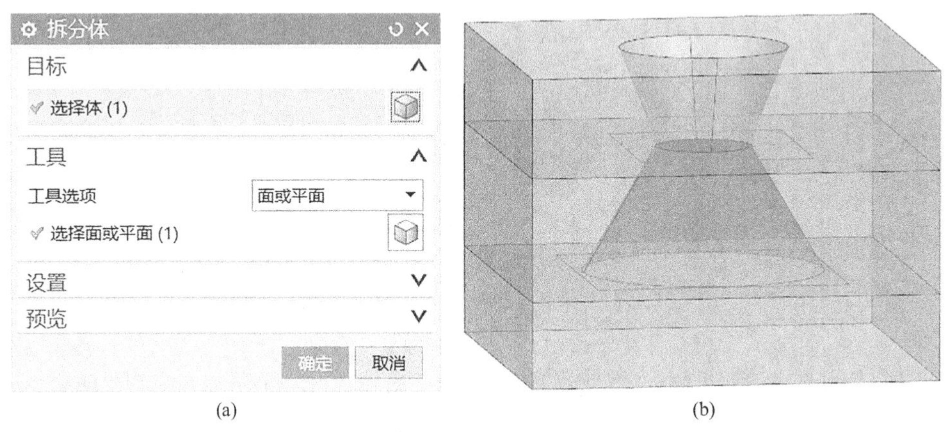

(a)　　(b)

图 2-33　拆分圆台的包容块

（4）将包容块参数移除，包容块便可由一个整体从分型面位置分为三个，即上、中、下模。使用“对象编辑”功能将包容块的透明度设置为“0”，分别隐藏两个包容块和圆台零件，检查内部型腔是否有问题，圆台零件的分型设计即完成，如图 2-34 所示。

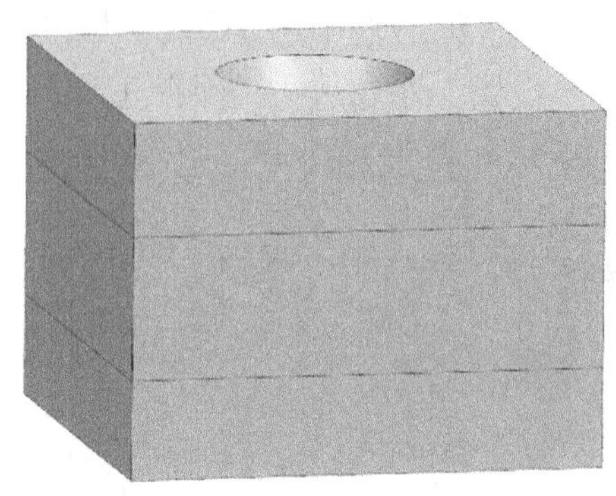

图 2-34　圆台的上、中、下模

4. 定位设计

（1）将圆台零件的上、中模隐藏，以下模的分型面为基准绘制草图，进入草图绘制环境。

（2）在分型面四个角的适当位置绘制四个直径为“50mm”的圆，如图 2-35（a）所示，单击“完成草图”，退出草图绘制环境；使用“拉伸”功能，将四个圆拉伸为圆柱体，高度为“30mm”，使用“拔模”功能将四个圆柱体进行拔模，拔模角度为“10°”，如图 2-35（b）所示。

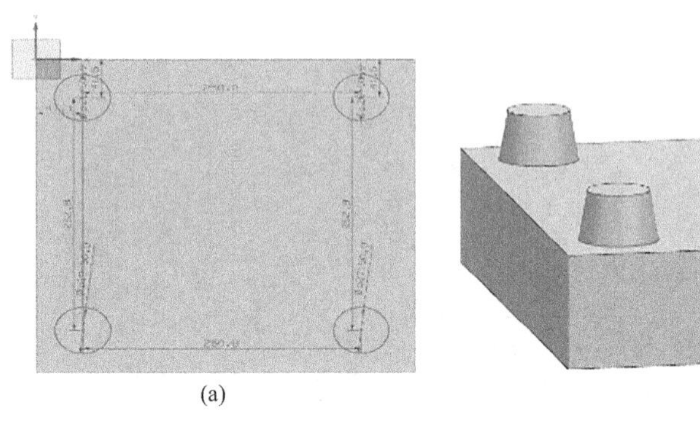

(a)

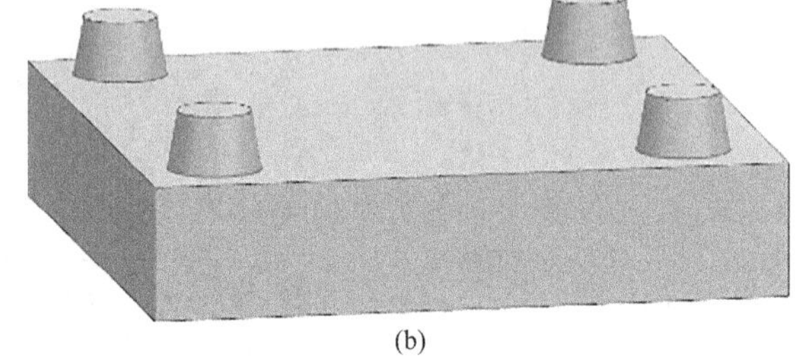

(b)

图 2-35　圆台下模的定位设计

（3）将圆柱体变为圆锥体，将它们作为定位圆锥销具有模具的定位功能；使用“边倒圆”功能将定位圆锥体顶面的边倒为半径“5mm”的圆弧倒角，将下模参数移除，如图 2-36 所示。

（4）单击工具栏中的“镜像几何体”按钮，弹出对话框，“要镜像的几何体”—“选择对象”选择四个定位圆锥销，“镜像平面”使用“二等分”的方法定为上模和下模中间的平面，在上模的下表面做出四个定位圆锥销，将定位圆锥

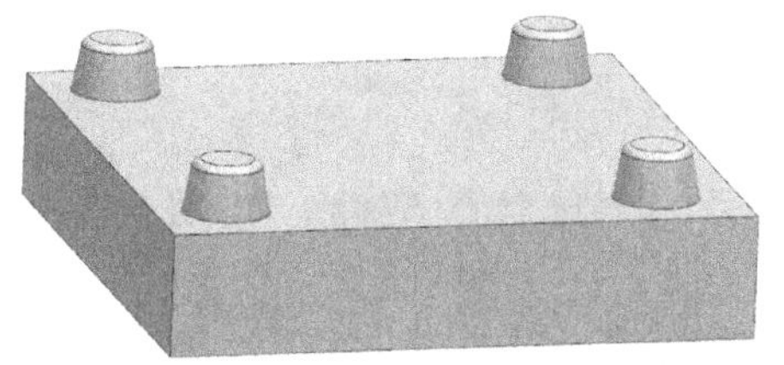

图 2-36 圆台下模和上模的定位设计

销与模具合并，如图 2-37 所示。此步骤也可以使用“移动对象”功能或者绘制草图，在中模的上表面做出定位圆锥销。

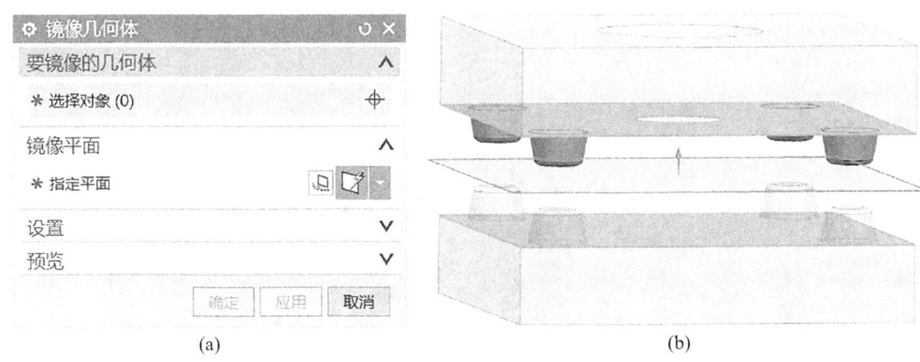

(a) (b)

图 2-37 镜像定位圆锥销

（5）使用“减去”功能处理模型，“目标”选择体为中模，“工具”选择体为下模，勾选“保存工具”选项，单击“确定”，此时中模的下表面做好了与下模定位圆锥销一致的定位圆锥孔，将定位圆锥孔进行半径为 5mm 的边倒圆处理，如图 2-38（a）所示。同理使用“减去”功能对中模和上模进行同样的操作，如图 2-38（b）所示。在中模的上表面做好了定位圆锥孔，将上、中、下模参数移除，圆台零件的分型定位设计即完成，保存零件。

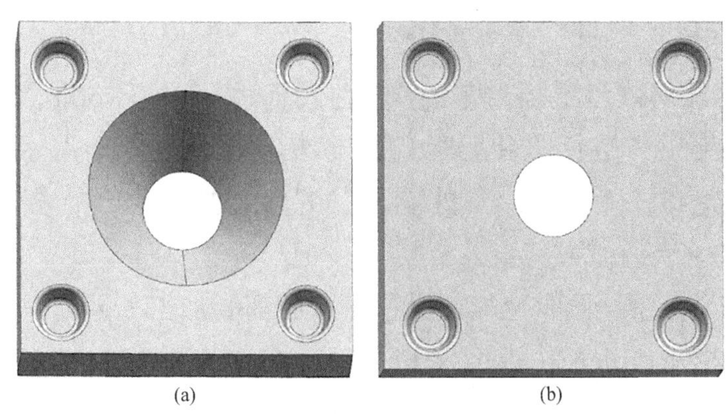

(a) (b)

图 2-38 设置定位圆锥孔

5. 导出部件

将圆台的上、中、下模导出为单独的部件，如图 2-39 所示。

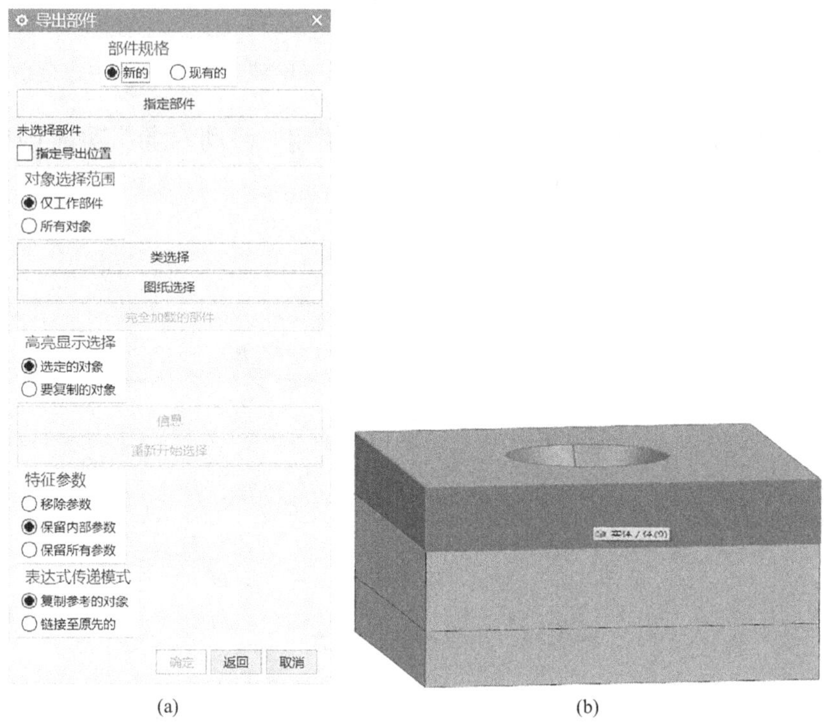

(a) (b)

图 2-39 导出圆台上模的模型

三、圆台上模的数控编程加工

1. 创建几何体

在 UG 12.0 软件中打开导出的圆台上模文件，单击主菜单的“应用模块”—“加工”进入加工环境。

（1）指定部件几何体和毛坯　单击“创建几何体”—“workpiece”按钮，弹出对话框，“指定部件”选择圆台上模；单击“指定毛坯”按钮，弹出对话框；“类型”选择为“包容块”，在“X Y”处输入“30”，单击“确定”，指定部件和毛坯完成，如图 2-40 所示。

（2）创建加工坐标系　圆台上模的上、下两面都要加工，因此需要创建两个坐标系。坐标系与 workpiece-1 为父子集关系，命名为“MCS-1”和“MCS-2”，坐标系位于上模同一侧平面的两对角位置，如图 2-41 所示。

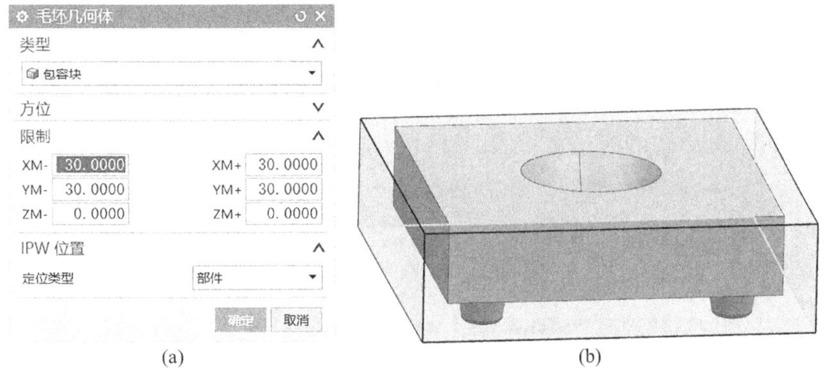

图 2-40　指定部件几何体和毛坯（圆台上模）

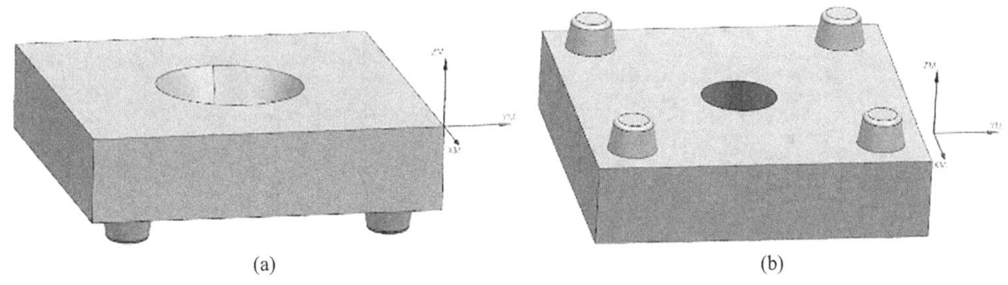

图 2-41　创建坐标系 MCS-1 和 MCS-2（圆台上模）

2. 创建刀具

按照表 2-13 的要求创建刀具。

表2-13　创建刀具（圆台上模）

序号	名称	直径 /mm	长度 /mm
1	立铣刀 D16	$\phi16$	200
2	球头铣刀 D8	$\phi8$	200

3. 创建程序组

根据加工的需求创建两个程序组，命名为“圆台上模加工程序 1”和“圆台上模加工程序 2”。

4. 创建程序

（1）粗铣圆台上模的外轮廓和型腔

① 选择加工方法　单击工具栏中的“创建工序”—“型腔铣”，弹出对话框，“程序”选择“圆台上模加工程序 1”，“刀具”选择“立铣刀 D16”，“几何体”选择“MCS-1”，“方法”选择“MILL_ROUGH”，单击确定，如图 2-42（a）所示。

在“型腔铣”对话框中“切削模式”选择“跟随周边”，“最大距离”选择为

“3mm”，其余的参数默认，如图 2-42（b）所示。

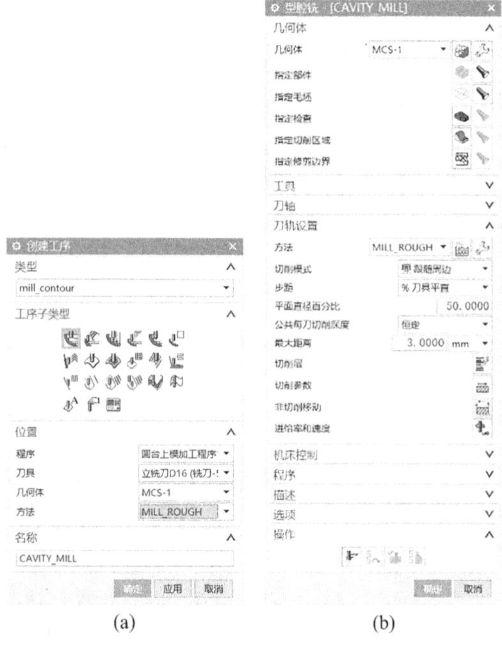

(a)　　　　　　　　(b)

图 2-42　创建型腔铣（粗铣圆台上模的外轮廓和型腔）

② 设置切削层　单击“切削参数”按钮，弹出对话框，在“定义范围”—“选择对象”选择上模的下表面，以此确定切削的深度范围值，如图 2-43 所示。

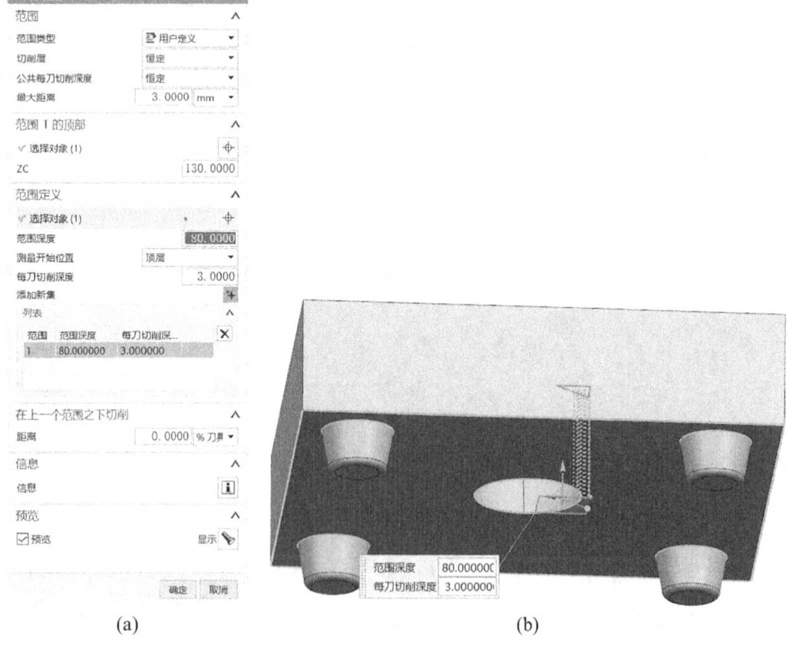

(a)　　　　　　　　(b)

图 2-43　设置切削层（粗铣圆台上模的外轮廓和型腔）

③ 设置切削参数　单击“切削参数”按钮，弹出对话框，在“余量”将“使底面余量与侧面余量一致”去掉勾选，在“部件侧面余量”输入“1”，其余参数默认，如图 2-44（a）所示。

④ 设置非切削移动参数　单击“非切削移动参数”按钮，弹出对话框，“进刀”—“封闭区域”—“进刀类型”选择为“无”,“开放区域”—“进刀类型”选择为“与封闭区域相同”，其余参数默认，如图 2-44（b）所示。

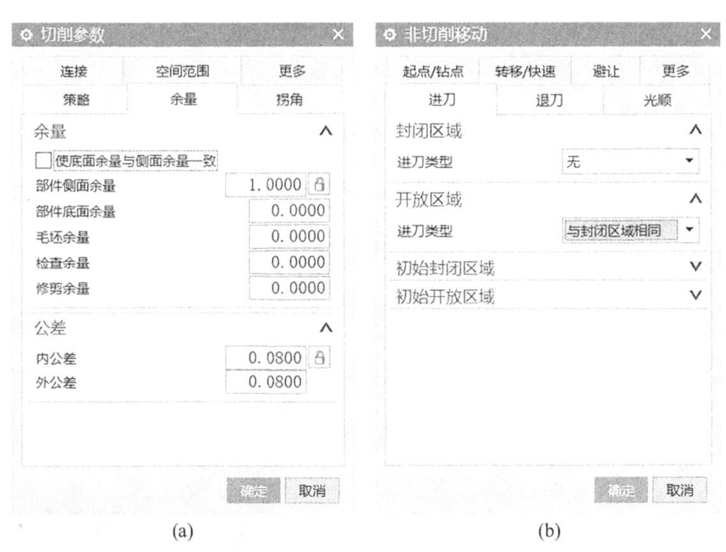

(a)　(b)

图 2-44　设置切削参数和非切削移动参数（粗铣圆台上模的外轮廓和型腔）

⑤ 设置进给率和速度　根据加工需要自行设置。

⑥ 生成刀路轨迹　单击对话框的“生成”按钮，生成加工刀路，如图2-45所示。

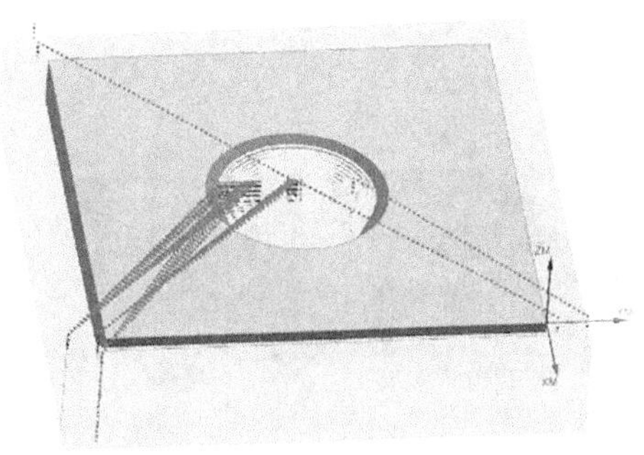

图 2-45　生成的刀路（粗铣圆台上模的外轮廓和型腔）

（2）精铣圆台上模的外轮廓和型腔

① 选择加工方法　单击工具栏中的“创建工序”—“深度轮廓铣”，弹出对

话框，“程序”选择“圆台上模加工程序 1”，“刀具”选择“球头铣刀 D8”，“几何体”选择“MCS-1”，“方法”选择“MILL_FINISH”，单击“确定”，如图 2-46（a）所示。

在“深度轮廓铣”对话框中“指定切削区域”选择上表面中间圆孔内所有的表面，“最大距离”选择为“1mm”，其余参数默认，如图 2-46（b）、（c）所示。

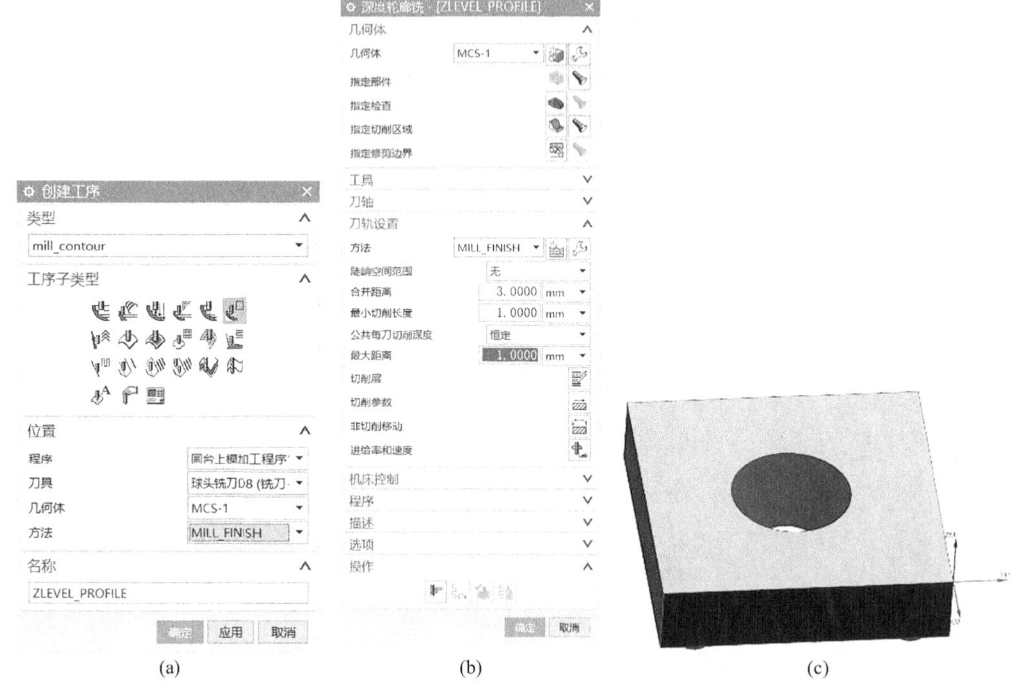

图 2-46　创建深度轮廓铣和指定切削区域（精铣圆台上模的外轮廓和型腔）

② 设置切削层　单击“切削参数”按钮，弹出对话框，在“定义范围”—“选择对象”选择上模的下表面，以此确定切削的深度范围值，如图 2-47 所示。

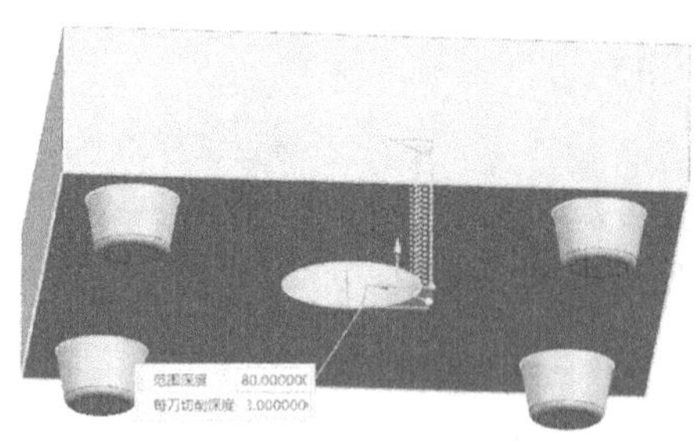

图 2-47　设置切削层（精铣圆台上模的外轮廓和型腔）

③ 设置切削参数　单击“切削参数”按钮，弹出对话框，“策略”—“切削方向”选择为“混合”，“连接”勾选“层间切削”，“连接”—“步距”选择“残余高度”，其余参数默认，如图 2-48（a）所示。

④ 设置非切削移动参数　单击“非切削移动参数”按钮，弹出对话框，“进刀”—“封闭区域”—“进刀类型”选择为“无，”“开放区域”—“进刀类型”选择为“与封闭区域相同”，其余参数默认，如图 2-48（b）所示。

图 2-48　设置切削参数和非切削移动参数（精铣圆台上模的外轮廓和型腔）

⑤ 设置进给率和速度　根据加工需要自行设置。

⑥ 生成刀路轨迹　单击对话框的“生成”按钮，生成加工刀路，如图 2-49 所示。

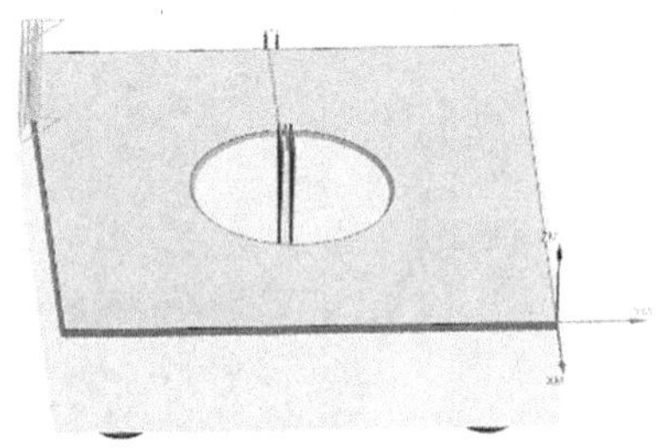

图 2-49　生成的刀路图（精铣圆台上模的外轮廓和型腔）

（3）翻面装夹，粗铣圆台上模的型腔　创建型腔铣工序，创建的方法同前（可将前面的型腔铣工序复制，内部粘贴在 MCS-2）。工序参数设置参照表 2-14 进行修改。

表2-14　工序参数设置（粗铣圆台上模的型腔）

序号	名称	参数内容
1	程序	圆台上模加工程序 2
2	刀具	立铣刀 16
3	几何体	MCS-2

序号	名称	参数内容
4	方法	MILL_ROUGH
5	切削层	“范围 1 的顶部”选择定位圆锥销的上表面，“范围定义”选择定位圆锥销的底部平面 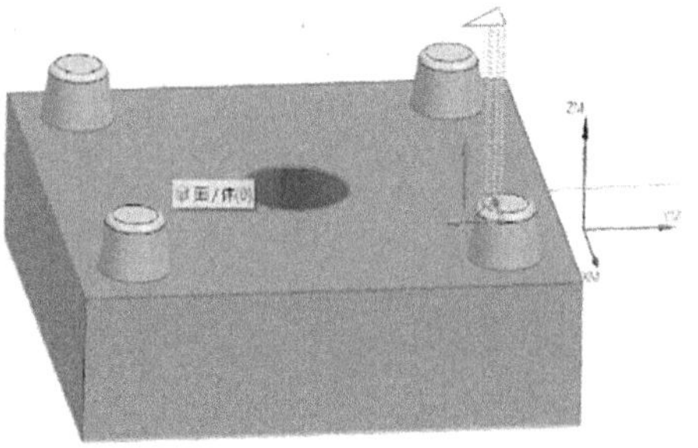
6	切削模式	跟随周边
7	最大距离	3mm
8	切削参数	“余量”—“部件侧面余量”输入“1”，“部件底面余量”输入“0” “拐角”—“光顺”选择“所有刀路”，其余参数默认
9	非切削移动参数	“进刀”—“封闭区域”—“进刀类型”选择为“无” “开放区域”—“进刀类型”选择为“与封闭区域相同”，其余参数默认
10	生成的刀路	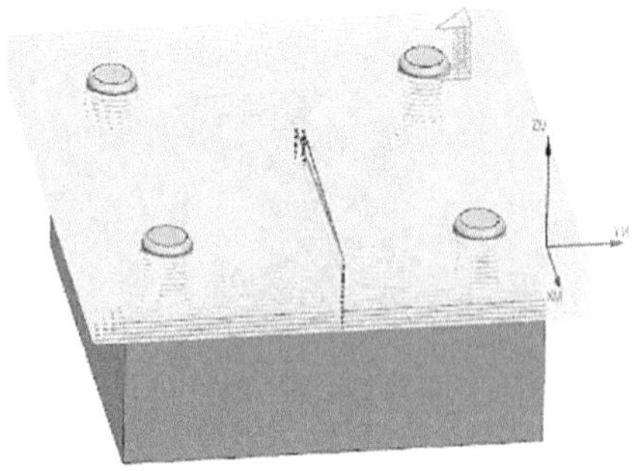

（4）精铣圆台上模的型腔　创建深度轮廓铣工序，创建的方法同前（可将前面的深度轮廓铣工序复制，内部粘贴在 MCS-2）。工序参数设置参照表 2-15 进行修改。

表2-15　工序参数设置（精铣圆台上模的型腔）

序号	名称	参数内容
1	程序	圆台上模加工程序 2
2	刀具	球头铣刀 D8
3	几何体	MCS-2
4	方法	MILL_FINISH

续表

序号	名称	参数内容
5	指定切削区域	选择四个定位圆锥销轮廓面
6	最大距离	1mm
7	切削层	“范围 1 的顶部”选择定位圆锥销的上表面，“范围定义”选择定位圆锥销的底部平面
8	切削参数	“策略”—“切削方向”选择为“混合” “连接”勾选“层间切削” “连接”—“步距”选择“残余高度”，其余参数默认
9	非切削移动参数	“进刀”—“封闭区域”—“进刀类型”选择为“无” “开放区域”—“进刀类型”选择为“与封闭区域相同”，其余参数默认
10	生成的刀路	

四、圆台中模的数控编程加工

1. 创建几何体

在 UG 12.0 软件中打开导出的圆台中模文件，单击主菜单的“应用模块”—“加工”进入加工环境。

（1）指定部件几何体和毛坯　单击“创建几何体”—“workpiece”按钮，弹出对话框，“指定部件”选择圆台下模；单击“指定毛坯”按钮，弹出对话框，“类型”选择为“包容块”，在“X Y”处输入“30”，单击“确定”，指定部件和毛坯完成，如图 2-50 所示。

图 2-50 设置毛坯（圆台中模）

（2）创建加工坐标系 圆台中模需要加工轮廓和表面的型腔，因此需要创建两个坐标系。坐标系与 workpiece-1 为父子集关系，命名为“MCS-1”和“MCS-2”，位于模型同一侧平面的两对角位置，如图 2-51 所示。

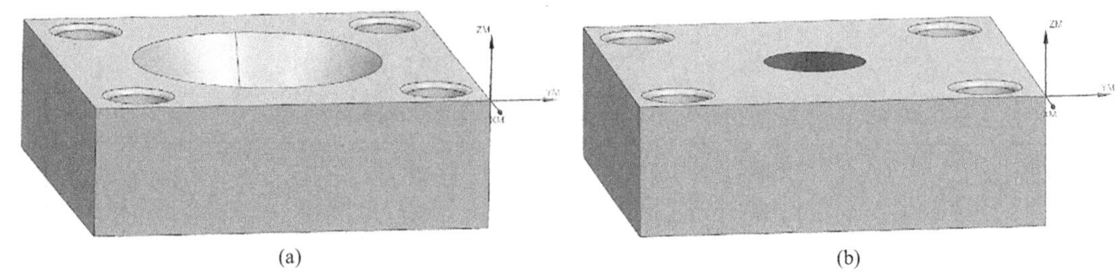

(a) (b)

图 2-51 创建坐标系（圆台中模）

2. 创建刀具

按照表 2-16 的要求创建刀具。

表2-16 创建刀具（圆台中模）

序号	名称	直径 /mm	长度 /mm
1	立铣刀 D16	$\phi 16$	200
2	球头铣刀 D8	$\phi 8$	200

3. 创建程序组

根据加工的需求创建程序组，命名为“圆台中模加工程序 1”和“圆台中模加工程序 2”。

4. 创建程序

（1）粗铣圆台中模的外轮廓和型腔 创建型腔铣工序，创建的方法同前。工序参数设置参照表 2-17 进行修改。

表2-17　工序参数设置（粗铣圆台中模的外轮廓和型腔）

序号	名称	参数内容
1	程序	圆台中模加工程序 1
2	刀具	立铣刀 D16
3	几何体	MCS-1
4	方法	MILL_ROUGH
5	切削模式	跟随周边
6	最大距离	3mm
7	切削层	参数默认
8	切削参数	“余量”—“部件侧面余量”输入“1” “部件底面余量”输入“0”
9	非切削移动参数	“进刀”—“封闭区域”—“进刀类型”选择为“无” “开放区域”—“进刀类型”选择为“与封闭区域相同”，其余参数默认
10	设置进给率和速度	根据加工需要自行设置
11	生成的刀路	

（2）精铣圆台中模的外轮廓和型腔　创建深度轮廓铣工序，工序参数设置参照表 2-18 进行修改。

表2-18　工序参数设置（精铣圆台中模的外轮廓和型腔）

序号	名称	参数内容
1	程序	圆台中模加工程序 1
2	刀具	球头铣刀 D8
3	几何体	MCS-1
4	方法	MILL_FINISH
5	指定切削区域	选择中模的外轮廓面和型腔面

续表

序号	名称	参数内容
6	最大距离	1mm
7	切削层	参数默认
8	切削参数	"策略"—"切削方向"—选择为"混合" "连接"勾选"层间切削" "连接"—"步距"选择"残余高度"，其余参数默认
9	非切削移动参数	"进刀"—"封闭区域"—"进刀类型"选择为"无" "开放区域"—"进刀类型"选择为"与封闭区域相同"，其余参数默认
10	生成的刀路	

（3）翻面装夹，粗铣圆台中模的型腔 创建型腔铣工序，工序参数设置参照表2-19进行修改。

表2-19 工序参数设置（粗铣圆台中模的型腔）

序号	名称	参数内容
1	程序	圆台中模加工程序2
2	刀具	立铣刀D16
3	几何体	MCS-2
4	方法	MILL_ROUGH
5	指定切削区域	选择中模的定位圆锥孔面
6	切削模式	跟随周边
7	最大距离	3mm
8	切削层	参数默认

序号	名称	参数内容
9	切削参数	“余量”—“部件侧面余量”输入“1” “部件底面余量”输入“0” “拐角”—“光顺”选择“所有刀路”，其余参数默认
10	非切削移动参数	“进刀”—“封闭区域”—“进刀类型”选择为“无” “开放区域”—“进刀类型”选择为“与封闭区域相同”，其余参数默认
11	生成的刀路	

（4）精铣圆台中模的型腔　创建深度轮廓铣工序，工序参数设置参照表2-20进行修改。

表2-20　工序参数设置（精铣圆台中模的型腔）

序号	名称	参数内容
1	程序	圆台中模加工程序 2
2	刀具	球头铣刀 D8
3	几何体	MCS-2
4	方法	MILL_FINISH
5	指定切削区域	选择中模的定位圆锥孔面
6	最大距离	1mm
7	切削层	参数默认
8	切削参数	“余量”输入“0” “策略”—“切削方向”选择为“混合” “连接”勾选“层间切削” “连接”—“步距”选择“残余高度”，其余参数默认
9	非切削移动参数	“进刀”—“封闭区域”—“进刀类型”选择为“无” “开放区域”—“进刀类型”选择为“与封闭区域相同”，其余参数默认

续表

序号	名称	参数内容
10	生成的刀路	

五、圆台下模的数控编程加工

1. 创建几何体

在 UG 12.0 软件中打开导出的圆台下模文件，单击主菜单的“应用模块”—“加工”进入加工环境。

（1）指定部件几何体和毛坯　单击“创建几何体”—“workpiece”按钮，弹出对话框，“指定部件”选择圆台下模；单击“指定毛坯”按钮，弹出对话框，“类型”选择为“包容块”，单击“确定”，指定部件和毛坯完成，如图 2-52 所示。

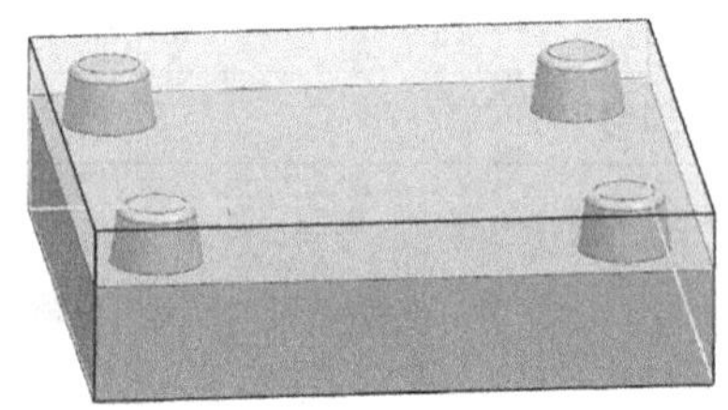

图 2-52　设置毛坯（圆台下模）

（2）创建加工坐标系　圆台下模要加工分型面的轮廓，创建坐标系与 workpiece-1 为父子集关系，命名为“MCS-1”，位于某角位置，如图 2-53 所示。

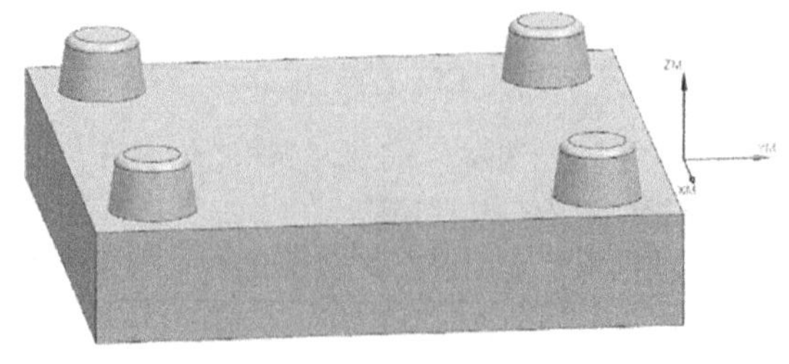

图 2-53　创建坐标系（圆台下模）

2. 创建刀具

按照表 2-21 的要求创建刀具。

表2-21　创建刀具（圆台下模）

序号	名称	直径 /mm	长度 /mm
1	立铣刀 D16	$\phi16$	200
2	球头铣刀 D8	$\phi8$	200

3. 创建程序组

根据加工的需求创建程序组，命名为“圆台下模加工程序”。

4. 创建程序

（1）粗铣圆台下模的型腔　创建型腔铣工序，工序参数设置参照表 2-22 进行修改。

表2-22　工序参数设置（粗铣圆台下模的型腔）

序号	名称	参数内容
1	程序	圆台下模加工程序
2	刀具	立铣刀 D16
3	几何体	MCS-1
4	方法	MILL_ROUGH
5	切削模式	跟随周边
6	最大距离	3mm
7	切削层	“范围 1 的顶部”选择定位圆锥销的顶面，“范围定义”选择定位圆锥销的底部分型面
8	切削参数	“余量”—“部件侧面余量”输入“1” “部件底面余量”输入“0”
9	非切削移动参数	“进刀”—“封闭区域”—“进刀类型”选择为“无” “开放区域”—“进刀类型”选择为“与封闭区域相同”，其余参数默认
10	设置进给率和速度	根据加工需要自行设置

序号	名称	参数内容
11	生成的刀路	

（2）精铣圆台下模的型腔　创建深度轮廓铣工序，工序参数设置参照表2-23进行修改。

表2-23　工序参数设置（精铣圆台下模的型腔）

序号	名称	参数内容
1	程序	圆台下模加工程序
2	刀具	球头铣刀 D8
3	几何体	MCS-1
4	方法	MILL_FINISH
5	指定切削区域	选择定位圆锥销的外轮廓
6	最大距离	1mm
7	切削层	“范围 1 的顶部”选择定位圆锥销的顶面，“范围定义”选择定位圆锥销的底部分型面
8	切削参数	“策略”—“切削方向”选择为“混合” “连接”勾选“层间切削” “连接”—“步距”选择“残余高度”，其余参数默认
9	非切削移动参数	“进刀”—“封闭区域”—“进刀类型”选择为“无” “开放区域”—“进刀类型”选择为“与封闭区域相同”，其余参数默认
10	生成的刀路	

六、圆台零件工序卡

圆台零件上、中、下模工序卡见表 2-24 ～表 2-26。

表2-24　圆台零件上模工序卡

无模车间加工工序卡					
项目名称	02-圆台	零件名称	上模	设备编号	
编程人员		程序校对		操作人员	
程序列表					
程序名称	刀具名称	刀具长度 /mm	加工时间 /h	备注	
正面边框	D16	200	1.5	磁力座加垫块	
正面浇注孔	D16	200	1	磁力座加垫块	
浇铸孔精加工	B8	150	0.5	磁力座加垫块	
反面边框	D16	200	1.5	磁力座加垫块	
反面开粗	D16	200	0.5	磁力座加垫块	
反面精加工 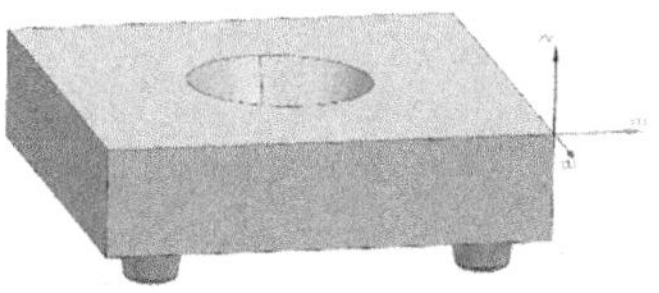	B8	150	1 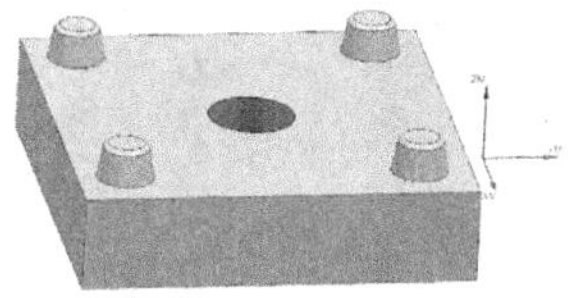	磁力座加垫块	

表2-25　圆台零件中模工序卡

无模车间加工工序卡					
项目名称	02-圆台	零件名称	中模	设备编号	
编程人员		程序校对		操作人员	
程序列表					
程序名称	刀具名称	刀具长度 /mm	加工时间 /h	备注	
正面开粗	D16	200	1	磁力座加垫块	
正面精加工	B8	150	1	磁力座加垫块	
反面开粗	D16	200	1.5	磁力座加垫块	
反面二次开粗	D16	200	0.5	磁力座加垫块	
反面精加工 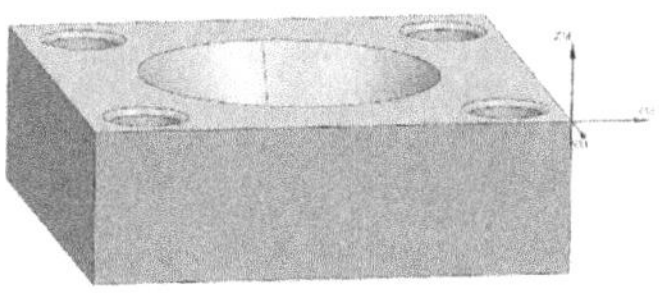	B8	150	1 	磁力座加垫块	

表2-26　圆台零件下模工序卡

无模车间加工工序卡					
项目名称	02- 圆台	零件名称	下模	设备编号	
编程人员		程序校对		操作人员	
程序列表					
程序名称	刀具名称	刀具长度 /mm	加工时间 /h	备注	
up-1	D16	200	2	磁力座加垫块	
up-2	B8	150	1.5	磁力座加垫块	
down-1	D16	200	1	磁力座加垫块	
down-2	B8	150	1	磁力座加垫块	
反面开粗	D16	200	0.5	磁力座加垫块	
反面精加工	B8	150	1	磁力座加垫块	

七、圆台零件加工过程

圆台零件加工过程见表 2-27。

表2-27　圆台零件加工过程

步骤	加工内容	加工图示	加工说明
1	上模正面铣平 外框加工		1. 加工准备，将刀具移动到铣平起点（铣平方向默认从负方向向正方向铣削，起始点移动到砂型区域的负向） 2. 设置铣平参数，刀具直径略小于刀具实际直径 3. 设置铣平 X、Y 长度，根据情况设定铣削高度、进刀量（设定切削高度 6mm、进刀量 3mm） 4. 启动主轴，开始铣平

续表

步骤	加工内容	加工图示	加工说明
2	正面型腔粗铣		1. 铣平后换外框加工刀具，确定坐标原点，设定坐标系，开始外框加工。外框加工完换成 D16 立铣刀，*Z* 轴方向对刀 2. 编程时根据刀具长度确定切削深度，粗铣要留有余量，一般为 0.5 ～ 1mm 3. 加载第一个程序，启动主轴设置加工速度，执行程序，改型腔为深孔模型。注意及时吹砂，避免积砂
3	正面精铣加工		1. 更换精加工球头刀具 B8，刀具重新定位 *Z* 点，将刀具移回起点 2. 进刀量一般为 0.5 ～ 1mm 3. 确保机床坐标与编程坐标一致 4. 打开精加工程序，设置加工速度，执行程序，注意观察程序运行状况
4	砂型翻转反面找正		1. 根据模型要求翻转加工后的砂型 2. 翻转后进行对刀，将百分表固定在主轴壳体上，百分表指针靠近正面加工好的平面 3. 使用皮锤敲击砂型使指针保持在 0.05 ～ 0.1mm 4. 使用磁力座固定砂型，进行反面对刀，对刀时有轻微摩擦感即可；设置好 *X*、*Y* 起点，*Z* 轴方向对刀
5	反面铣平 反面型腔粗铣		1. 反面铣平。铣削砂型至上表面平整 2. 铣平后测量高度，将测量高度与实际高度相减得出第二次铣平度，输入残余高度、进刀量（2 ～ 3mm）。第二次铣平加工直至砂型高度与模型高度一致 3. 设定速度、铣平参数，启动主轴，反面粗铣型腔

步骤	加工内容	加工图示	加工说明
6	反面型腔粗铣		1. 找平砂坯。百分表找平确保误差在 10mm 内 2. 根据工艺文件，确定加工坐标系。用刀具依次确定 *X*，*Y*，*Z* 坐标原点，保证正反两面加工相对应 3. 确保刀具合适，移动刀具至加工原点，打开程序，设置速度，开始粗铣
7	中模外框粗铣 型腔粗铣	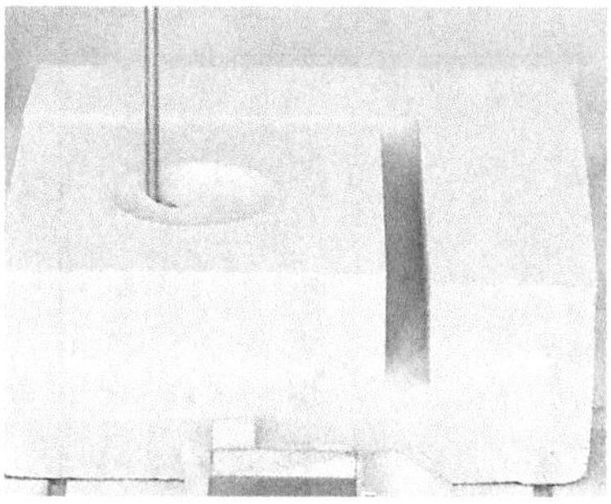	1. 摆正砂型，用磁力座固定，将砂型的上表面完全铣平 2. 根据工艺文件确定加工坐标系，更换 D16 刀具后进入加工目录，选择程序，从第一个程序文件开始外框加工 3. 加工时注意及时清理废砂，防止发生意外；加工外框时注意安全，不可让刀具跟磁力座发生碰撞
8	中模型腔精铣	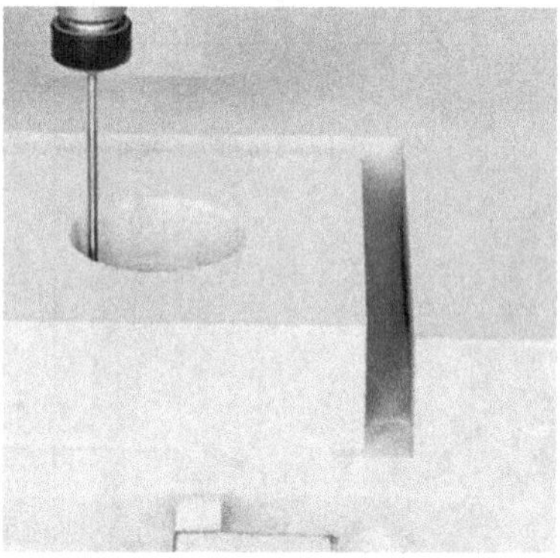	1. 换 B8 刀具，*Z* 向重新对刀确定 *Z* 向零点 2. 进入加工目录，选择相应程序，开始型腔精加工 3. 加工前清理废砂，防止积砂造成刀具损坏或加工位移
9	砂型翻转二次铣平 反面型腔粗铣		1. 正面加工完成后对砂型尺寸进行测量，根据反面坐标情况，进行翻转操作 2. 铣平至模型高度 3. 百分表找正，误差在 10mm 内，找平后用磁力座将砂型固定 4. 对刀。根据模型坐标情况，确定加工坐标原点，D16 刀具对刀，确定加工原点并移动到加工零点，开始粗加工

步骤	加工内容	加工图示	加工说明
10	反面型腔精铣		1. 更换 B8 刀具，*Z* 轴方向对刀 2. 设置 *Z* 起点，将刀具移动加工零点 3. 进入加工界面，打开精加工程序，启动主轴，设定速度，执行第一个文件，开始加工 4. 完成中模反面精加工
11	下模型腔粗铣		1. 砂型铣平，确保上表面全部铣平到位 2. 更换 D16 粗加工刀具，根据工艺确定加工坐标零点，设定将刀具移动至加工坐标零点 3. 进入加工界面，打开精加工程序，启动主轴，设定速度，开始加工 4. 完成下模型腔粗加工
12	下模型腔精铣		1. 刀具回到起点，换刀 B8，对刀 2. 进入加工界面，打开精加工程序，启动主轴，设定速度，执行第一个文件，开始加工 3. 完成下模型腔精加工

任务评价

任务评价见表 2-28。

表2-28　任务评价表

检测项目	检测内容	评价标准	配分	综合评分
任务实施完成情况评价	圆台零件浇注系统的设计	设计合理 10 分 设计基本合理 6 分 设计不合理 0 分	10	

续表

检测项目	检测内容	评价标准	配分	综合评分
任务实施完成情况评价	圆台零件分型定位设计	分型定位设计合理 10 分 分型定位设计基本合理 6 分 分型定位设计不合理 0 分	10	
	圆台零件上模的数控编程	加工刀路和参数合理 10 分 编程加工刀路和参数基本合理 6 分 编程加工刀路和参数不合理 0 分	10	
	圆台零件中模的数控编程	加工刀路和参数合理 10 分 编程加工刀路和参数基本合理 6 分 编程加工刀路和参数不合理 0 分	10	
	圆台零件下模的数控编程	加工刀路和参数合理 10 分 加工刀路和参数基本合理 6 分 加工刀路和参数不合理 0 分	10	
	圆台零件上模、中模、下模砂型的加工	正确熟练操作设备完成加工 20 分 操作设备正确，不熟练 12 分 操作设备不正确 0 分	20	
	圆台零件模具的精度检测	正确熟练操作设备完成检测 10 分 操作设备正确，不熟练 6 分 操作设备不正确 0 分	10	
职业素养	1. 遵守实训车间纪律，不迟到早退，按要求穿戴实训服、护目镜和帽子	每违反一次扣 2 分	5	
	2. 正确操作实训的机床设备，自觉遵守操作要求和规范，安全实训，使用后做好设备的日常清洁和保养	每违反一次扣 2 分	5	
	3. 正确使用工、量、刀具，各类物品合理摆放，保持实训工位的整洁有序	每违反一次扣 1 分	5	
	4. 具备团结、合作、互助的精神，能按照要求完成学习任务	根据学习中的表现合理评价打分	5	
总评			100	

项目练习

1. 法兰零件浇注系统设计有几个步骤?
2. 法兰零件分型定位设计过程有哪几个?

3. 简述法兰零件上下模数控编程参数选择的方法。
4. 圆台零件浇注系统和分型定位设计的步骤有哪几个?
5. 简述圆台零件数控编程设计过程。
6. 简述零件加工中对刀方法的确定。
7. 零件扫描检测过程中的注意事项有哪些?

新科技

选择性激光烧结技术

选择性激光烧结技术（SLS）是高端制造领域普遍应用的技术，最初由美国得克萨斯大学的研究生 C.R. Dechard 提出，并于 1989 年研制成功。凭借这一核心技术，他组建了 DTM 公司，之后一直为 SLS 技术的主要领导企业，直到 2001 年被 3D Systems 公司完整收购。几十年来，DTM 公司的科研人员在 SLS 领域做了大量的研究工作，并在设备研制、工艺和材料研发上取得了丰硕的成果。

选择性激光烧结采用红外激光器作为能源，使用的造型材料多为粉末材料。加工时，首先将粉末预热到稍低于其熔点的温度，然后在刮平压辊的作用下将粉末铺平；激光束在计算机控制下根据分层截面信息有选择地烧结，一层完成后再进行下一层烧结，全部烧结完后去掉多余的粉末，就可以得到一个烧结好的零件，如图 2-54 所示。

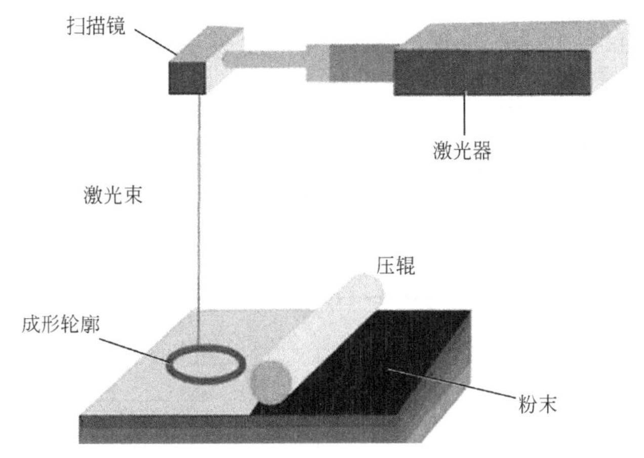

图 2-54　选择性激光烧结原理

一、打印准备

使用的打印设备为华中科技大学研制的精密铸造蜡膜 3D 打印机（图 2-55），打印材料为 PSB 粉末，该设备和材料适用于打印精密的零件模具。

图 2-55 精密铸造蜡膜 3D 打印机

二、打印的操作步骤

（1）启动 3D 打印机，将处理好的零件模型文件拷贝到打印机的电脑中，使用打印机自带的软件导入文件，

（2）设置打印机的参数，如表 2-29 所示。打印机的设置页面如图 2-56 所示。对于同一种打印材料一般打印机的参数基本都通用，根据打印情况可自行微调。

表2-29 打印机参数

序号	参数名称	参数数值
1	预铺起始温度	91℃
2	预铺保持温度	110℃
3	加工温度	92℃

续表

序号	参数名称	参数数值
4	分层厚度	0.2mm
5	填充间距	0.3mm
6	填充功率	28W
7	轮廓功率	17W
8	激光开 / 关延时	400μs
9	送粉系数	22
10	铺粉速度	150mm/s
11	铺粉比率	72p/mm
12	升降速度	2mm/s
13	升降比率	4071p/mm
14	落粉比率	1280p/ 每圈
15	铺粉时间	5s

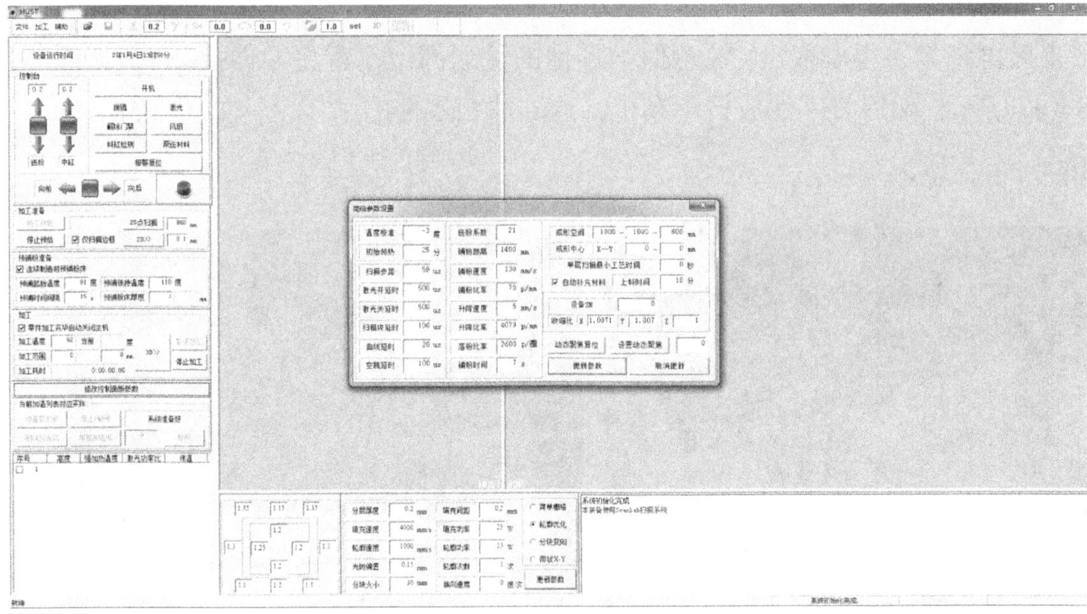

图 2-56　打印机设置参数页面

（3）设置好打印的参数后，单击软件的“3D》”按钮，开始打印，预估打印时间为 5h 左右。

（4）当打印完成后，升起打印机的工作台，打开成形室的防护门和通风扇，此时打印机成形室内部温度很高，待温度冷却后再取零件，如图 2-57 所示。

图 2-57　升起工作台

三、零件的后处理

1. 取零件

打印机内部温度降低后，操作员使用毛刷清扫 PSB 粉末，等零件轮廓逐渐显露出来后再将零件小心取出（注意保护零件的脆弱部位，避免零件损坏），如图 2-58（a）所示；然后将零件放置小车上，送到清扫零件的工作台，如图 2-58（b）所示。

(a)

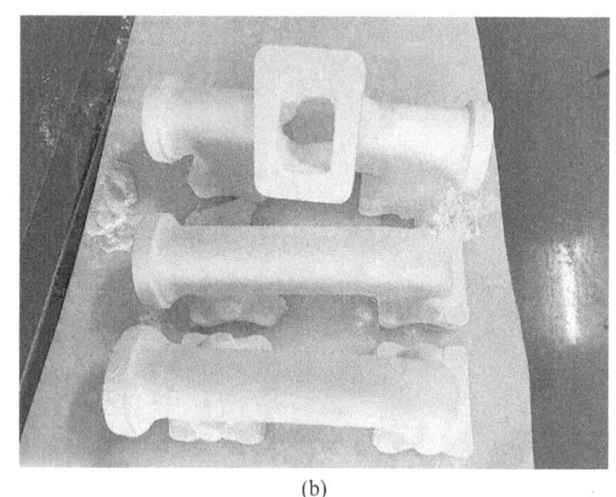

(b)

图 2-58　取零件

2. 去除零件支撑

使用毛刷清扫粉末，将零件表面和内部各个位置的支撑去除（零件的硬度较低，注意动作力度不要过大），如图 2-59（a）所示；使用气枪清理零件死角位置的粉末，保证零件的支撑以及粉末要清理干净，如图 2-59（b）所示。

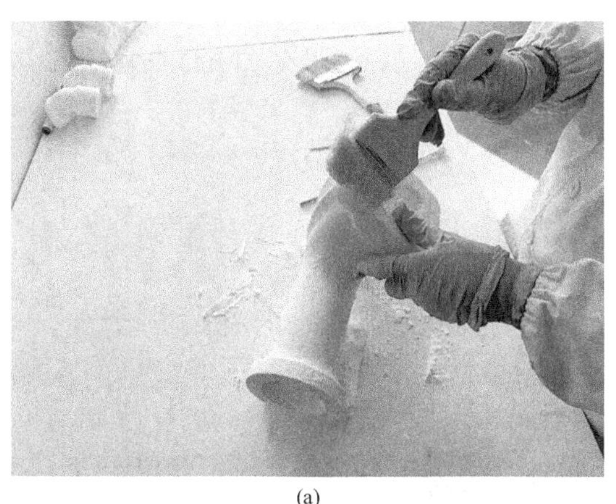
(a)

(b)

图 2-59　清扫粉末去支撑

3. 渗蜡

PSB 粉末材质打印的零件有较多蜂窝状的气孔，表面较粗糙，需要用液态石蜡包裹其内外表面，提高零件表面质量和硬度，如图 2-60 所示。

(a)

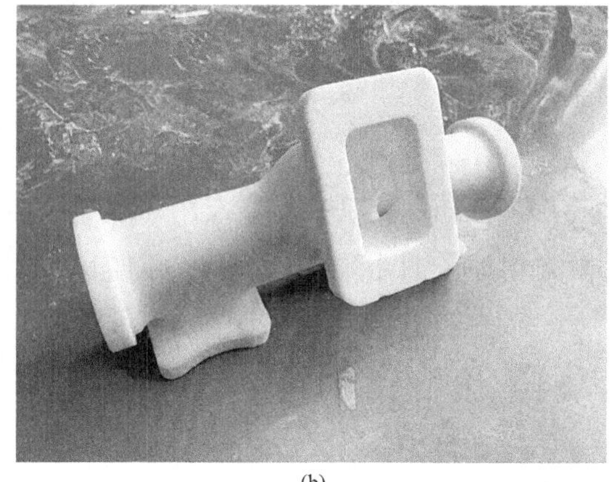
(b)

图 2-60　渗蜡处理

使用的设备为渗蜡机，里面是温度为 60℃左右的液态石蜡，戴好专用的橡胶手套避免污染石蜡。打开渗蜡机盖，将清理干净的零件全部浸入液态石蜡中，适当翻转，保证零件内外各个部位完全被石蜡包裹，完成后取出，检查无误后放在干净干燥的位置自然晾干即可。

四、零件检测

将零件送到检测室，使用三坐标检测零件的尺寸精度，如不合格查找原因修改后重新打印，精度合格则出库。

五、回收打印材料

（1）将打印机成形室内剩余的 PSB 粉末清扫到回收槽中，内部清扫干净，操作打印机的铺粉辊铺平工作台粉末，如图 2-61 所示。

(a)

(b)

图 2-61　清扫打印机成形室

（2）对于回收的 PSB 粉末用筛粉机进行筛分，过滤掉大的颗粒，筛好后将 PSB 粉末倒回打印机的料仓，循环使用，如图 2-62 所示。

(a)

(b)

图 2-62　筛分回收

六、清扫设备和实验室

（1）将打印机内、外有粉尘附着的部位擦拭干净，工量具和相关物品摆放整齐。

（2）实验室的场地清扫干净，地面、桌面无粉尘，关好门窗，设备断开电源，如图 2-63 所示。

图 2-63　清扫设备和实训室

项目三 复杂曲面模型加工

项目导入

本项目以轮毂和弯管两个零件为载体设置了教学任务，介绍零件浇注系统和分型定位设计的原理，以使读者能合理制定零件上、下和芯模的加工工艺，掌握弯管零件砂芯的定位设计方法，对零件的上、下模和砂芯进行数控编程，最后完成模具的加工和任务评价。

项目目标

1. 理解轮毂和弯管零件浇注系统设计的原理。
2. 掌握轮毂和弯管零件分型定位设计的原理和方法。
3. 能使用 UG 软件完成轮毂和弯管零件的分型定位设计。
4. 能合理制定轮毂和弯管零件上、下模和砂芯的加工工艺。
5. 能使用 UG 软件完成轮毂与弯管上、下模和砂芯的数控编程加工。
6. 能正确操作设备完成零件上、下模和砂芯的加工任务。
7. 能完成零件检测及任务评价。

任务一

加工轮毂零件

任务布置

轮毂是汽车厂的重要组装零件，如图 3-1 所示。轮毂的尺寸精度和表面质量要求较高，内、外轮廓复杂，加工难度大，因此要使用无模成形技术完成该零件模具的设计与加工。要求合理地对轮毂零件进行浇注系统和分型、定位设计以及对上、下模进行数控编程加工，最后完成轮毂零件上、下模的砂型加工，对零件进行检测及任务评价。

图 3-1　轮毂零件

任务目标

1. 理解轮毂零件模具分型定位设计的原理。
2. 理解轮毂零件浇注系统设计的原理。
3. 能使用 UG 软件完成对轮毂零件模具的分型定位设计。
4. 能合理制定轮毂零件上、下模的加工工艺。
5. 能使用 UG 软件完成轮毂零件上、下模的数控编程加工操作。
6. 能独立完成轮毂零件的加工。
7. 能独立完成轮毂零件的检测和任务评价。

任务分析

首先根据轮毂零件和浇注系统的特点合理进行模具的分型定位设计，然后对其上、下模进行数控编程加工，合理优化加工的刀路，最后操作无模成形加工设备完成轮毂零件上、下模砂型的加工，并完成零件检测及任务评价。

任务实施

一、轮毂零件浇注系统的设计

轮毂零件结构较为简单，在设计浇注系统时需要设置直浇道、内浇道和浇口窝等。设置的参数和方法要正确合理，保证轮毂零件的浇注质量。

1. 设计直浇道

以轮毂零件的底面为基准在草图中绘制 ϕ40mm 的圆，退出草图后使用“拉伸”功能将该圆拉伸到 260mm 的高度。直浇道的设计如图 3-2 所示。

图 3-2　设置轮毂零件直浇道

2. 设计内浇道

以轮毂零件的底面为基准在草图中绘制 ϕ50mm 的圆和两个矩形作为零件与直浇道连接的内浇道，该矩形长度与轮毂直径等长，宽度为 15mm，两个矩形互相垂直，如图 3-3（a）所示；使用“拉伸”功能将内浇道拉伸，高度为 9mm，在拉伸后内浇道的顶面中心作 ϕ50mm 的半圆作为浇口窝，如图 3-3（b）所示。

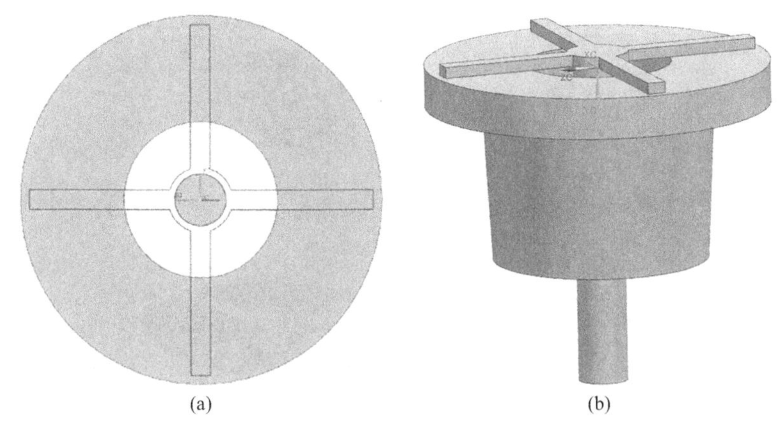

(a) (b)

图 3-3　设计轮毂零件内浇道

3. 设计冒口

以轮毂零件的顶面为基准在草图中将轮毂的外轮廓曲线向内侧偏置 15mm，使用“拉伸”功能将轮毂的外轮廓曲线和草图偏置的曲线进行拉伸，高度与直浇道等高，向外侧拔模一定角度，合理设置参数，如图 3-4（a）所示；为了方便浇注时排出气体，将拉伸的圆环进行打断，位置设置合理，如图 3-4（b）所示。

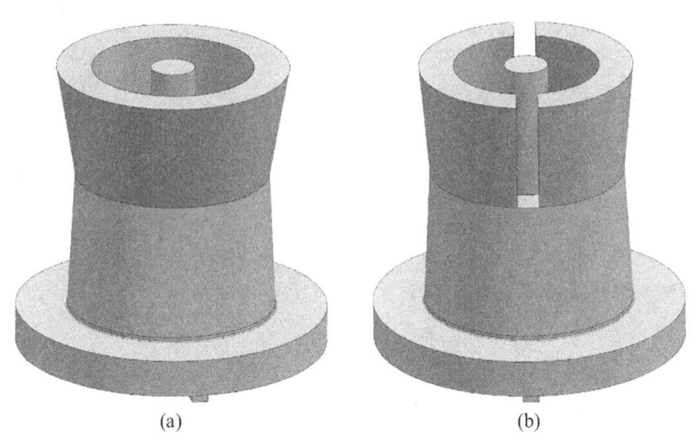

(a) (b)

图 3-4　拉伸冒口

二、轮毂零件的分型定位设计

1. 设置分型面

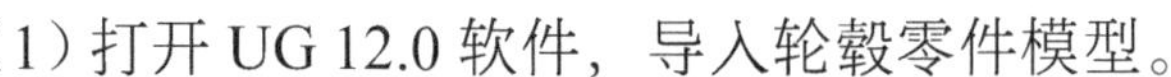

（1）打开 UG 12.0 软件，导入轮毂零件模型。

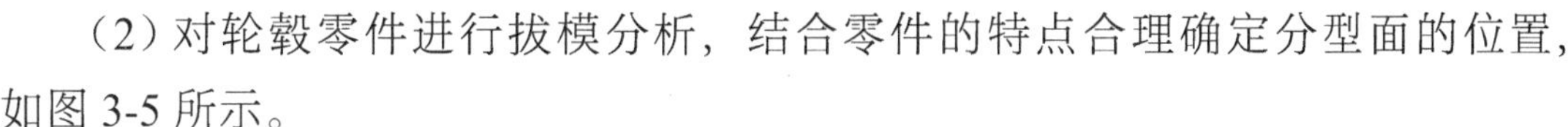

（2）对轮毂零件进行拔模分析，结合零件的特点合理确定分型面的位置，如图 3-5 所示。

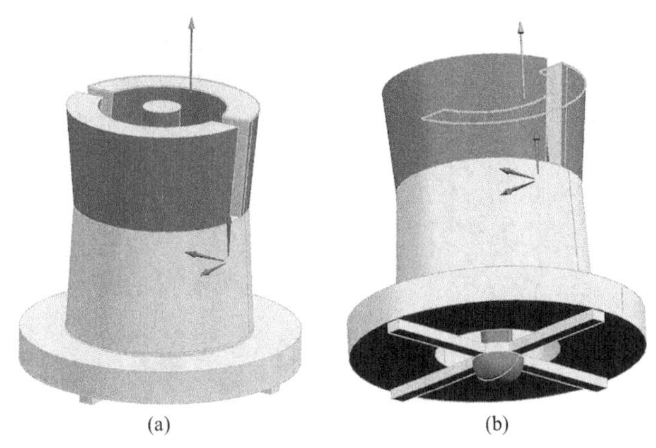

(a)　　　　　　　　(b)

图 3-5　设置拔模分析（轮毂零件）

（3）根据“拔模分析”的显示，零件的分型面设置在轮毂底部的平面位置（图 3-6），单击“确定”关闭对话框。

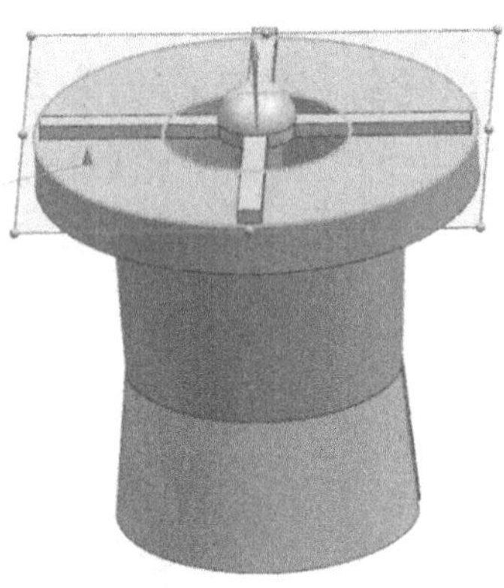

图 3-6　轮毂零件的拔模分析

2. 设置注塑模向导

（1）打开软件主菜单中的“注塑模向导”模块，单击工具栏中的“包容体”按钮，弹出对话框，“类型”选择为“块”，“对象”选择轮毂零件，“参数”—“偏置”输入“80mm”，其余参数默认，设置好轮毂零件的包容块，单击“确定”保存，如图 3-7 所示。

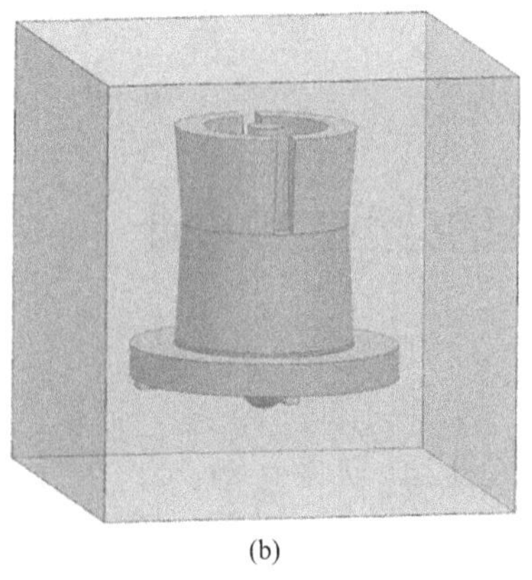

(a)　　　　　　　　(b)

图 3-7　设置轮毂的包容块

（2）使用“替换面”功能，使包容块的顶面与轮毂顶面齐平，如图 3-8 所示。

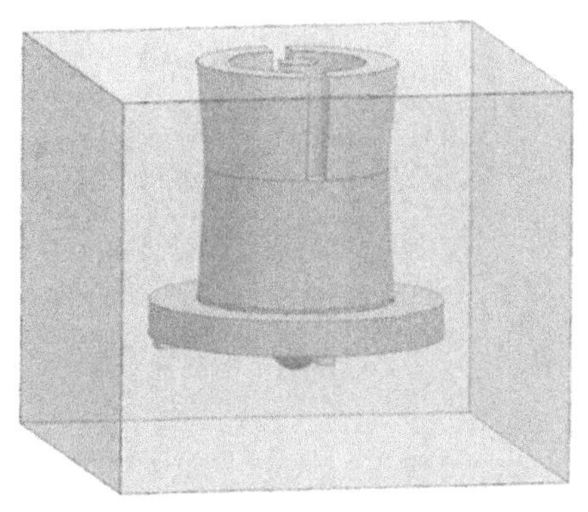

图 3-8　使包容体顶面与轮毂顶面齐平

3. 设置零件的包容体

（1）单击工具栏中的“减去”按钮，弹出对话框，“目标”选择体为“包容块”，“工具”选择体为“轮毂零件”，单击“确定”，此时包容块内部有与轮毂零件轮廓和尺寸一致的型腔，如图 3-9 所示。使用“移除参数”功能将轮毂零件的包容块参数移除。

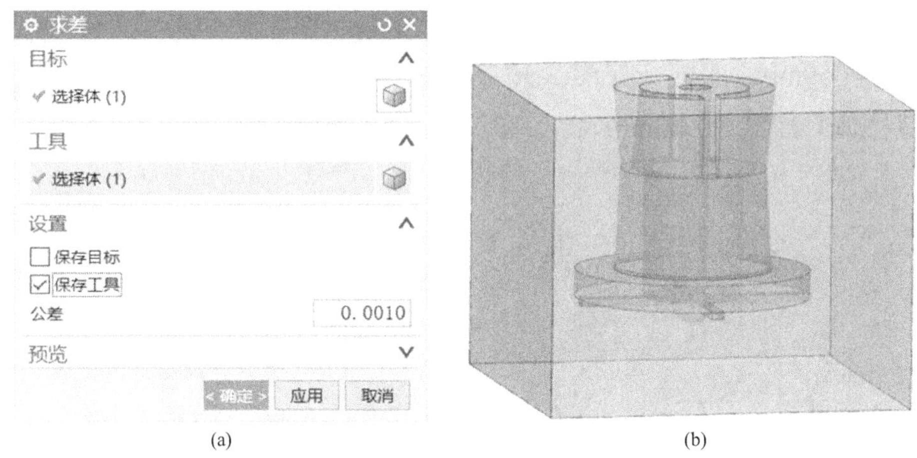

图 3-9　包容块内轮毂的型腔

（2）单击工具栏中的“拆分体”按钮，弹出对话框，“目标”选择“包容块”，“工具”—“工具选项”选择“新建平面”，鼠标选择轮毂的底平面，以该面为基准将轮毂的包容块分为两部分，单击“确定”，如图 3-10 所示。

（3）将包容块参数移除，分别隐藏两个包容块和轮毂零件，检查内部型腔是否有问题，轮毂零件的分型设计即完成，如图 3-11 所示。

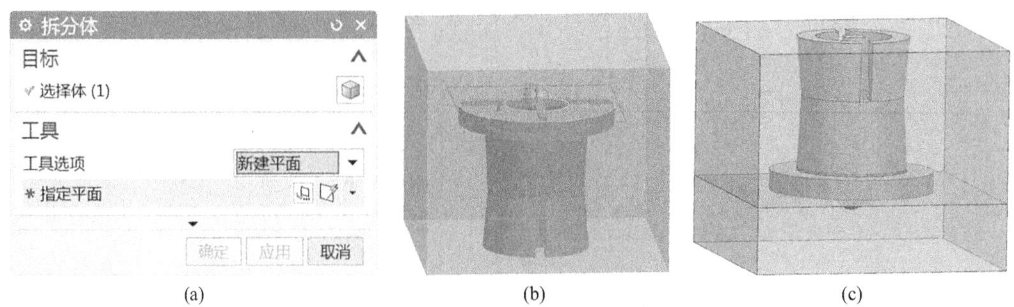

图 3-10　拆分轮毂的包容块

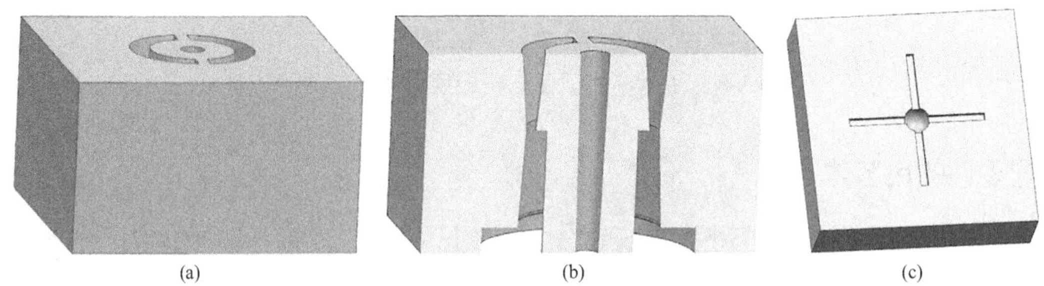

图 3-11　轮毂的上下模

4. 定位设计

（1）以下模的分型面为基准绘制草图，在分型面四个角的适当位置绘制三或四个直径为“50mm”的圆，如图 3-12（a）所示；使用“拉伸”功能，将四个圆拉伸为圆柱体，高度为“40mm”，如图 3-12（b）所示。

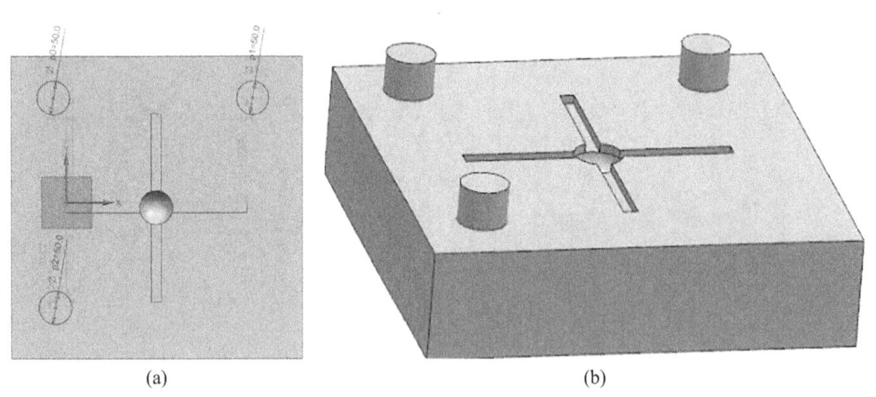

图 3-12　轮毂下模的定位设计

（2）使用“拔模”功能对三个圆柱体进行拔模，拔模角度为“10°”，它们具有模具的定位功能；定位圆锥体的顶面边倒圆半径为“5mm”，将圆锥体和零件合并，如图 3-13（a）所示。

（3）以下模的分型面为基准再次绘制草图，将三个圆锥体底部 ϕ50mm 的圆向外偏置“10mm”；使用“拉伸”功能以偏置后的圆和圆锥体底部 ϕ50mm 的圆为选择曲线，向下模的内部拉伸“5mm”，注意“布尔”为“减去”，形成一个圆环凹槽如图 3-13（b）、（c）所示。该圆环凹槽名为“积砂层”，作用是当装配有砂子被刮下来时用来接住这些砂子，避免影响配合的精度。

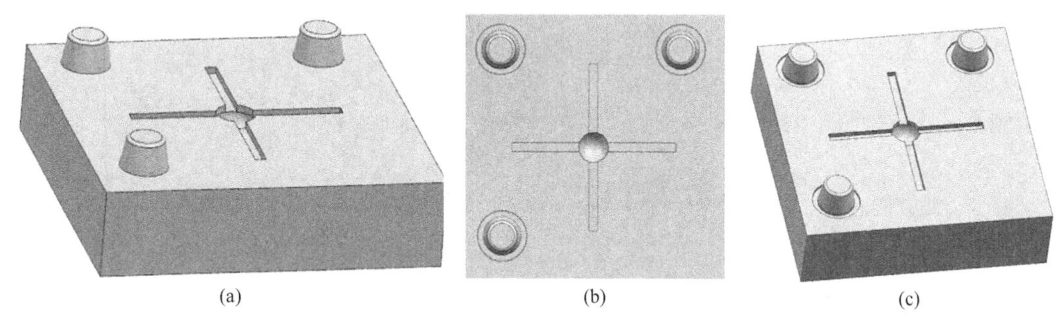

图 3-13　轮毂下模和上模的定位设计

（4）使用“减去”功能，“目标”选择体为上模，“工具”选择体为下模，将上模做出与下模定位圆锥体一致的定位圆锥孔，圆锥孔边倒圆半径为“5mm”，将上、下模参数移除，轮毂零件的分型定位设计即完成，保存零件。

5. 导出部件

将轮毂的上、下模分别导出为单独的部件，自行命名和保存文件。

三、轮毂上模的数控编程加工

1. 创建几何体

在 UG 12.0 软件中打开导出的轮毂上模文件，单击主菜单的“应用模块”—“加工”进入加工环境。

（1）指定部件几何体和毛坯　单击“创建几何体”—“workpiece”按钮，弹出对话框，指定部件和毛坯，注意包容块毛坯在“X Y”处输入“30”，如图 3-14 所示。

（2）创建加工坐标系　轮毂上模的上、下两面都要加工，因此在上模同一侧平面的两对角处创建两个坐标系，命名为“MCS-1”和“MCS-2”，如图 3-15 所示。

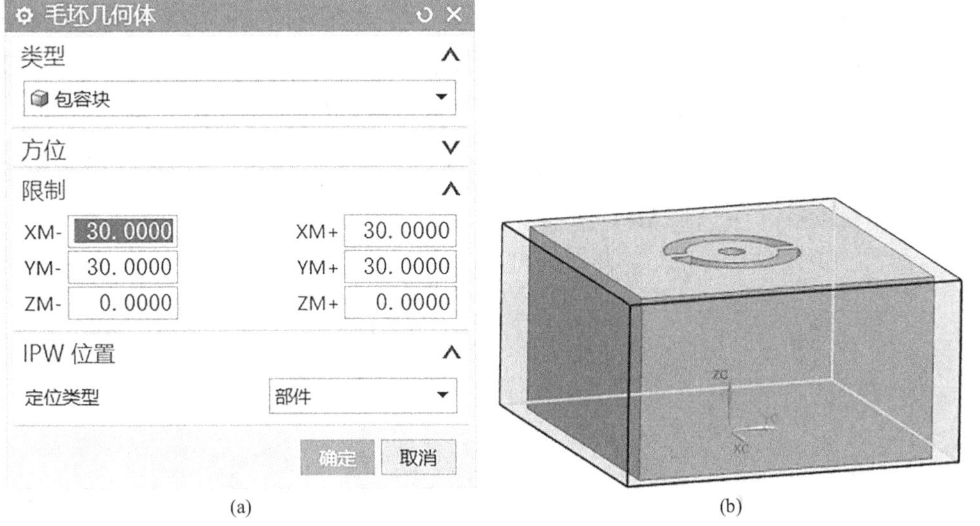

图 3-14　指定部件几何体和毛坯（轮毂上模）

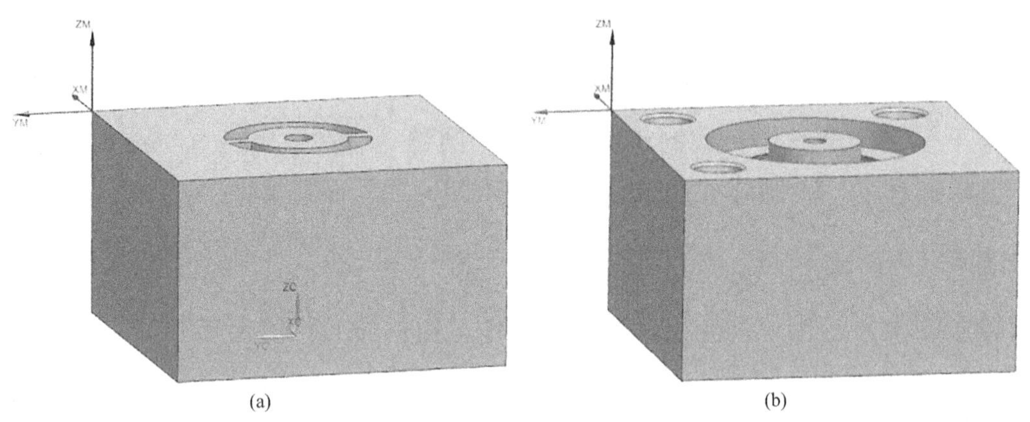

图 3-15　创建坐标系 MCS-1 和 MCS-2（轮毂上模）

2. 创建刀具

按照表 3-1 的要求创建刀具。

表3-1　创建刀具（轮毂上模）

序号	名称	直径 /mm	长度 /mm
1	立铣刀 D16	ϕ16	200
2	球头铣刀 D8	ϕ8	200

3. 创建程序组

根据加工的需求创建两个程序组，命名为“轮毂上模加工程序 1”和“轮毂上模加工程序 2”。

4. 创建程序

（1）粗铣轮毂上模的外轮廓和型腔　创建型腔铣工序，工序参数参照表 3-2 进行修改。

表3-2　工序参数设置（粗铣轮毂上模的外轮廓和型腔）

序号	名称	参数内容
1	程序	轮毂上模加工程序 1
2	刀具	立铣刀 D16
3	几何体	MCS-1
4	方法	MILL_ROUGH
5	切削模式	跟随周边
6	最大距离	3mm
7	切削层	“范围定义”—“范围深度”输入“100”，或者翻转零件选择型腔内的平面，其余参数默认
8	切削参数	“余量”—“部件侧面余量”输入“1” “部件底面余量”输入为“0”
9	非切削移动参数	“进刀”—“封闭区域”—“进刀类型”选择为“无” “开放区域”—“进刀类型”选择为“与封闭区域相同”，其余参数默认
10	生成的刀路	

（2）精铣轮毂上模的外轮廓和型腔　创建深度轮廓铣工序，工序参数参照表 3-3 进行修改。

表3-3　工序参数设置（精铣轮毂上模的外轮廓和型腔）

序号	名称	参数内容
1	程序	轮毂上模加工程序 1
2	刀具	球头铣刀 D8
3	几何体	MCS-1
4	方法	MILL_FINISH
5	指定切削区域	选择上模的外轮廓和上步工序中粗铣过的内型腔面 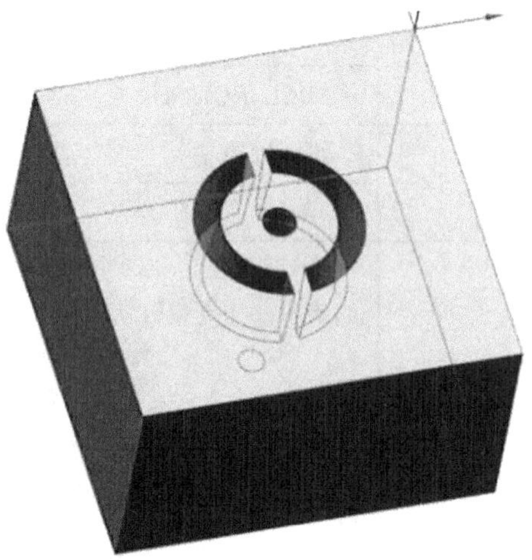
6	最大距离	1mm
7	切削层	“范围定义”—“范围深度”输入“100”，或者翻转零件选择型腔内的平面，其余参数默认 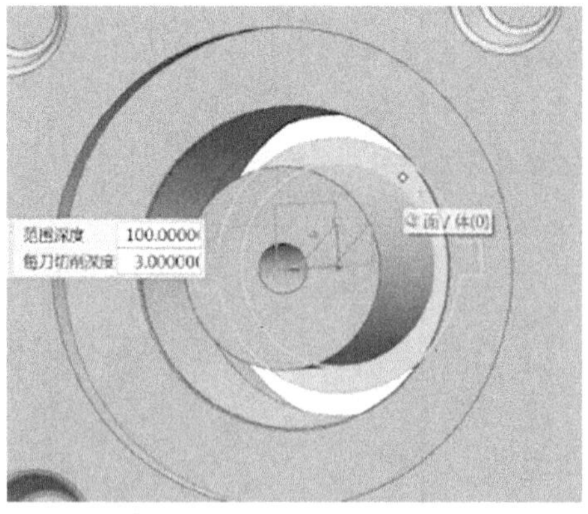
8	切削参数	“连接”—勾选“层间切削”—“残余高度”
9	非切削移动参数	“进刀”—“封闭区域”—“进刀类型”选择为“无” “开放区域”—“进刀类型”选择为“与封闭区域相同”，其余参数默认

序号	名称	参数内容
10	生成的刀路	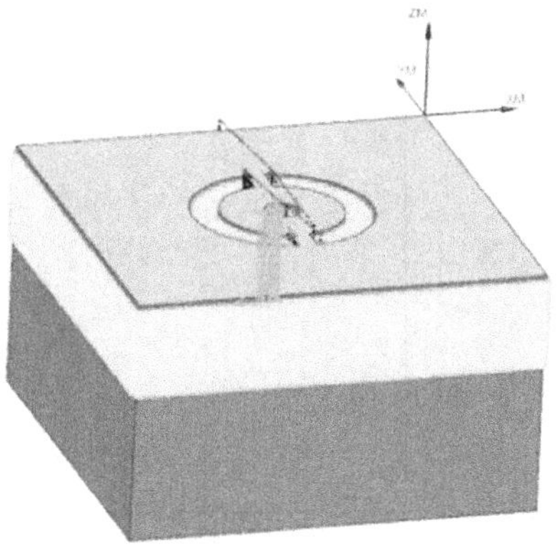

（3）翻面装夹，粗铣轮毂上模的外轮廓和型腔 创建型腔铣工序，工序参数参照表 3-4 进行修改。

表3-4 工序参数设置（翻面装夹，粗铣轮毂上模的外轮廓和型腔）

序号	名称	参数内容
1	程序	轮毂上模加工程序 2
2	刀具	立铣刀 D16
3	几何体	MCS-2
4	方法	MILL_ROUGH
5	切削模式	跟随周边
6	最大距离	3mm
7	切削层	“范围定义”—“范围深度”选择内型腔的底面，其余参数默认 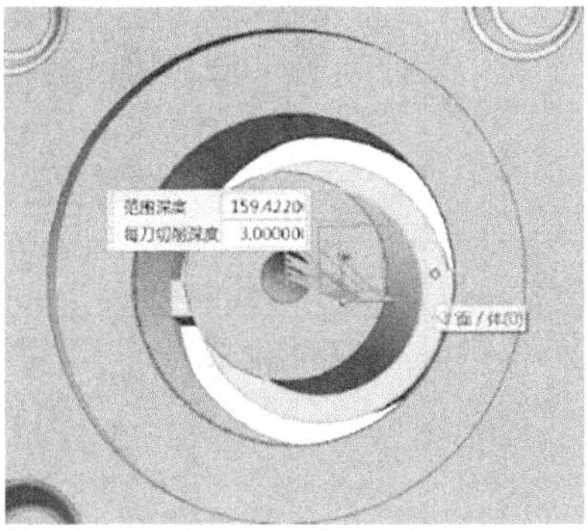
8	切削参数	“余量”—“部件侧面余量”输入“1” “部件底面余量”输入“0”
9	非切削移动参数	“进刀”—“封闭区域”—“进刀类型”选择为“无” “开放区域”—“进刀类型”选择为“与封闭区域相同”，其余参数默认

续表

序号	名称	参数内容
10	生成的刀路	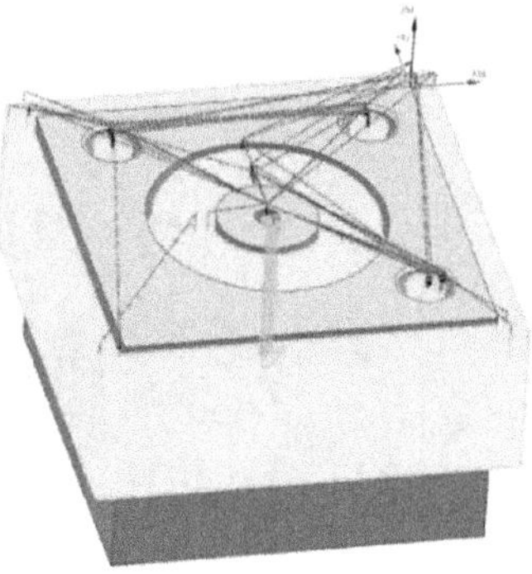

（4）精铣轮毂上模的外轮廓和型腔　创建深度轮廓铣工序，工序参数参照表 3-5 进行修改。

表3-5　工序参数设置（翻面装夹，精铣轮毂上模的外轮廓和型腔）

序号	名称	参数内容
1	程序	轮毂上模加工程序 2
2	刀具	球头铣刀 D8
3	几何体	MCS-2
4	方法	MILL_FINISH
5	指定切削区域	选择上模的外轮廓和内型腔面  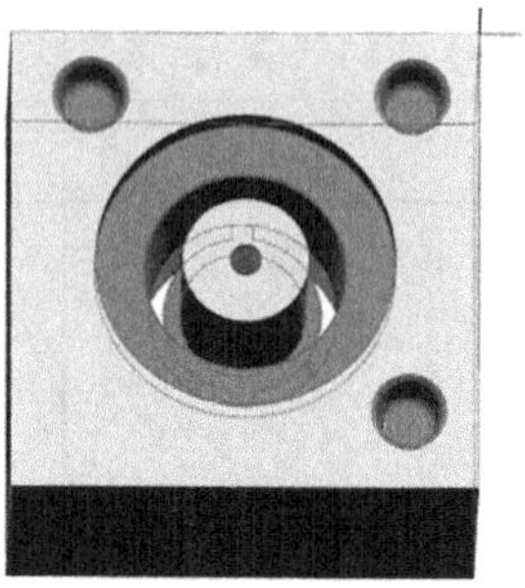
6	最大距离	1mm
7	切削层	“范围定义”—“范围深度”选择内型腔的底面，其余参数默认 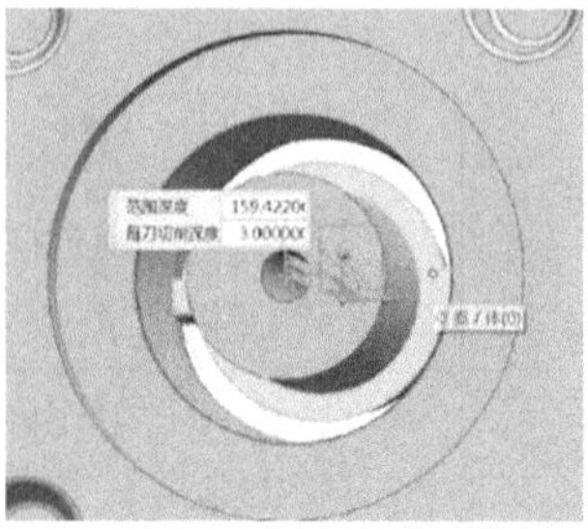

续表

序号	名称	参数内容
8	切削参数	“连接”—勾选“层间切削”—“残余高度”
9	非切削移动参数	“进刀”—“封闭区域”—“进刀类型”选择为“无” “开放区域”—“进刀类型”选择为“与封闭区域相同”，其余参数默认
10	生成的刀路	

四、轮毂下模的数控编程加工

1. 创建几何体

在 UG 12.0 软件中打开导出的轮毂下模文件，单击主菜单的“应用模块”—“加工”进入加工环境。

（1）指定部件几何体和毛坯　单击“创建几何体”—“workpiece”按钮，弹出对话框，指定部件和毛坯，如图 3-16 所示。

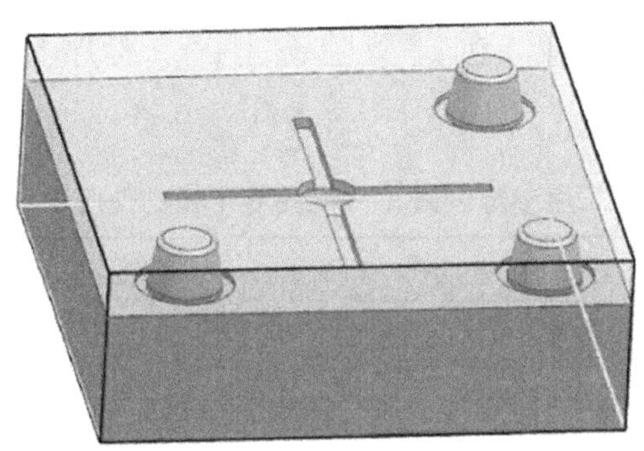

图 3-16　设置毛坯（轮毂下模）

（2）创建加工坐标系　在轮毂下模分型面的某个角处创建坐标系，命名为“MCS-1”，与定位圆锥销等高，如图 3-17 所示。

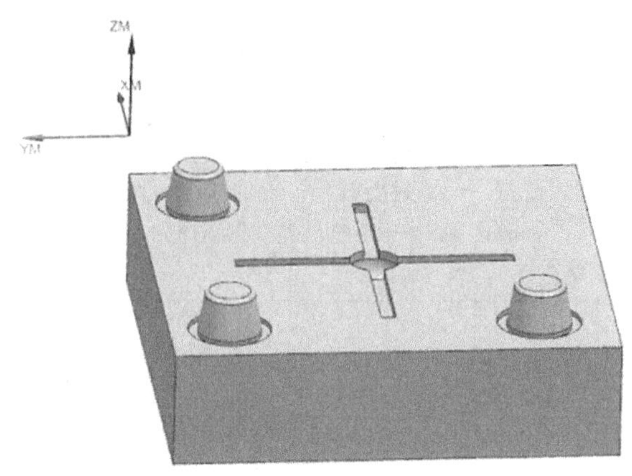

图 3-17　创建坐标系（轮毂下模）

2. 创建刀具

按照表 3-6 的要求创建刀具。

表3-6　创建刀具（轮毂下模）

序号	名称	直径 /mm	长度 /mm
1	立铣刀 D16	ϕ16	200
2	球头铣刀 D8	ϕ8	200

3. 创建程序组

根据加工的需求创建程序组，命名为“轮毂下模加工程序”。

4. 创建程序

（1）粗铣轮毂下模的型腔　创建型腔铣工序，工序参数参照表 3-7 进行修改。

表3-7　工序参数设置（粗铣轮毂下模的型腔）

序号	名称	参数内容
1	程序	轮毂下模加工程序
2	刀具	立铣刀 D16
3	几何体	MCS-1
4	方法	MILL_ROUGH
5	切削模式	跟随周边
6	最大距离	3mm

序号	名称	参数内容
7	切削参数	“余量”—“部件侧面余量”输入“1” “部件底面余量”输入“0”
8	非切削移动参数	“进刀”—“封闭区域”—“进刀类型”选择为“无” “开放区域”—“进刀类型”选择为“与封闭区域相同”，其余参数默认
9	生成的刀路	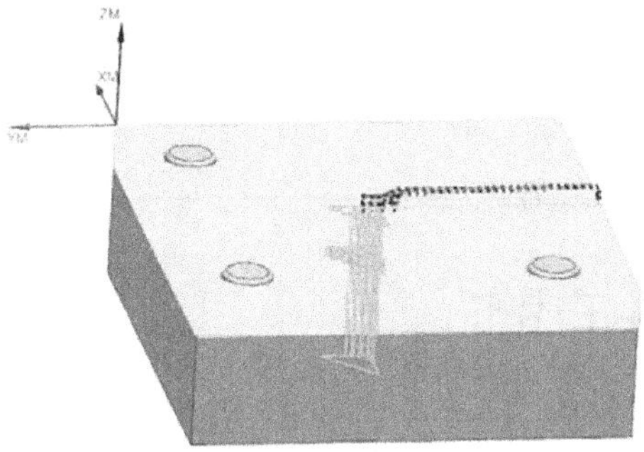

（2）精铣轮毂下模的型腔　创建深度轮廓铣工序，工序参数参照表 3-8 进行修改。

表3-8　工序参数设置（精铣轮毂下模的型腔）

序号	名称	参数内容
1	程序	轮毂下模加工程序
2	刀具	球头铣刀 D8
3	几何体	MCS-1
4	方法	MILL_FINISH
5	指定切削区域	选择下模的型腔面 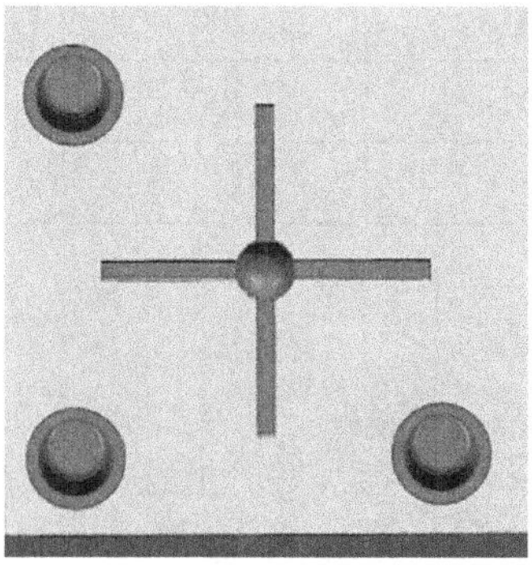
6	最大距离	1mm
7	切削参数	“连接”—勾选“层间切削”—“残余高度”
8	非切削移动参数	“进刀”—“封闭区域”—“进刀类型”选择为“无” “开放区域”—“进刀类型”选择为“与封闭区域相同”，其余参数默认

续表

序号	名称	参数内容
9	生成的刀路	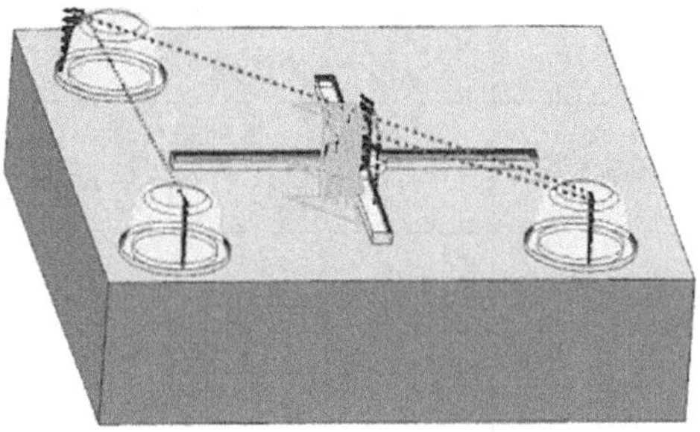

五、轮毂零件工序卡

轮毂零件上、下模工序卡见表 3-9、表 3-10。

表3-9　轮毂零件上模工序卡

无模车间加工工序卡					
项目名称	03-轮毂	零件名称	上模	设备编号	
编程人员		程序校对		操作人员	
程序列表					
程序名称	刀具名称	刀具长度 /mm	加工时间 /h	备注	
正面边框	D16	200	1.5	磁力座加垫块	
正面浇注孔	D16	150	0.5	磁力座加垫块	
浇注孔精工	B8	150	0.5	磁力座加垫块	
反面边框	D16	200	1	磁力座加垫块	
反面开粗	D16	200	1.5	磁力座加垫块	
反面精加工 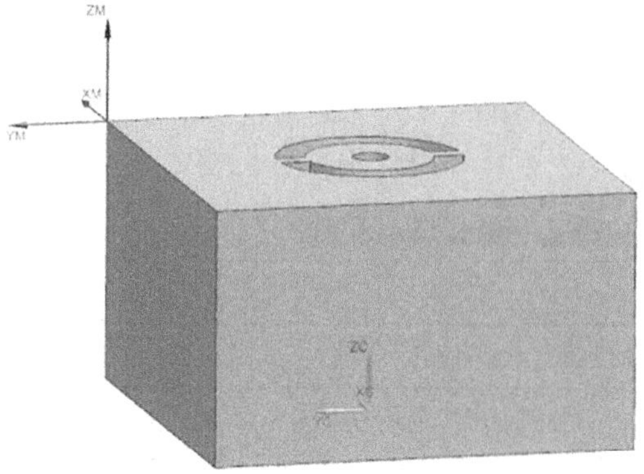	B8	150	1.5 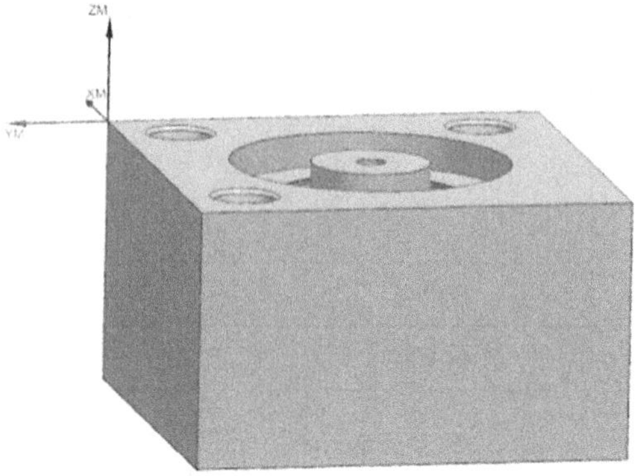	磁力座加垫块	

表3-10　轮毂零件下模工序卡

无模车间加工工序卡					
项目名称	03-轮毂	零件名称	下模	设备编号	
编程人员		程序校对		操作人员	
程序列表					
程序名称	刀具名称	刀具长度 /mm	加工时间 /h	备注	
正面开粗	D16	200	2	磁力座加垫块	
正面精加工	B8	150	1	磁力座加垫块	
反面开粗	D16	200	1	磁力座加垫块	
反面二次开粗	D16	200	1.5	磁力座加垫块	
反面精加工	B8	150	1.5	磁力座加垫块	

六、轮毂零件加工过程

轮毂零件加工过程见表 3-11。

表3-11　轮毂零件加工过程

步骤	加工内容	加工图示	加工说明
1	上模正面铣平粗铣		1. 铣平准备，将刀具移动到铣平起点，设置铣平参数，刀具直径选择略小于刀具实际直径 2. 设置铣平 X、Y 长度（X、Y 尺寸稍大于砂型尺寸），根据情况设定铣削高度 6mm，进刀量 3mm 3. 启动主轴，换外框加工刀具，确定加工坐标原点，设定加工坐标系，开始外框加工及粗铣

续表

步骤	加工内容	加工图示	加工说明
2	上模型腔粗铣		1. 外框加工完后更换 D16 立铣刀，*Z* 轴方向对刀 2. 编程时根据刀具长度确定切削深度，粗铣加工余量一般为 0.5 ～ 1mm 3. 加载第一个程序，启动主轴，设置加工速度，执行程序 4. 改型腔为深孔模型，注意及时吹砂，避免积砂
3	吹砂		1. 保证加工区域在砂坯内，机床工作坐标与编程工作坐标对应 2. 进刀量一般为 0.5 ～ 1mm 3. 铣削孔时要经常吹砂，避免砂屑因无法排出来致使小直径刀具折断，而大直径刀具则会带着工件移动，致使工件偏离加工位置
4	上模型腔精铣		1. 更换精加工刀 B8，刀具重新定位 *Z* 点，将刀具移回起点，打开精加工程序，设置加工速度，执行第一个程序 2. 进刀量一般为 0.5 ～ 1mm 3. 确保机床坐标与编程坐标对应 4. 打开精加工程序，设置加工速度，执行程序，注意观察程序运行状况
5	上模反面型腔粗铣		1. 正面加工完成后对砂型尺寸进行测量，确认无误即可翻转砂型 2. 将砂型翻转 180°，翻转后对刀 D16，百分表指针靠近正面加工好的平面，用皮锤敲击砂型使指针保持在 0.01 ～ 0.05mm 以内 3. 将砂型固定，进行反面对刀，对刀时有轻微摩擦感即可，设置好 *X*、*Y* 起点
6	上模型腔粗铣		1. 反面铣平。铣削砂型至上表面平整（测量砂型确保砂型高度大于模型高度） 2. 铣平后测量高度，输入残余高度和进刀量（2 ～ 3mm）进行第二次铣平加工，直至砂型高度与模型高度一致 3. 设定速度及铣平参数，启动主轴，反面粗铣加工

步骤	加工内容	加工图示	加工说明
7	上模型腔精铣		1. 换上 B8 刀具，Z 向重新对刀，确定 Z 向零点 2. 刀具移动到加工原点 3. 进行型腔精加工，选择相应程序件开始加工 4. 加工前清理废砂，避免刀具折断或带动砂型位移而发生意外
8	下模粗铣		1. 砂型铣平。确保上表面尺寸合格 2. 更换粗加工刀具 D16，根据工艺确定加工坐标零点 3. 设置加工零点，将刀具移动至加工坐标零点 4. 进入加工界面，打开精加工程序，启动主轴，设定速度开始加工 5. 完成下模型腔粗加工
9	下模型腔粗铣		1. 进入加工界面，打开粗加工程序，启动主轴，设定速度，开始加工 2. 开始下模浇注系统加工
10	下模型腔精铣		1. 完成下模浇注系统粗加工 2. 刀具回到起点，换刀 B8，对刀 3. 设置起点，将刀具移回原位 4. 进入加工界面，打开精加工程序，启动主轴，设定速度，执行程序，开始下模浇注系统精加工
11	完成下模型腔加工		1. 卸下精加工刀具 2. 检查砂型加工情况，并检测加工精度 3. 各项检验测量合格后，拆卸磁力座，取下砂型模具 4. 完成下模模型加工

任务评价

任务评价见表 3-12。

表3-12　任务评价表

检测项目	检测内容	评价标准	配分	综合评分
任务实施完成情况评价	轮毂零件浇注系统的设计	设计合理 15 分 设计基本合理 9 分 设计不合理 0 分	15	
	轮毂零件分型定位设计	分型定位设计合理 15 分 分型定位设计基本合理 9 分 分型定位设计不合理 0 分	15	
	轮毂零件上模的数控编程	加工刀路和参数合理 10 分 编程加工刀路和参数基本合理 6 分 编程加工刀路和参数不合理 0 分	10	
	轮毂零件下模的数控编程	加工刀路和参数合理 10 分 加工刀路和参数基本合理 6 分 加工刀路和参数不合理 0 分	10	
	轮毂零件上模、下模砂型的加工	正确熟练操作设备完成加工 20 分 操作设备正确，不熟练 12 分 操作设备不正确 0 分	20	
	轮毂零件模具的精度检测	正确熟练操作设备完成检测 10 分 操作设备正确，不熟练 6 分 操作设备不正确 0 分	10	
职业素养	1. 遵守实训车间纪律，不迟到早退，按要求穿戴实训服、护目镜和帽子	每违反一次扣 2 分	5	
	2. 正确操作实训的机床设备，自觉遵守操作要求和规范，安全实训，使用后做好设备的日常清洁和保养	每违反一次扣 2 分	5	
	3. 正确使用工、量、刀具，各类物品合理摆放，保持实训工位的整洁有序	每违反一次扣 1 分	5	
	4. 具备团结、合作、互助的精神，能按照要求完成学习任务	根据学习中的表现合理评价打分	5	
总评			100	

任务二

加工弯管零件

任务布置

弯管是某设备上的装配零件，如图3-18所示。弯管的尺寸精度和表面质量要求较高，内、外轮廓复杂不易加工，因此要使用无模成形技术完成该零件模具的设计与加工。要求合理地对弯管零件进行浇注系统和分型、定位设计，对上、下、芯模进行数控编程加工，完成法兰弯管零件上、下模的砂型加工，并对零件进行检测、数据分析及任务评价。

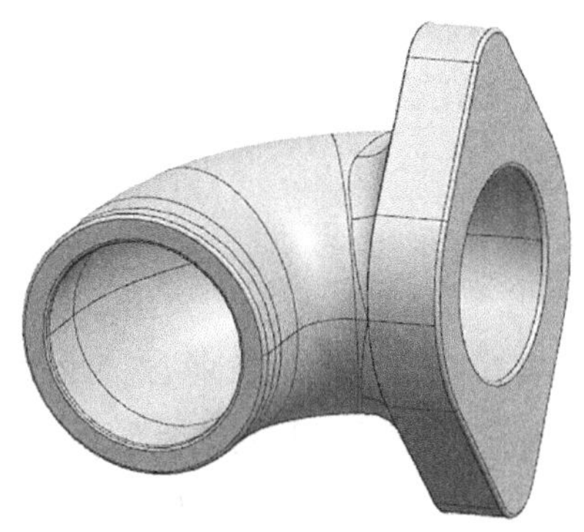

图3-18 弯管零件

任务目标

1. 理解弯管零件模具分型定位设计的原理。
2. 掌握弯管零件浇注系统设计的原理。
3. 能使用UG软件完成弯管零件模具的分型定位设计。
4. 能使用UG软件完成弯管砂芯的处理和定位设计。
5. 能合理制定弯管零件上、下模和砂芯的加工工艺。
6. 能使用UG软件完成弯管零件上、下模和砂芯的数控编程加工。
7. 能独立完成弯管零件的加工。

8. 能独立完成零件的检测、数据分析和任务评价。

任务分析

根据弯管零件和浇注系统的特点进行合理的模具分型、定位设计，对其上、下、芯模进行数控编程加工，合理优化加工的刀路，操作无模成形加工设备完成弯管零件上、下、芯模砂型的加工，同时完成零件检测、数据分析和任务评价。

任务实施

一、弯管零件浇注系统的设计

弯管零件浇注系统的设计思路与法兰零件类似，需要设计直浇道、内浇道、浇口杯和浇口窝等要素，要保证浇注系统的正确与合理性以及法兰弯管零件的浇注质量。

1. 设计直浇道

（1）直浇道是弯管零件模具浇注时液态金属流入砂模的通道，该通道直径一般为 60mm 左右。由于考虑到浇注时利用液态金属的自重流入，因此铸件（法兰弯管零件）的顶面和直浇道的垂直距离一般不小于 100mm。

（2）在弯管零件孔的上方创建平面，如图 3-19 所示。以此平面为基准在草图中绘制 ϕ60mm 的圆，该圆与法兰侧边的距离为 50mm 左右，退出草图后使用“拉伸”功能将该圆从 −30mm 拉伸到 130mm 的高度。直浇道的设计如图 3-20 所示。

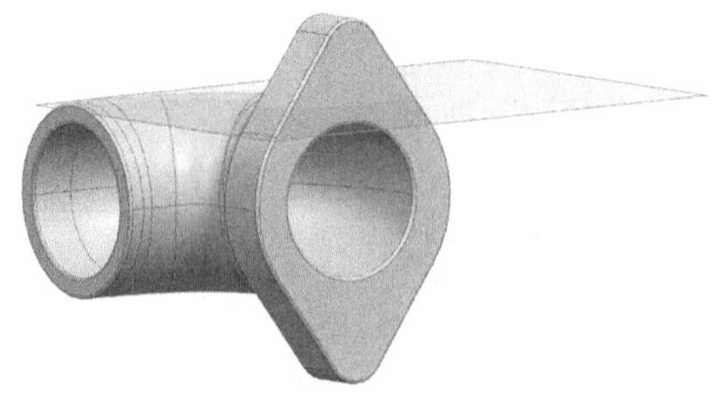

图 3-19　创建草图基准面

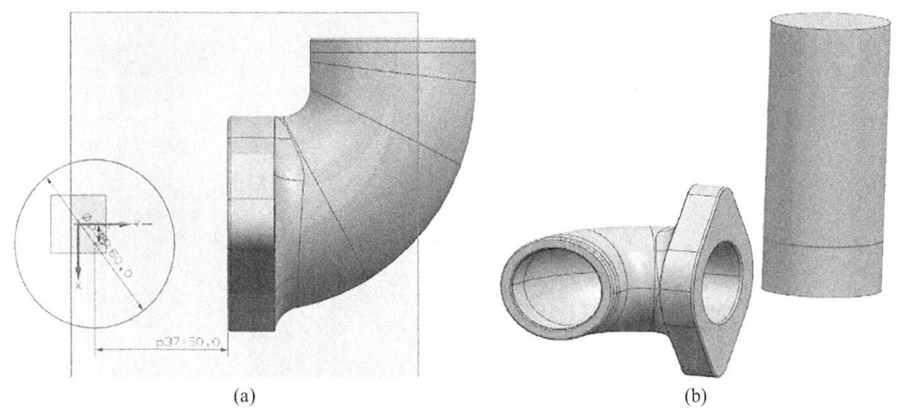

(a) (b)

图 3-20　设计弯管零件直浇道

2. 设计内浇道

以直浇道的草图平面为基准，在法兰弯管和直浇道之间绘制一个梯形的轮廓作为内浇道，该梯形的高为 40 ～ 50mm，上底长度为 15 ～ 20mm，下底长度合理设置，退出草图后使用“拉伸”功能将该轮廓拉伸 10 ～ 15mm。内浇道的设计如图 3-21 所示。

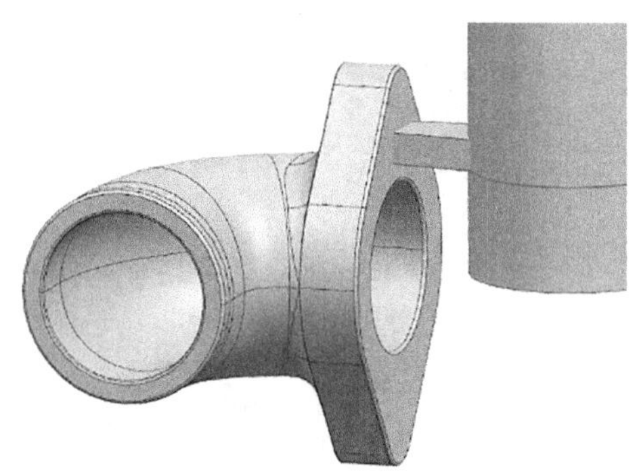

图 3-21　设计弯管零件内浇道

3. 设计浇口杯

为了方便浇注，在直浇道的顶端面处做一个漏斗形状的浇口杯；以直浇道顶面为基准在草图中绘制 ϕ100mm 的圆，退出草图后将该圆拉伸并且设计一定的拔模角度。浇口杯的设计如图 3-22 所示。

4. 设计浇口窝

为了浇注时缓冲液态金属的冲击，在直浇道底部绘制一个圆弧形结构作为浇口窝，可以使用倒角功能或者绘制一个类似的模型，如图 3-23 所示。

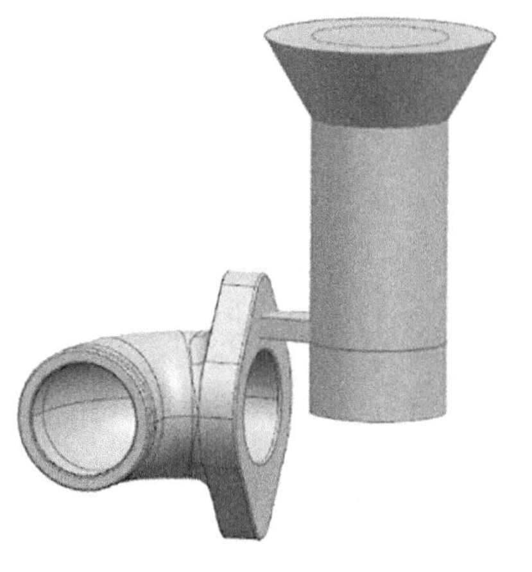

图 3-22 设计弯管零件浇口杯

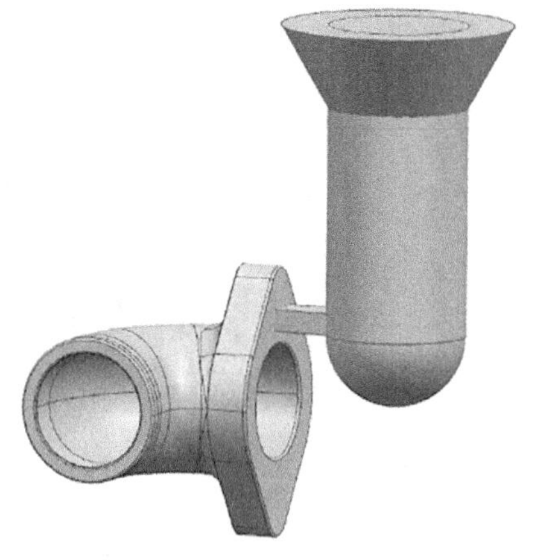

图 3-23 设计弯管零件浇口窝

5. 完善浇注系统的设计

使用"阵列特征"功能以直浇道为中心将弯管零件和内浇道部分进行圆形阵列，适当对各个部位进行倒圆角。弯管零件模具的浇注系统如图 3-24 所示。

图 3-24 弯管零件的浇注系统

二、弯管零件的分型定位设计

1. 设置分型面

（1）打开 UG 12.0 软件，导入弯管零件模型。

（2）对弯管零件进行拔模分析，结合零件的特点合理确定分型面的位置，如图 3-25 所示。

（3）根据"拔模分析"的显示，零件的分型面设置在弯管底部的平面和弯管中心的平面两个位置（图 3-26），单击"确定"关闭对话框。

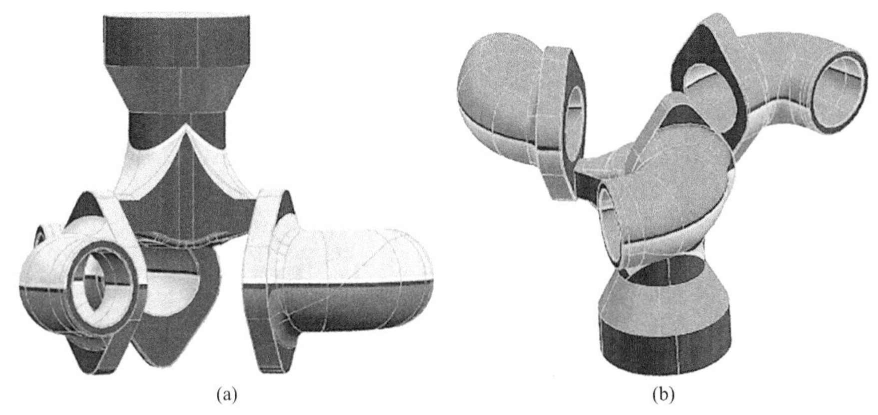

(a) (b)

图 3-25　拔模分析（弯管零件）

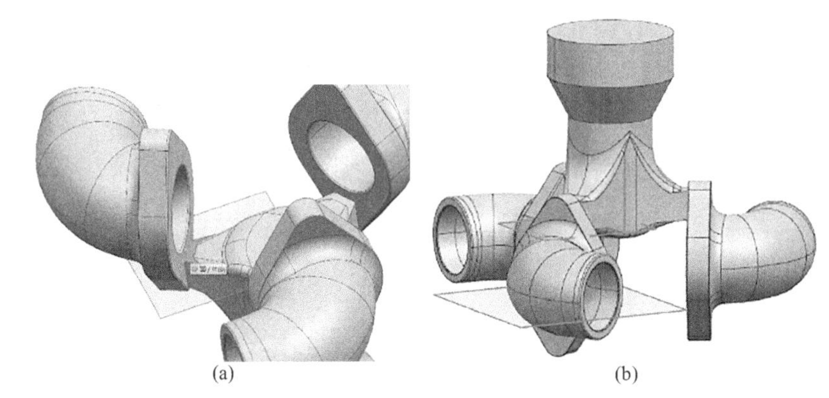

(a) (b)

图 3-26　设置弯管的分型面

2. 设置注塑模向导

（1）打开软件主菜单中的“注塑模向导”模块，单击工具栏中的“包容体”按钮，弹出对话框，“类型”选择为“块”，“对象”选择法兰弯管零件，“参数”—“偏置”输入“70mm”，其余参数默认，设置好法兰弯管零件的包容块，单击“确定”保存，如图 3-27 所示。

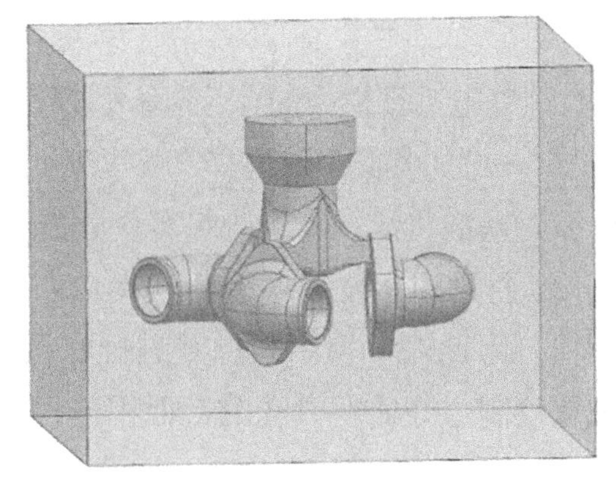

图 3-27　设置弯管的包容块

（2）使用“替换面”功能，使包容块的顶面与法兰弯管顶面齐平，如图 3-28 所示。

（3）为了获得完整的砂芯，使用“拉伸”功能将三个弯管的两个孔堵住，如图 3-29 所示。

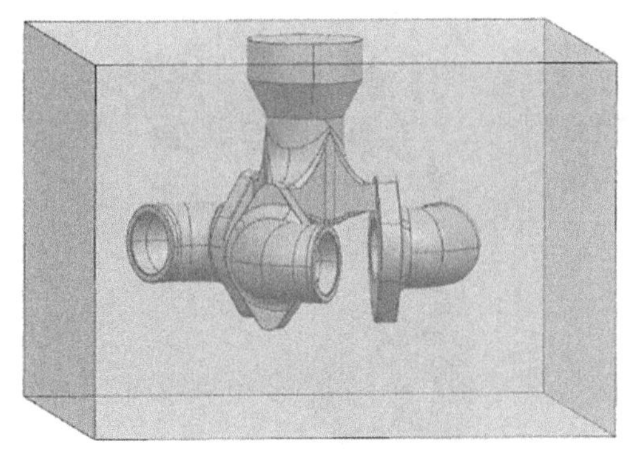

图 3-28　使包容体顶面与弯管顶面齐平

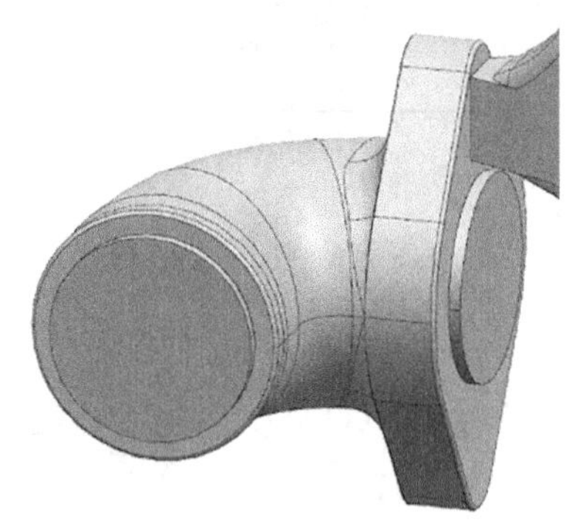

图 3-29　将弯管孔堵住

3. 设置零件的包容体

（1）使用“减去”功能，“目标”选择体为“包容体”，“工具”选择体为“法兰弯管”，单击“确定”，如图 3-30 所示。使用“合并”功能将上步骤弯管孔端面拉伸的圆柱体与包容体进行合并，在完成每一步骤后使用“移除参数”功能移除参数。

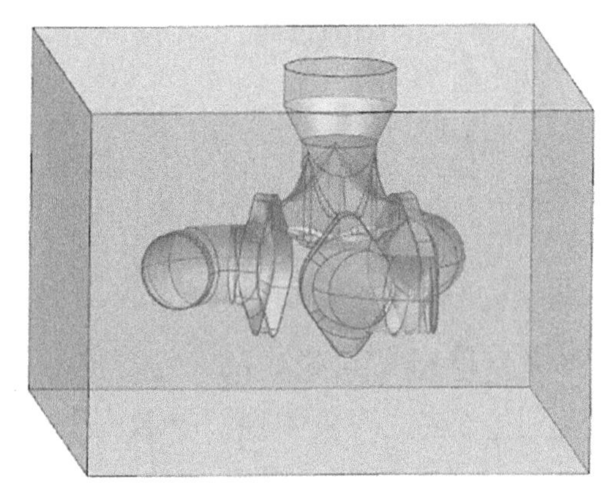

图 3-30　包容块内弯管的型腔

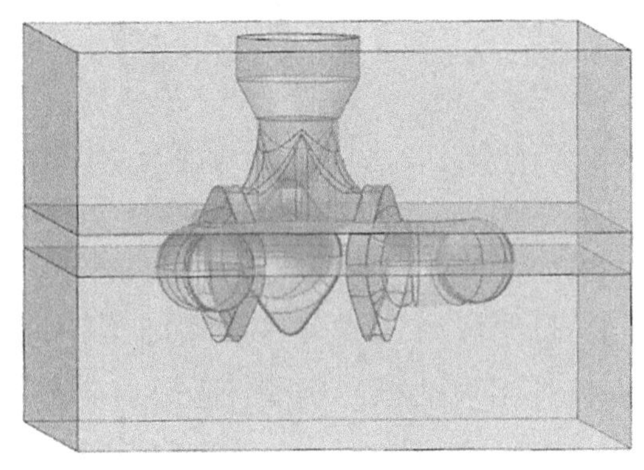

图 3-31　拆分弯管的包容体

（2）单击工具栏中的“拆分体”按钮，弹出对话框,“目标”选择“包容体”，“工具”—“工具选项”选择“新建平面”，鼠标选择法兰弯管的两个分型平面，以该面为基准将法兰弯管的包容块分为三部分，单击“确定”，如图 3-31 所示。

（3）通过观察发现中模不便单独加工，与上模放在一起时中模的中心位置有遮挡，因此对中模中心位置进行修改。以中模分型面为基准绘制草图，在中心位置绘制直线让弯管孔的端面相连接；使用“拉伸”功能将上步骤绘制的直线双向拉伸为片体，距离为 50mm，如图 3-32 所示。

（4）以这三个面为基准使用“拆分体”功能将中模拆分。注意选择平面时使

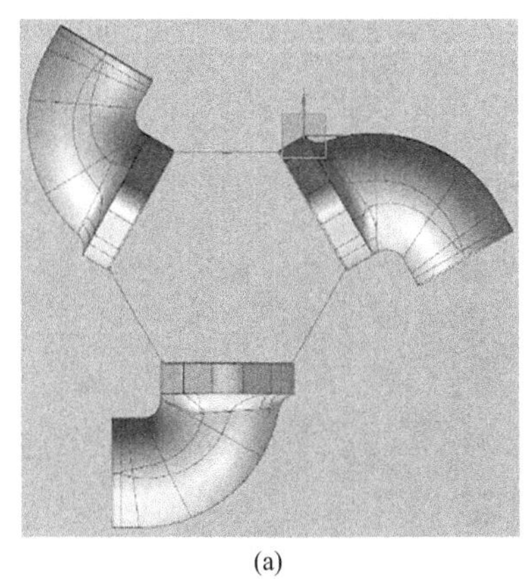
(a)

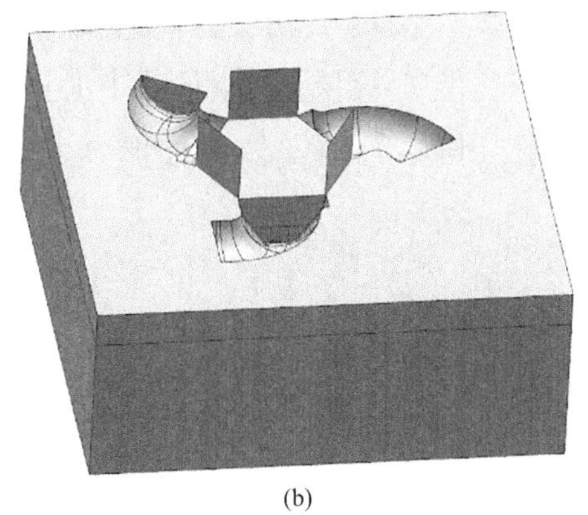
(b)

图 3-32　绘制草图和拉伸

用“成一角度”，以三个面为参考，以该面顶部的边为轴旋转 9°，以旋转后的面为基准将中模进行拆分，这样做方便后期加工，如图 3-33 所示。

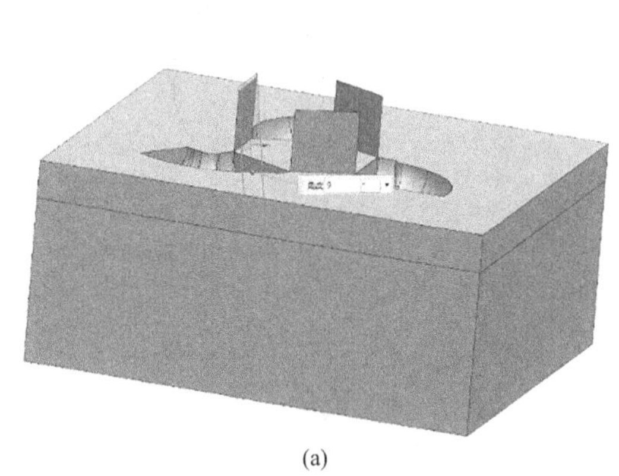
(a)

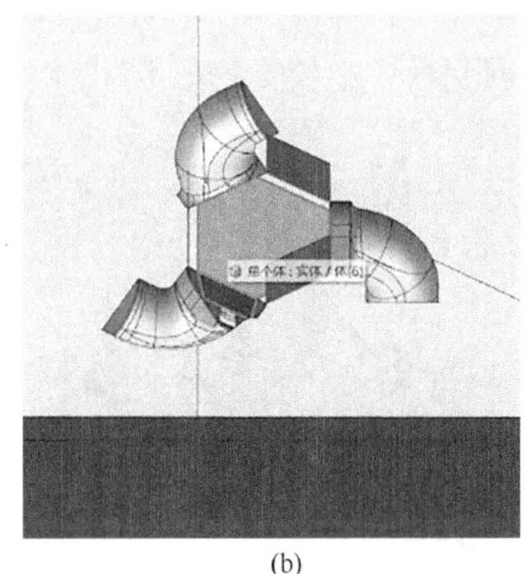
(b)

图 3-33　拆分中模

（5）将中模中心位置的实体隐藏，中心的部位不再遮挡，使用“合并”功能将中模的三部分合并，再将中模与上模进行合并，如图 3-34 所示。

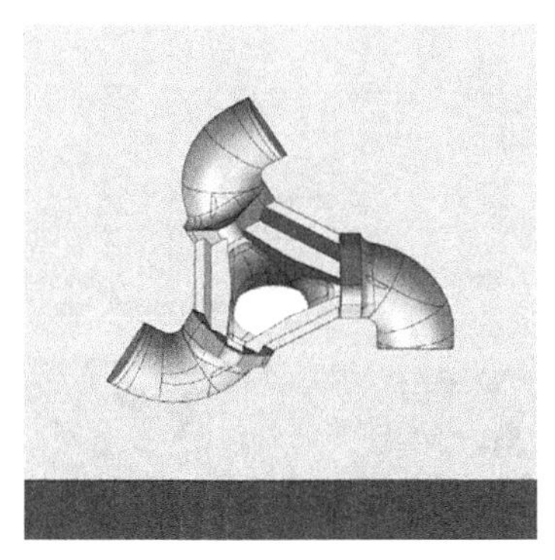
图 3-34　中模和上模合并

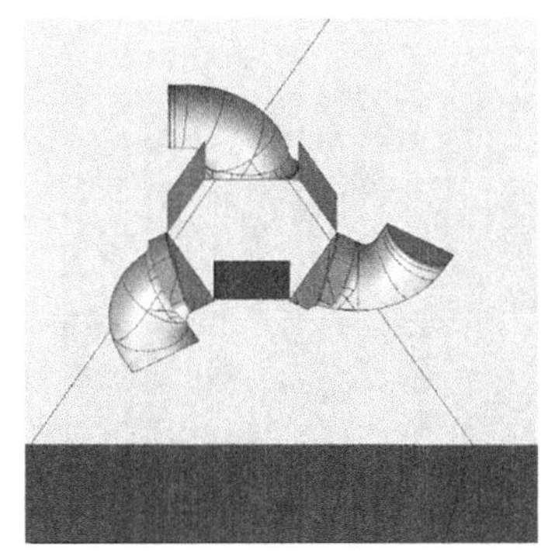
图 3-35　拆分下模

（6）显示下模，使用上述步骤的方法将下模拆分为三部分，如图 3-35 所示。使用“拆分体”功能，“目标”为下模中心的实体，“工具”为中心平面向下偏置 30.6mm 的平面，将中心的实体单独拆分为一个较小的实体，如图 3-36 所示。

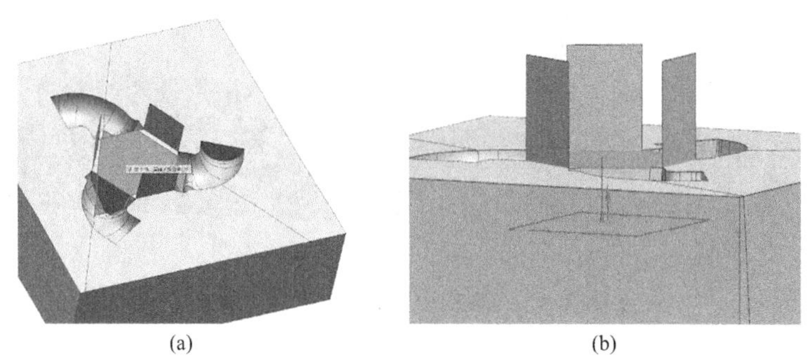

(a) (b)

图 3-36 拆分下模的中心实体

（7）显示弯管的砂芯，将三个弯管和拆分后上、下模的中心实体进行合并，如图 3-37 所示。

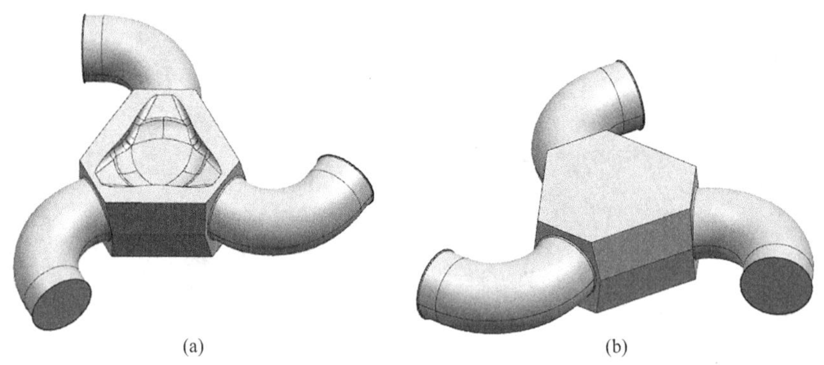

(a) (b)

图 3-37 弯管的砂芯

（8）弯管的外模经过处理分为上、下模和砂芯三个部分，分型设计完成，如图 3-38 所示。

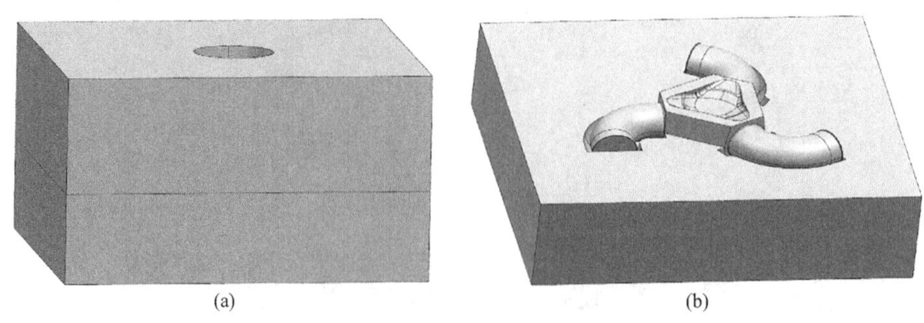

(a) (b)

图 3-38 弯管的外模和砂芯

4. 定位设计

（1）在下模的分型面处建模做四个圆锥体作为定位圆锥销，要求直径 50mm，高度 40mm，拔模角度为 10°，顶面边倒圆的半径为 5mm，如图 3-39 所示。

（2）使用“减去”功能，“目标”为上模，“工具”为下模，上模做好定位圆锥孔，边倒圆的半径为 5mm，如图 3-40 所示。

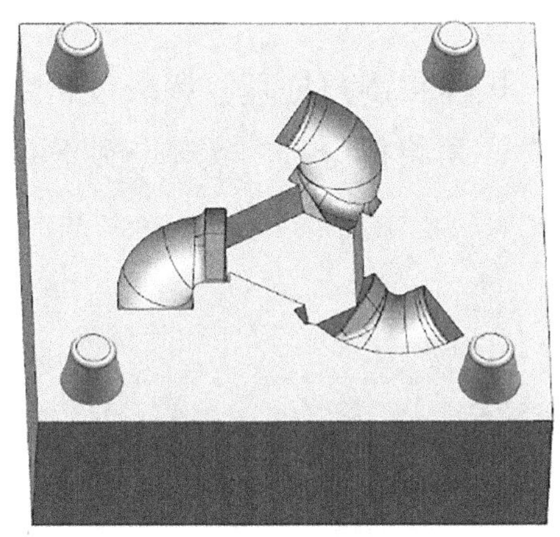

图 3-39　弯管下模的定位设计

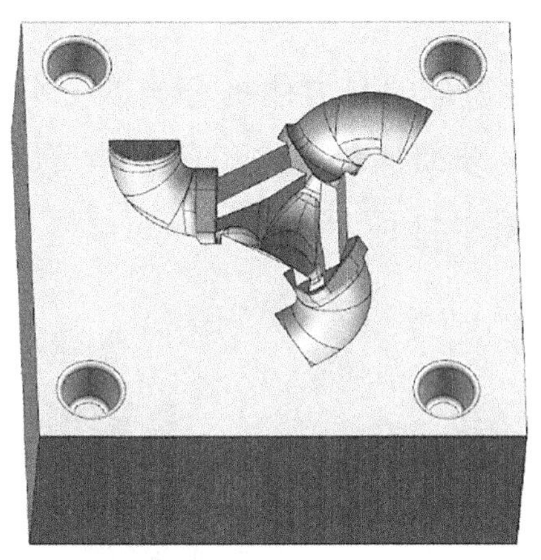

图 3-40　弯管上模的定位设计

（3）使用“注塑模向导”—“包容体”功能，在弯管端面位置设置一个包容体，再以包容体的平面为基准绘制一个四边形，四边形与包容体的高度相等，宽度为 70mm，如图 3-41 所示。

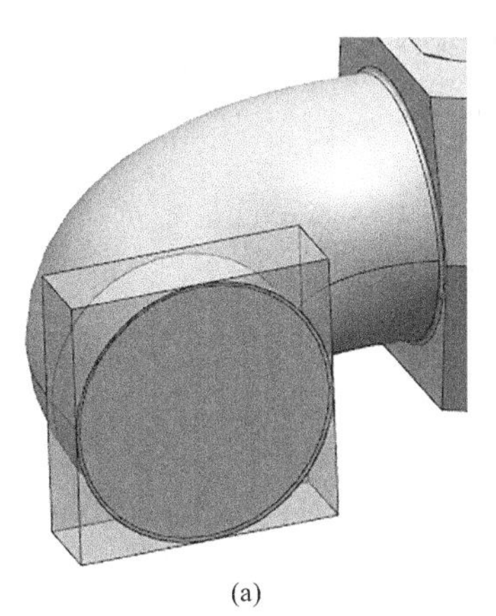

(a)

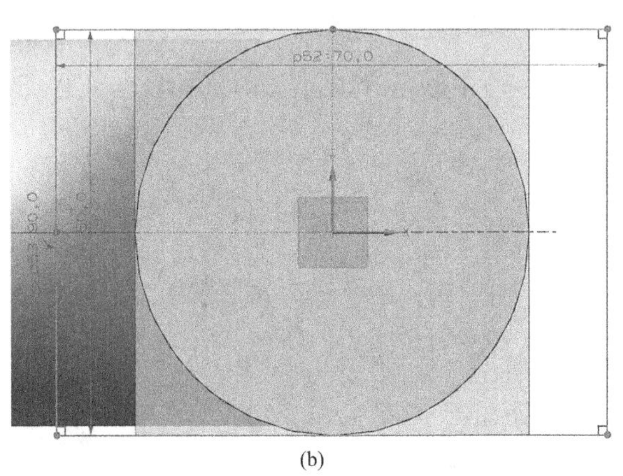

(b)

图 3-41　弯管砂芯的定位设计（一）

（4）使用“拉伸”功能对四边形进行拉伸，拉伸的高度为 20mm，其余弯管按照同样的方法进行定位设计，如图 3-42 所示。

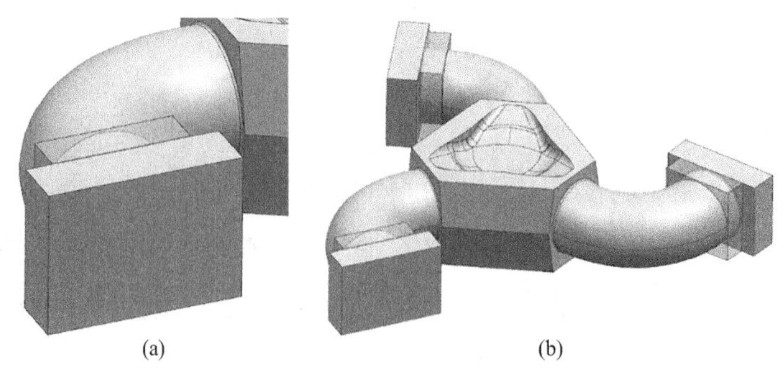

(a)　　(b)

图 3-42　弯管砂芯的定位设计（二）

（5）将拉伸的长方体拆分为两部分，进行拔模和倒角处理，参数设置合理即可；上述步骤的包容体和草图等可以删除掉，再将拆分过的实体与砂芯进行合并，如图 3-43 所示。

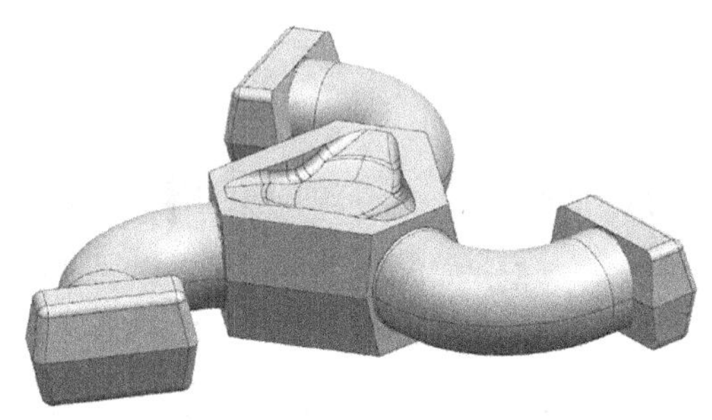

图 3-43　拔模和边倒圆处理

（6）使用“减去”功能，“目标”分别为上、下模，“工具”为砂芯，上、下模形成与砂芯一样的定位凹槽，对砂芯，上、下模的装配部位进行边倒圆处理，法兰弯管上、下模和砂芯的定位设计完成，如图 3-44 所示。

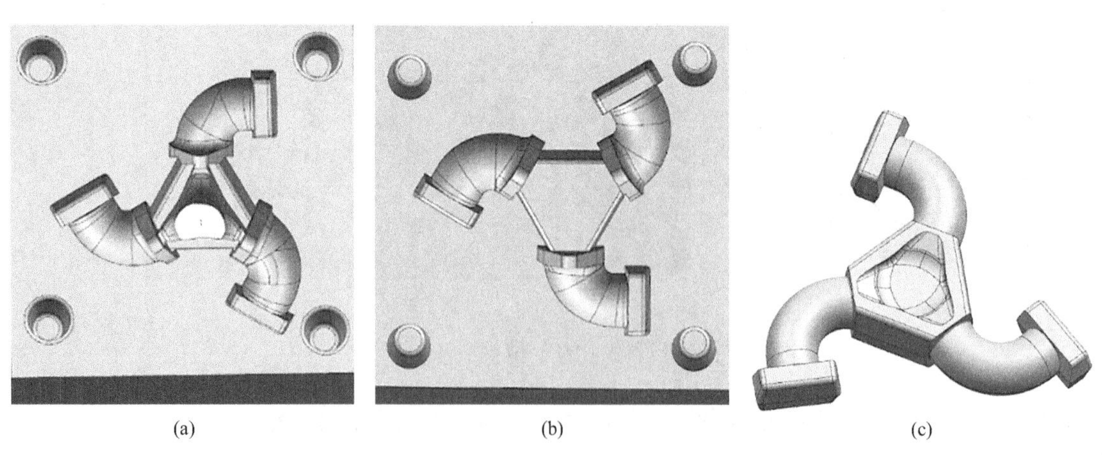

(a)　　(b)　　(c)

图 3-44　弯管上、下模和砂芯的定位设计

5. 导出部件

将弯管的上、下模和砂芯分别导出为单独的部件，自行命名和保存文件。

三、弯管上模的数控编程加工

1. 创建几何体

在 UG 12.0 软件中打开导出的法兰弯管上模文件，单击主菜单的“应用模块”—“加工”进入加工环境。

（1）指定部件几何体和毛坯　单击“创建几何体”—“workpiece”按钮，弹出对话框，指定部件和毛坯，注意包容块毛坯在“X Y”处输入“30”，如图 3-45 所示。

图 3-45　指定部件几何体和毛坯（弯管上模）

（2）创建加工坐标系　法兰弯管上模的上、下两面都要加工，因此在上模同一侧平面的两对角处创建两个坐标系，命名为“MCS-1”和“MCS-2”，如图 3-46 所示。

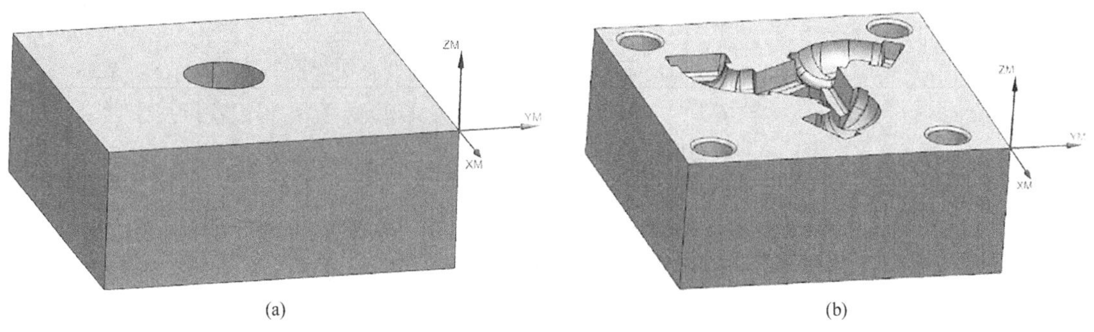

图 3-46　创建坐标系 MCS-1 和 MCS-2（弯管上模）

2. 创建刀具

按照表 3-13 的要求创建刀具。

表3-13　创建刀具（弯管上模）

序号	名称	直径 /mm	长度 /mm
1	立铣刀 D50	ϕ50	200
2	立铣刀 D16	ϕ16	200
3	球头铣刀 D8	ϕ8	200

3. 创建程序组

根据加工的需求创建两个程序组，命名为“弯管上模加工程序 1”和“弯管上模加工程序 2”。

4. 创建程序

（1）铣削弯管上模的外轮廓　使用型腔铣工序，工序参数设置参照表 3-14 进行修改。

表3-14　工序参数设置（铣削弯管上模的外轮廓）

序号	名称	参数内容
1	程序	弯管上模加工程序 1
2	刀具	立铣刀 D50
3	几何体	MCS-1
4	方法	MILL_ROUGH
5	切削模式	跟随周边
6	最大距离	3mm
7	切削参数	“余量”输入“0” “拐角”—“光顺”选择“所有刀路”，其余参数默认
8	非切削移动参数	“进刀”—“封闭区域”—“进刀类型”选择为“沿形状斜进刀” “斜坡角度”大于等于“5” “最小安全距离”输入“1mm” “最小斜坡长度”输入“100%”刀具（要大于等于 80% 的刀具直径） “如果进刀不合适”选择“跳过” “开放区域”—“进刀类型”选择为“与封闭区域相同”，其余参数默认
9	设置进给率和速度	根据加工需要自行设置

序号	名称	参数内容
10	生成的刀路	

（2）粗铣法兰弯管上模的型腔　创建型腔铣工序，工序参数参照表3-15进行修改。

表3-15　工序参数设置（粗铣弯管上模的型腔）

序号	名称	参数内容
1	程序	弯管上模加工程序1
2	刀具	立铣刀D16
3	几何体	MCS-1
4	方法	MILL_SEMI_FINISH
5	指定切削区域	选择上模的内型腔面
6	切削模式	跟随周边
7	最大距离	3mm
8	切削参数	默认
9	非切削移动参数	“进刀”—“封闭区域”—“进刀类型”选择为“无” “开放区域”—“进刀类型”选择为“与封闭区域相同”，其余参数默认
10	生成的刀路	

（3）精铣弯管上模的型腔　创建深度轮廓铣工序，工序参数参照表 3-16 进行修改。

表3-16　工序参数设置（精铣弯管上模的型腔）

序号	名称	参数内容
1	程序	弯管上模加工程序 1
2	刀具	球头铣刀 D8
3	几何体	MCS-1
4	方法	MILL_FINISH
5	指定切削区域	选择上步工序中粗铣过的内型腔面
6	最大距离	1mm
7	切削参数	“策略”—“切削方向”—“混合” “连接”—勾选“层间切削”—“残余高度”
8	非切削移动参数	“进刀”—“封闭区域”—“进刀类型”选择为“无” “开放区域”—“进刀类型”选择为“与封闭区域相同”，其余参数默认
9	生成的刀路	

（4）翻面装夹，粗铣弯管上模的型腔　创建型腔铣工序，工序参数参照表 3-17 进行修改。

表3-17　工序参数设置（翻面装夹，粗铣弯管上模的型腔）

序号	名称	参数内容
1	程序	弯管上模加工程序 2
2	刀具	立铣刀 D16
3	几何体	MCS-2
4	方法	MILL_ROUGH
5	指定切削区域	选择上模的型腔面
6	切削模式	跟随周边
7	最大距离	3mm
8	切削参数	“余量”—“部件侧面余量”输入“1” “部件底面余量”输入“0”
9	非切削移动参数	“进刀”—“封闭区域”—“进刀类型”选择为“无” “开放区域”—“进刀类型”选择为“与封闭区域相同”，其余参数默认
10	生成的刀路	

（5）精铣弯管上模的型腔　创建深度轮廓铣工序，工序参数参照表 3-18 进行设置。

表3-18　工序参数设置（翻面装夹，精铣弯管上模的型腔）

序号	名称	参数内容
1	程序	弯管上模加工程序 2
2	刀具	球头铣刀 D8
3	几何体	MCS-2
4	方法	MILL_FINISH
5	指定切削区域	选择上模的外轮廓和内型腔面 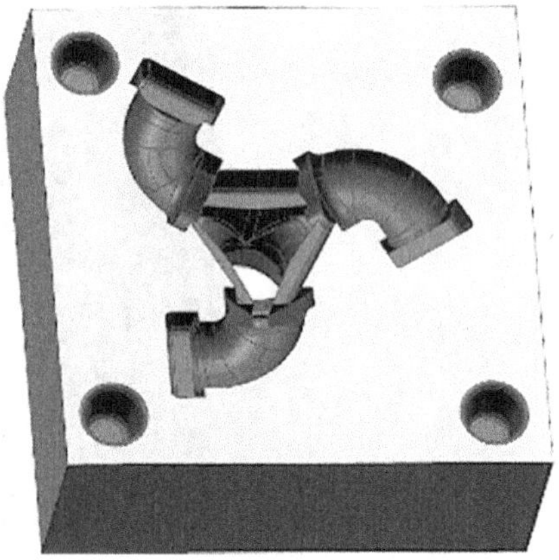
6	最大距离	1mm
7	切削参数	“策略”—“切削方向”—“混合” “连接”—勾选“层间切削”—“残余高度”
8	非切削移动参数	“进刀”—“封闭区域”—“进刀类型”选择为“无” “开放区域”—“进刀类型”选择为“与封闭区域相同”，其余参数默认
9	生成的刀路	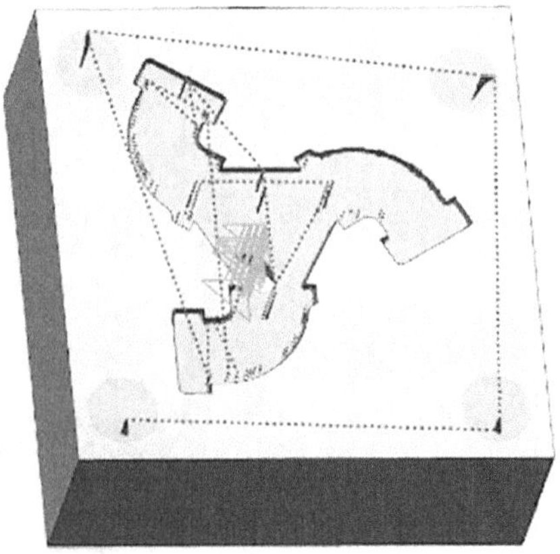

四、弯管下模的数控编程加工

1. 创建几何体

在 UG 12.0 软件中打开导出的弯管下模文件，单击主菜单的“应用模块”—“加工”进入加工环境。

（1）指定部件几何体和毛坯　单击“创建几何体”—“workpiece”按钮，弹出对话框，指定部件和毛坯，注意包容块毛坯在“XY”处输入“30”，如图 3-47 所示。

（2）创建加工坐标系　在弯管下模上表面的某角处创建坐标系，命名为“MCS-1”，如图 3-48 所示。

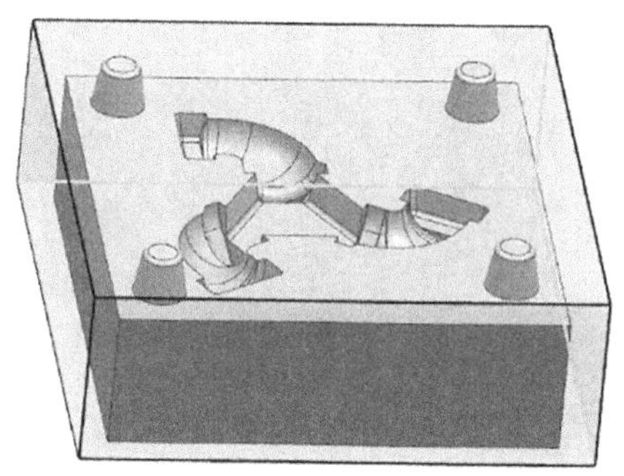

图 3-47　设置毛坯（弯管下模）

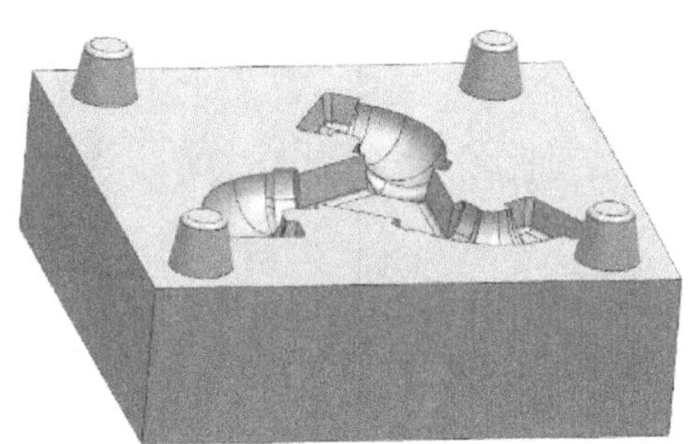

图 3-48　创建坐标系（弯管下模）

2. 创建刀具

按照表 3-19 的要求创建刀具。

表3-19　创建刀具（弯管下模）

序号	名称	直径 /mm	长度 /mm
1	立铣刀 D50	$\phi50$	200
2	立铣刀 D16	$\phi16$	200
3	球头铣刀 D8	$\phi8$	200

3. 创建程序组

根据加工的需求创建程序组，命名为“弯管下模加工程序”。

4. 创建程序

（1）粗铣弯管下模的分型面　使用型腔铣工序，工序参数设置参照表 3-20 进行修改。

表3-20　工序参数设置（粗铣弯管下模的分型面）

序号	名称	参数内容
1	程序	弯管下模加工程序
2	刀具	立铣刀 D50
3	几何体	MCS-1
4	方法	MILL_ROUGH
5	切削模式	跟随周边
6	最大距离	3mm
7	切削层	“范围定义”选择下模的分型面
8	切削参数	“空间范围”—“小封闭区域”—“忽略” “余量”—“部件侧面余量”输入“1” “部件底面余量”输入“0” “拐角”—“光顺”选择“所有刀路”，其余参数默认
9	非切削移动参数	“进刀”—“封闭区域”—“进刀类型”选择为“沿形状斜进刀” “斜坡角度”大于等于“3.5” “最小安全距离”输入“1mm” “最小斜坡长度”输入“100%”刀具（要大于等于80%的刀具直径） “如果进刀不合适”选择“跳过” “开放区域”—“进刀类型”选择为“与封闭区域相同”，其余参数默认
10	设置进给率和速度	根据加工需要自行设置
11	生成的刀路	

（2）粗铣弯管下模的型腔　创建型腔铣工序，工序参数参照表3-21进行修改。

表3-21　工序参数设置（粗铣弯管下模的型腔）

序号	名称	参数内容
1	程序	弯管下模加工程序
2	刀具	立铣刀 D16
3	几何体	MCS-1
4	方法	MILL_SEMI_FINISH
5	指定切削区域	选择下模的型腔和定位圆锥销 
6	切削模式	跟随周边
7	最大距离	3mm
8	切削参数	“空间范围”—“过程工件”—“使用基于层的” “余量”—“部件侧面余量”输入“1” “部件底面余量”输入“0”，其余参数默认
9	非切削移动参数	“进刀”—“封闭区域”—“进刀类型”选择为“无” “开放区域”—“进刀类型”选择为“与封闭区域相同”，其余参数默认
10	生成的刀路	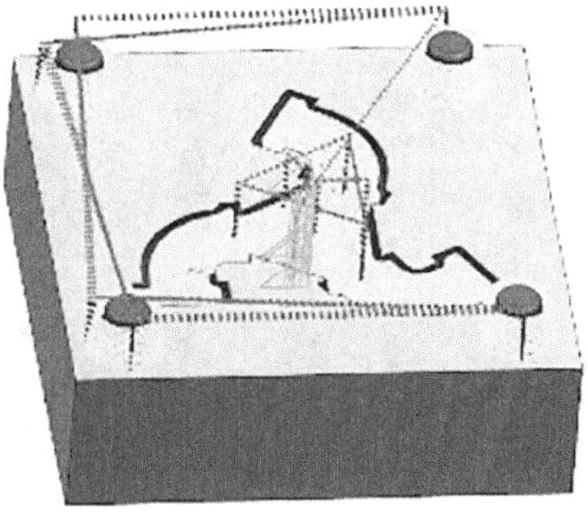

（3）精铣弯管下模的型腔　创建深度轮廓铣工序，工序参数参照表3-22进行修改。

表3-22　工序参数的设置（精铣弯管下模的型腔）

序号	名称	参数内容
1	程序	弯管下模加工程序
2	刀具	球头铣刀 D8
3	几何体	MCS-1
4	方法	MILL_FINISH
5	指定切削区域	选择下模的型腔和定位圆锥销 
6	最大距离	1mm
7	切削参数	“策略”—“切削方向”—“混合” “连接”—勾选“层间切削”—“残余高度”，其余参数默认
8	非切削移动参数	“进刀”—“封闭区域”—“进刀类型”选择为“无” “开放区域”—“进刀类型”选择为“与封闭区域相同”，其余参数默认
9	生成的刀路	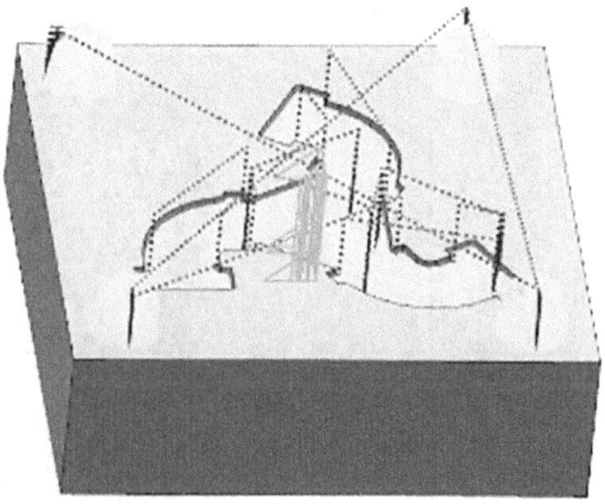

五、弯管砂芯的数控编程加工

1. 砂芯模型的处理

（1）砂芯模型需要一个框架辅助进行加工，使用“包容体”功能为砂芯设置包容体，再以包容体的表面为基准绘制草图；在草图中使用“偏置曲线”功能将包容体的轮廓向外偏置 30mm，偏置数量为两个，如图 3-49 所示。

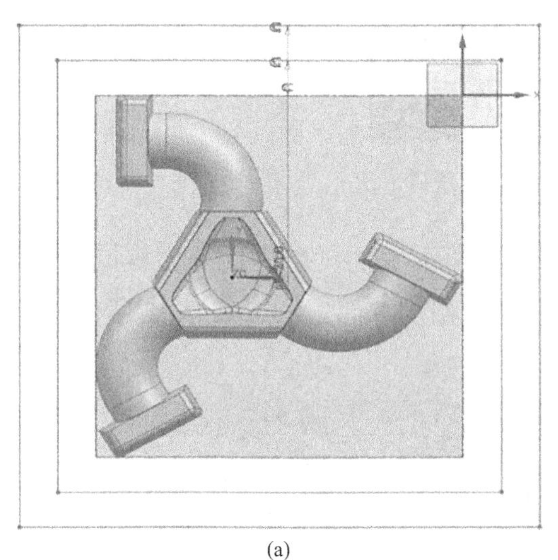

(a)

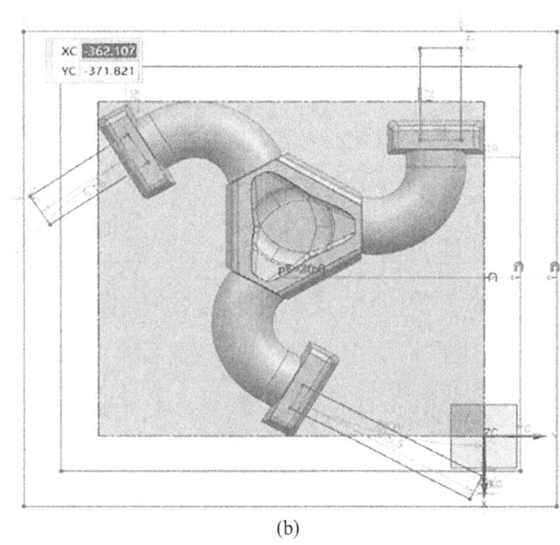

(b)

图 3-49 绘制辅助轮廓的草图

（2）使用“矩形”功能在砂芯的三个定位块处绘制三个矩形，尺寸自定，要求该矩形与上步骤偏置较近的轮廓线相交，如图 3-50（a）所示。

（3）使用“拉伸”功能将上步骤偏置的两个外轮廓拉伸，高度与包容体一致即可，三个矩形拉伸的高度位于轮廓高度的中间部位，如图 3-50（b）所示。

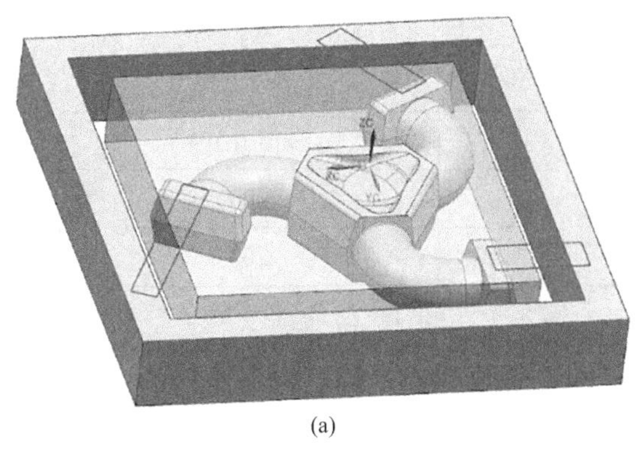

(a)

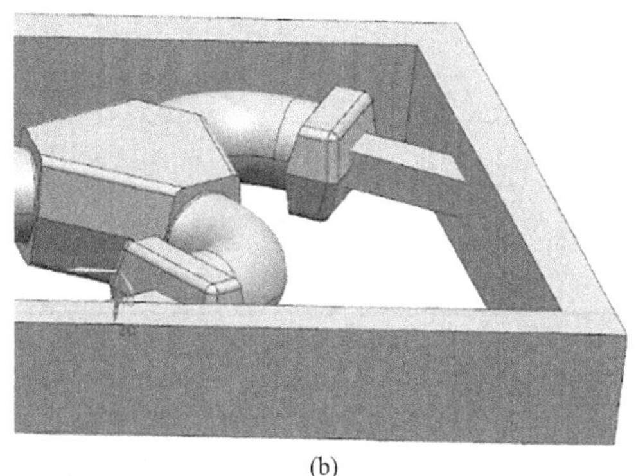

(b)

图 3-50 拉伸辅助的轮廓

2. 创建几何体

（1）指定部件几何体和毛坯　单击“创建几何体”—“workpiece”按钮，弹出对话框，指定部件和毛坯，如图 3-51 所示。

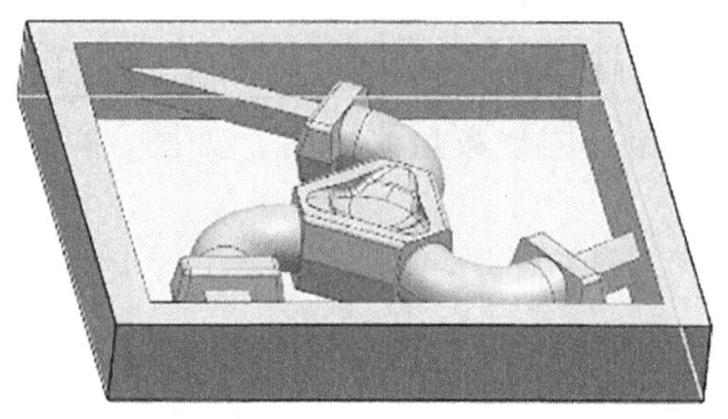

图 3-51　指定部件几何体和毛坯（弯管砂芯）

（2）创建加工坐标系　法兰弯管上模的上、下两面都要加工，因此在上模同一侧平面的两对角处创建两个坐标系，命名为“MCS-1”和“MCS-2”，如图 3-52 所示。

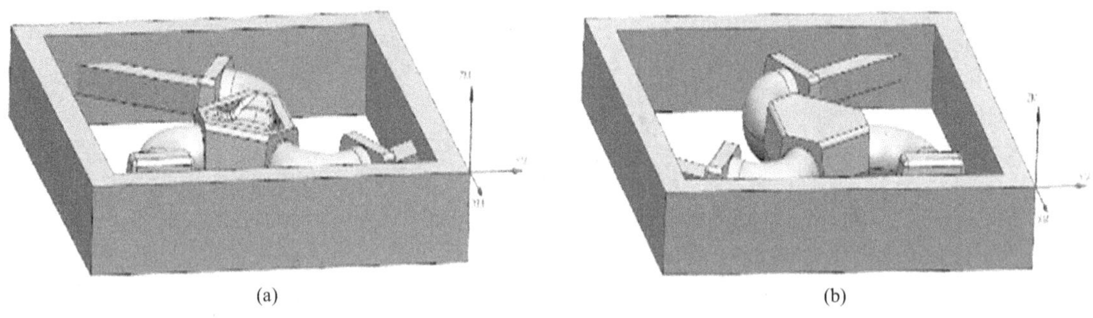

(a)　(b)

图 3-52　创建坐标系 MCS-1 和 MCS-2（弯管砂芯）

3. 创建刀具

按照表 3-23 的要求创建刀具。

表3-23　创建刀具（弯管砂芯）

序号	名称	直径 /mm	长度 /mm
1	立铣刀 D16	ϕ16	200
2	球头铣刀 D8	ϕ8	200

4. 创建程序组

根据加工的需求创建两个程序组，命名为“弯管砂芯加工程序 1”和“弯管砂芯加工程序 2”。

5. 创建程序

（1）粗铣弯管砂芯的型腔　创建型腔铣工序，工序参数参照表3-24进行修改。

表3-24　工序参数设置（粗铣弯管砂芯的型腔）

序号	名称	参数内容
1	程序	弯管砂芯加工程序 1
2	刀具	立铣刀 D16
3	几何体	MCS-1
4	方法	MILL_ROUGH
5	切削模式	跟随周边
6	最大距离	3mm
7	切削参数	默认
8	非切削移动参数	“进刀”—“封闭区域”—“进刀类型”选择为“无” “开放区域”—“进刀类型”选择为“与封闭区域相同”，其余参数默认
9	生成的刀路	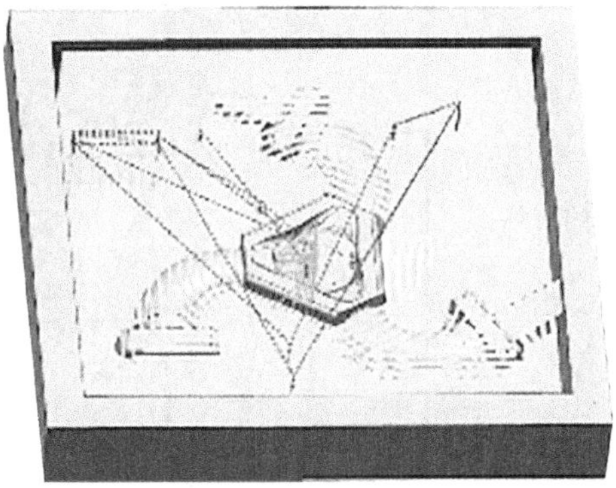

（2）精铣弯管砂芯的外轮廓　创建深度轮廓铣工序，工序参数参照表3-25进行修改。

表3-25　工序参数设置（精铣弯管砂芯的外轮廓）

序号	名称	参数内容
1	程序	弯管砂芯加工程序 1
2	刀具	球头铣刀 D8
3	几何体	MCS-1
4	方法	MILL_FINISH

续表

序号	名称	参数内容
5	指定切削区域	选择砂芯外轮廓的两个侧面，注意这两个侧面是翻面后坐标系所在的侧面，此步骤是为了翻面对刀更准确
6	最大距离	1mm
7	切削参数	“策略”—“切削方向”—“混合”
8	非切削移动参数	“进刀”—“封闭区域”—“进刀类型”选择为“无” “开放区域”—“进刀类型”选择为“与封闭区域相同”，其余参数默认
9	生成的刀路	

（3）精铣弯管的砂芯　创建深度轮廓铣工序，工序参数参照表3-26进行修改。

表3-26　工序参数设置（精铣弯管的砂芯）

序号	名称	参数内容
1	程序	弯管砂芯加工程序1
2	刀具	球头铣刀D8
3	几何体	MCS-1
4	方法	MILL_FINISH

序号	名称	参数内容
5	指定切削区域	选择砂芯的实体
6	最大距离	1mm
7	切削参数	“策略”—“切削方向”—“混合” “连接”—勾选“层间切削”—“残余高度”
8	非切削移动参数	“进刀”—“封闭区域”—“进刀类型”选择为“无” “开放区域”—“进刀类型”选择为“与封闭区域相同”，其余参数默认
9	生成的刀路	

（4）翻面装夹，粗铣弯管的砂芯 创建型腔铣工序，工序参数参照表3-27进行修改。

表3-27 工序参数设置（粗铣弯管的砂芯）

序号	名称	参数内容
1	程序	弯管砂芯加工程序 2
2	刀具	立铣刀 D16
3	几何体	MCS-2
4	方法	MILL_ROUGH

续表

序号	名称	参数内容
5	指定切削区域	选择砂芯和辅助的长方体 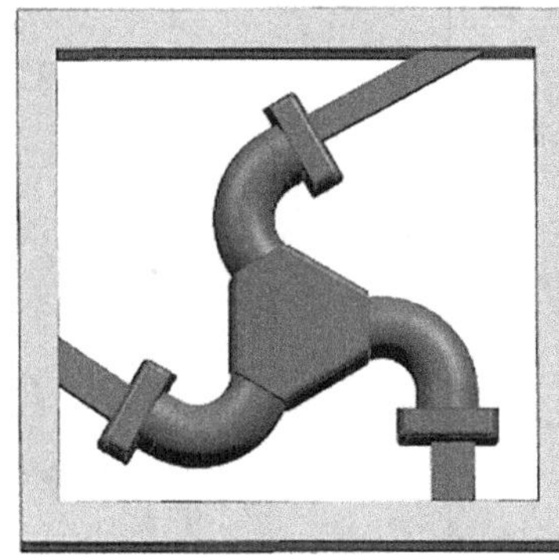
6	切削模式	跟随周边
7	最大距离	3mm
8	切削层	“范围深度”输入“60”
9	切削参数	“余量”—“部件侧面余量”输入“1” “部件底面余量”输入“0”
10	非切削移动参数	“进刀”—“封闭区域”—“进刀类型”选择为“无” “开放区域”—“进刀类型”选择为“与封闭区域相同”，其余参数默认
11	生成的刀路	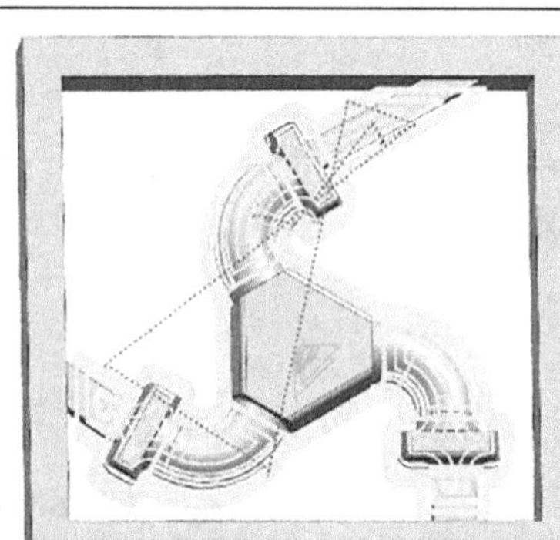

（5）精铣弯管的砂芯　创建深度轮廓铣工序，工序参数参照表3-28进行修改。

表3-28　工序参数设置（翻面装夹，精铣弯管的砂芯）

序号	名称	参数内容
1	程序	弯管砂芯加工程序2
2	刀具	球头铣刀D8
3	几何体	MCS-2
4	方法	MILL_FINISH

序号	名称	参数内容
5	指定切削区域	选择砂芯和辅助的长方体
6	最大距离	1mm
7	切削层	“范围深度”输入“50”
8	切削参数	“策略”—“切削方向”—“混合” “连接”—勾选“层间切削”—“残余高度”
9	非切削移动参数	“进刀”—“封闭区域”—“进刀类型”选择为“无” “开放区域”—“进刀类型”选择为“与封闭区域相同”，其余参数默认
10	生成的刀路	

六、弯管零件工序卡

弯管零件上、下、芯模工序卡见表3-29～表3-31。

表3-29　弯管零件上模工序卡

无模车间加工工序卡					
项目名称	04-弯管	零件名称	上模	设备编号	
编程人员		程序校对		操作人员	

程序列表				
程序名称	刀具名称	刀具长度 /mm	加工时间 /h	备 注
正面边框	D16	200	2	磁力座加垫块
精加工	B8	150	1	磁力座加垫块
反面开粗	D16	200	2	磁力座加垫块
反面精加工	B8	150	1	磁力座加垫块
			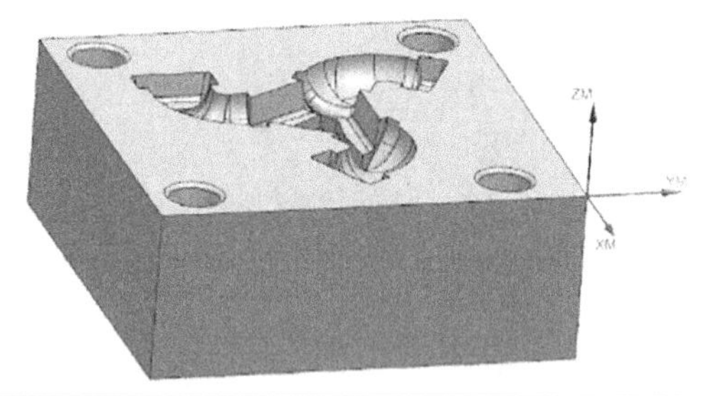	

表3-30　弯管零件下模工序卡

无模车间加工工序卡					
项目名称	04-弯管	零件名称	下模	设备编号	
编程人员		程序校对		操作人员	
程序列表					
程序名称	刀具名称	刀具长度 /mm	加工时间 /h	备注	
正面开粗	D16	200	2 小时	磁力座加垫块	
正面精加工	B8	150	1 小时	磁力座加垫块	
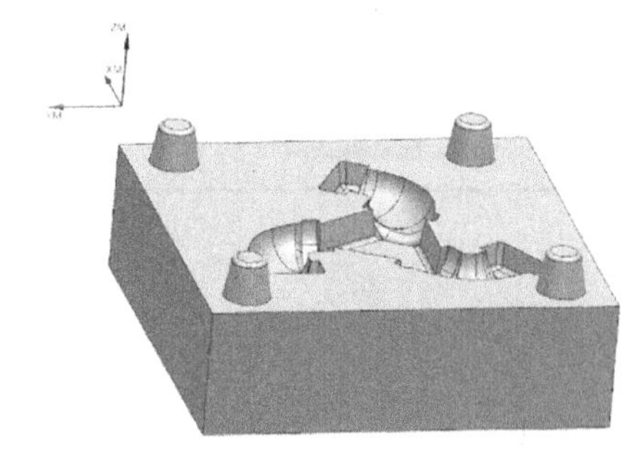			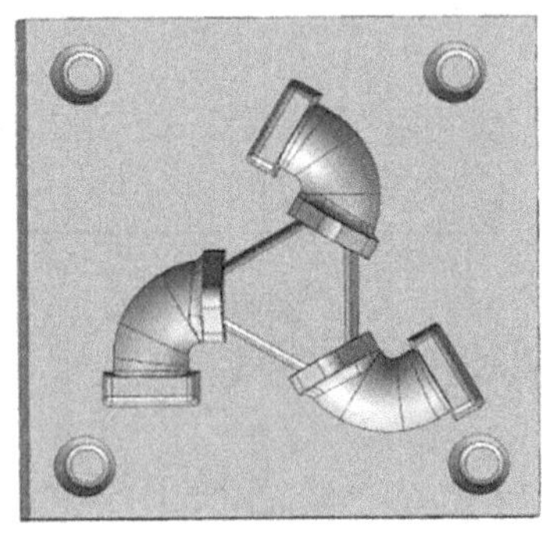		

表3-31　弯管零件芯模工序卡

无模车间加工工序卡					
项目名称	04-弯管	零件名称	芯 模	设备编号	
编程人员		程序校对		操作人员	

续表

程序列表				
程序名称	刀具名称	刀具长度 /mm	加工时间 /h	备注
up-1	D16	200	1.5	磁力座加垫块
up-2	B8	150	1	磁力座加垫块
down-1	D16	200	1.5	磁力座加垫块
down-2	B8	150	1	磁力座加垫块

七、弯管零件加工过程

弯管零件加工过程见表 3-32。

表3-32　弯管零件加工过程

步骤	加工内容	图示	说明
1	弯管上模 正面铣平		1. 设置起点，刀具直径略小于刀具实际直径。设置 X、Y 长度，铣平至上表面加工面，切削高度 6mm，进刀量 3mm，如有区域没加工到，需再次铣平 2. 正面铣平，铣平操作时保证起刀点在砂坯外，避免撞刀 3. 开始铣平加工
2	正面粗精加工		1. 更换刀具，确定加工零点。对刀后回工件零点，启动主轴，设定速度，打开气阀便于及时排出废砂，开始粗加工 2. 换刀 B8，Z 起点重新对刀，设置 X、Y 回起点，加载精加工程序，启动主轴，设定速度，开始正面精加工

续表

步骤	加工内容	图示	说明
3	测量工件 砂型翻转确定 反面基准		1. 测量孔径和砂型的长、宽、高，测量无误翻转砂型，翻转时将砂型旋转 180°，放到工作台靠近加工位置 2. 使用百分表找正基准，用对刀工具以已加工表面为基准对刀。将 X、Y 坐标向负方向各移动刀具半径，设置 X、Y 起点
4	砂型翻面 确定反面基准 找正		1. 测量已加工表面，翻转砂型 360º 放置在工作台靠近加工端 2. 将工件 Z 向固定，确定基准，先找 X、Y 起点，以已加工表面为基准找正 3. 铣平，确定高度，设置 Z 起点，X、Y 回起点，将刀具移到砂型对角线外侧
5	确定工件高度 反面粗铣		1. 反面铣平后测量砂型高度，确定砂型最终高度，铣平砂型至模型高度，合格后开始粗加工 2. 找平，百分表找正误差在 10mm 内，对刀，确定加工坐标零点 3. 开粗。刀具回加工零点，进入加工界面，选择对应程序，开粗加工。注意及时吹气排砂，防止积砂过多
6	反面精铣型腔		1. 换 B8 精加工刀，开始反面型腔精加工 2. 加工余量设置为零，如需预留涂层厚度，可根据需求设定 3. 确保加工安全性，避免加工到工作台面。为提高加工精度，陡峭区域、非陡峭区域可以分不同加工方式加工
7	反面精铣型腔		1. 反面精加工，加工余量设置为零，如需预留涂层可提前设定 2. 加工余量设置为零 3. 为提高加工精度，陡峭区域、非陡峭区域可以分不同加工方式加工

步骤	加工内容	图示	说明
8	弯管下模铣平 下模粗铣		1. 砂型毛坯铣平，根据现场情况合理选择刀具；如果用D50盘铣刀，刀具要放在砂坯的外侧（D50的盘铣刀刃不过中心，不可直接下刀） 2. 根据工艺要求确定加工坐标系，设定模型加工坐标 3. 开粗加工，注意及时吹砂
9	下模型腔精铣		1. 换B8球头刀，Z轴对刀，回到加工零点，进入加工界面选择对应程序，开始加工 2. 精加工前确保刀具直径、刀具长度、Z轴对刀面都符合要求 3. 砂屑为飞尘粉末，操作中要带N95防尘防护口罩安全防护 4. 注意眼部安全，不要让飞砂溅入眼中
10	弯管芯模正面粗铣		1. 正面铣平。设置刀具起点，刀移动到对角线置于砂型外侧，设置刀具直径、铣平区域、切削高度，启动设备 2. 确定起点，设置Z起点，将刀具沿Y轴正方向移动超过工件长度，设置X、Y起点 3. 开始粗加工
11	正面精铣		1. 用B8球头刀精加工，设置X、Y起点，只需Z起点对刀 2. 精铣编程时进刀量要小，一般为0.5～1mm。程序参数设置时“切削参数”—“残余高度0.02mm”必选 3. 测量工件，符合要求完成加工
12	反面粗铣		1. 将起点设置在操作一端，刀具移动到对角线工件外侧。设置参数，刀具直径略小于工件直径，切削高度正面设置为6～9mm，进刀量为3mm 2. 砂型平整后测量砂坯高度，根据尺寸再次铣平至模型高度 3. 反面找平、对刀

步骤	加工内容	图示	说明
13	反面精铣 完成加工		1. 换B8精加工刀，加工余量设置为零，如需预留涂层厚度则根据需求设定 2. 确保加工安全，避免加工到工作台面 3. 为提高加工精度，陡峭区域、非陡峭区域可以分不同加工方式加工 4. 测量工件，完成加工

八、弯管零件检测过程

弯管零件检测过程见表3-33。

表3-33　弯管零件检测过程

步骤	检测内容	检测图示	检测说明
1	弯管上模 扫描准备		1. 检查弯管上模砂型模具表面清洁状况（用吸尘器清理） 2. 贴光标点，光标点间距尽量在15mm左右，如果有复杂特征不易扫描，光标点可适当加密 3. 连接扫描仪与电脑，打开激光扫描专用软件VXelements，开始扫描
2	扫描过程		扫描过程中，扫描仪与模具的间距应适宜。扫描仪间距过大，反映到软件上的扫描线变成蓝色；间距过小，扫描光线呈红色；距离合适时，光线呈绿色。扫描过程中注意观察扫描线的颜色并及时调整间距，保持适当间距
3	扫描效果 观察调整		1. 观察扫描后的模型，在需要参考、对比、分析的部分扫描完成后，保存扫描光标点；如扫描效果不好，可在需要扫描位置重新扫描或贴光标后再扫描，直至符合要求 2. 导出扫描文件为点云stl格式文件，保存文件

步骤	检测内容	检测图示	检测说明
4	弯管中下模扫描准备		1. 检查弯管中下砂型模具表面是否清洁 2. 将砂芯去除棱边棱角与砂型下模顺利配合 3. 检查光标点，间距尽量在15mm左右，如配合面复杂光标点可以适当增加以便于更清晰地表现复杂形状，扫描可反复进行
5	扫描过程		1. 扫描过程中，扫描仪与模具的间距应适宜 2. 观察扫描线红色和蓝色区域的显示状况，随时调整扫描距离，避免位置表达不清晰影响扫描效果 3. 效果不清晰可以反复扫描或增加扫描点
6	扫描效果观察调整		1. 观察扫描后的模型，在需要参考、对比、分析的部分扫描完成后，可退出扫描模式，保存扫描光标点 2. 如扫描效果不清晰，可继续在需要扫描的位置反复扫描，还可增加光标点直至模型完全符合要求
7	导出文件数据分析		1. 导出扫描文件为点云stl格式文件，并保存 2. 通过Geomajic control软件进行数模分析，检测模型加工精度 3. 根据数据判断零件是否符合加工要求

任务评价

任务评价见表3-34。

表3-34　任务评价表

检测项目	检测内容	评价标准	配分	综合评分
任务实施完成情况评价	弯管零件浇注系统的设计	设计合理 10 分 设计基本合理 6 分 设计不合理 0 分	10	
	弯管零件分型定位设计	分型定位设计合理 10 分 分型定位设计基本合理 6 分 分型定位设计不合理 0 分	10	
	弯管零件上模的数控编程	加工刀路和参数合理 10 分 编程加工刀路和参数基本合理 6 分 编程加工刀路和参数不合理 0 分	10	
	弯管零件下模的数控编程	加工刀路和参数合理 10 分 编程加工刀路和参数基本合理 6 分 编程加工刀路和参数不合理 0 分	10	
	弯管零件砂芯的数控编程	加工刀路和参数合理 10 分 加工刀路和参数基本合理 6 分 加工刀路和参数不合理 0 分	10	
	弯管零件上模、下模、砂芯砂型的加工	正确熟练操作设备完成加工 20 分 操作设备正确，不熟练 12 分 操作设备不正确 0 分	20	
	弯管零件模具的精度检测	正确熟练操作设备完成检测 10 分 操作设备正确，不熟练 6 分 操作设备不正确 0 分	10	
职业素养	1. 遵守实训车间纪律，不迟到早退，按要求穿戴实训服、护目镜和帽子	每违反一次扣 2 分	5	
	2. 正确操作实训的机床设备，自觉遵守操作要求和规范，安全实训，使用后做好设备的日常清洁和保养	每违反一次扣 2 分	5	
	3. 正确使用工、量、刀具，各类物品合理摆放，保持实训工位的整洁有序	每违反一次扣 1 分	5	
	4. 具备团结、合作、互助的精神，能按照要求完成学习任务	根据学习中的表现合理评价打分	5	
总评			100	

项目练习

1. 轮毂零件浇注系统设计步骤有哪几步?
2. 轮毂零件分型设计步骤有哪几步?
3. 轮毂零件的编程特点有哪些?
4. 弯管零件浇注系统设计步骤有哪几步?
5. 弯管零件砂芯的设计事项有哪些?
6. 轮毂及弯管零件的加工注意事项有哪些?
7. 轮毂及弯管零件的检测特点有哪些?

新科技

微米级 3D 打印

一、加工特点

1. 超高精度

常规金属 3D 打印设备典型层厚最低 20 ～ 30μm，粉末粒度范围为 15 ～ 53μm，D50 约为 35μm，光斑尺寸通常为 70 ～ 120μm，成形精度在 100 ～ 200μm 之间，成品误差大，精度无法达到精密部件的要求。

与常规金属 3D 打印相比，为实现 3D 打印零部件的超高精度，微米级 3D 打印设备具有一系列技术突破与创新。

（1）微米级 3D 打印机设备采用金属粉末（粒度范围 2 ～ 10μm），通过运用机械振动、超声振动等方式，实现了金属粉末的均匀铺展，从而可以控制铺粉的典型层厚达到 5μm，这在常规 3D 打印机上是无法实现的。

（2）微米级 3D 打印设备运用了特殊聚焦技术，对光斑进行光束整形，可以控制激光光斑达到 20μm，可对超精结构进行 3D 打印。

（3）不同于常规金属 3D 打印的连续激光，微米级 3D 打印设备采用脉冲激光，可对激光能量进行精确控制，从而实现了对熔池尺寸的精确控制，达到微米级超高打印精度，如图 3-53 所示。

图 3-53 微米级 3D 打印零件

2. 高表面光洁度

常规金属 3D 打印表面光洁度较差，典型表面粗糙度轮廓最大高度 *Rz* 约为 40 ～ 400μm，*Ra* 约为 1μm，无需后期加工。

3. 无支撑打印

常规金属 3D 打印的典型成形角度为 45°，小于 45°的面需要通过支撑结构辅助成形，成形完成后需要大量的后续工作来去除支撑结构，而且支撑结构会从粗糙度和精度上对支撑表面造成较大的影响；微米级 3D 打印通过特殊的铺粉技术和对激光点能的精确控制，可以实现无支撑的一步成形以及常规 3D 打印机无法实现的特殊结构打印。

二、设备参数

微米级金属 3D 打印设备参数如表 3-35 所示。

表3-35 打印设备参数

成形空间（$Q \times H$）	100mm×100mm
激光器	400WYb 光纤激光器
成形效率	高达 33 mm/min
层厚	5 ～ 10μm
最小分辨率	30μm
激光光斑尺寸	20 ～ 30μm
最大扫描速度	3m/s
机器尺寸	1mm×1m×1m

续表

典型表面粗糙度		*Ra*1μm	
典型粒度分布		2 ～ 10μm	
软件		自主开发的软件系统	
材料参数包		18k 黄金，钛合金，316L，IN625	
标准筛目		微米筛目	
目数 /in	微米 / μm	目 /in	微米 / μm
20	850 710	325	45
25	600 500	350	73
30	425 355	400	38
35	300 250	500	32
40	212 180	550	28
45	150 125	600	23
50	106	700	20
60	90	800	18
70	75	1000	13
70	63	1340	10
100	58	1670	6.5
…		…	
200		5000	2.6
250		8000	1.6
300		12500	1

注：目数 =12500/ 颗粒粒径（μm）。

项目四

异形件模型加工

项目导入

本项目以飞轮和涡轮壳两个零件为载体设置教学任务，介绍零件浇注系统和分型定位设计的原理，完成零件浇注系统和定位设计；以使读者能合理制定零件上、中、下模的加工工艺，掌握涡轮壳零件砂芯的定位设计方法，对零件的上、中、下模和砂芯进行数控编程，独立操作设备完成模具的加工和检测分析。

项目目标

1. 理解飞轮和涡轮壳零件浇注系统设计的原理。
2. 掌握飞轮和涡轮壳零件分型定位设计的原理和方法。
3. 能使用 UG 软件完成飞轮和涡轮壳零件的分型定位设计。
4. 能合理制定飞轮与涡轮壳零件上、中、下模和砂芯的加工工艺。
5. 能使用 UG 软件完成飞轮与涡轮壳零件上、下模和砂芯的数控编程加工。
6. 能正确操作设备完成零件上、中、下模和砂芯的加工。
7. 能完成零件检测及任务评价。

任务一

加工飞轮零件

任务布置

飞轮是某设备的重要组装零件，如图 4-1 所示。因为飞轮的尺寸精度和表面质量要求较高，内、外轮廓复杂不易加工，所以要使用无模成形技术完成该零件模具的加工。要求合理地对飞轮零件进行浇注系统和分型定位设计以及对上、下模进行数控编程加工，最后完成飞轮零件上、下模的砂型加工任务，同时完成零件检测及任务评价。

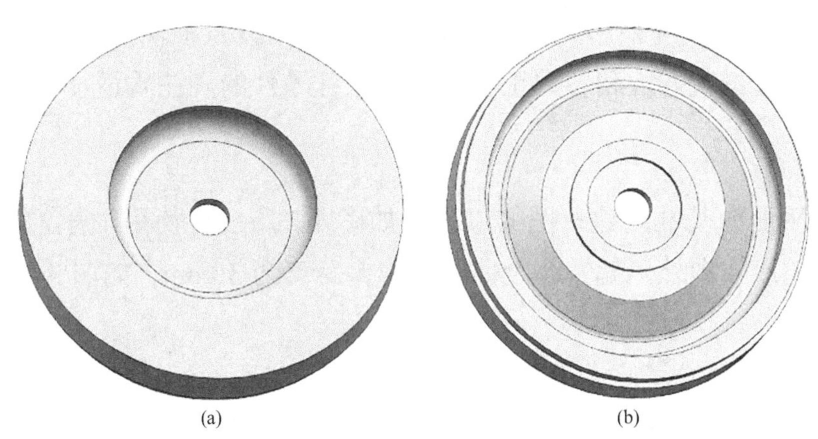

图 4-1　飞轮零件

任务目标

1. 理解飞轮零件模具分型定位设计的原理。
2. 理解飞轮零件浇注系统设计的原理。
3. 能使用 UG 软件完成飞轮零件模具的分型定位设计。
4. 能合理制定飞轮零件上、下模的加工工艺。
5. 能使用 UG 软件完成飞轮零件上、下模的数控编程加工。

6. 能独立完成飞轮零件的加工。

7. 能独立完成飞轮零件的检测和任务评价。

任务分析

首先根据飞轮零件和浇注系统的特点合理进行模具的分型、定位设计，然后对其上、下模进行数控编程加工，合理优化加工的刀路，最后操作无模成形加工设备完成飞轮零件上、下模砂型的加工，对零件进行检测及数据分析。

任务实施

一、飞轮零件浇注系统的设计

飞轮零件的浇注系统采用外包浇道的形式设计，设置横浇道、直浇道、内浇道和浇口窝等，设置方法和参数正确合理，保证零件的浇注质量。

1. 设置横浇道

以飞轮的平面为基准创建草图的平面，如图 4-2 所示；使用“偏置曲线”功能将飞轮的外轮廓线向外侧偏置两个曲线轮廓，距离为 30mm，如图 4-3 所示。

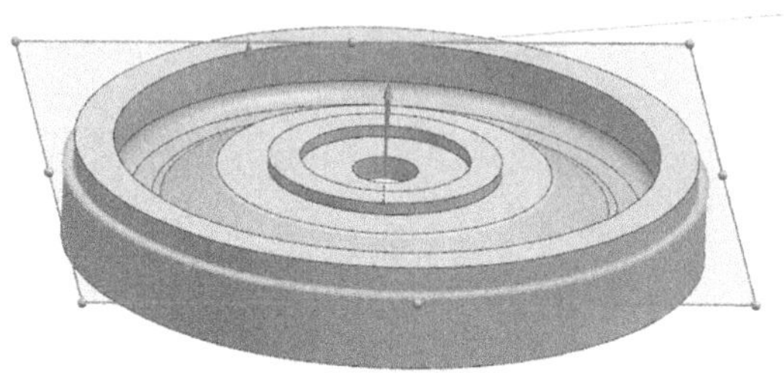

图 4-2　创建草图

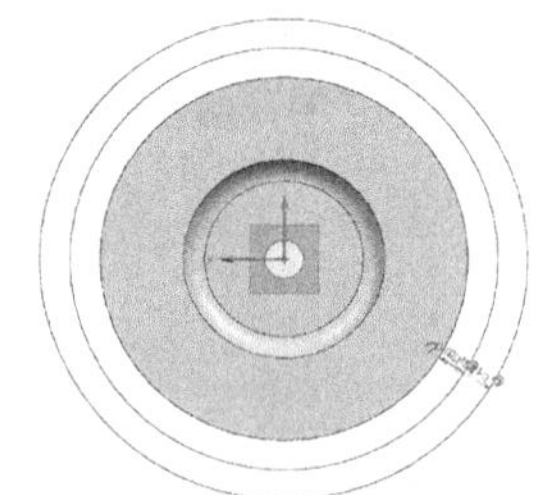

图 4-3　偏置飞轮的轮廓曲线

在偏置的轮廓曲线一侧作两条相交或者相切的直线，如图 4-4 所示。作为横浇道与直浇道连接的部分，将该轮廓拉伸 30mm，如图 4-5 所示。

2. 设置直浇道

以横浇道轮廓的平面为基准绘制直浇道的草图，位置定在两直线相交处，直浇道的直径为 70mm，拉伸的高度为从 −20mm 到 200mm，如图 4-6 所示。

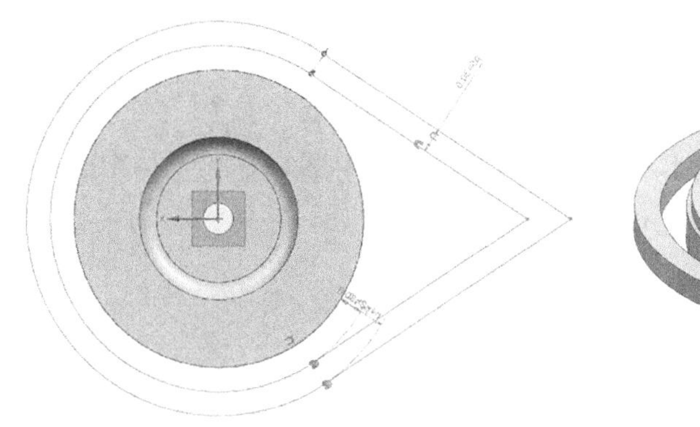
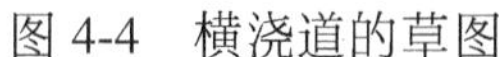
图 4-4 横浇道的草图

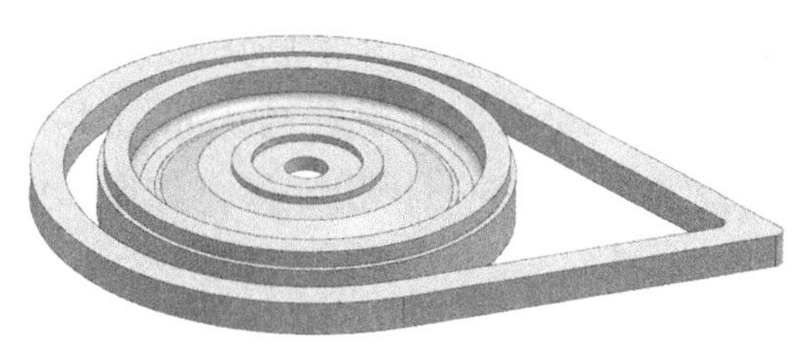
图 4-5 拉伸横浇道

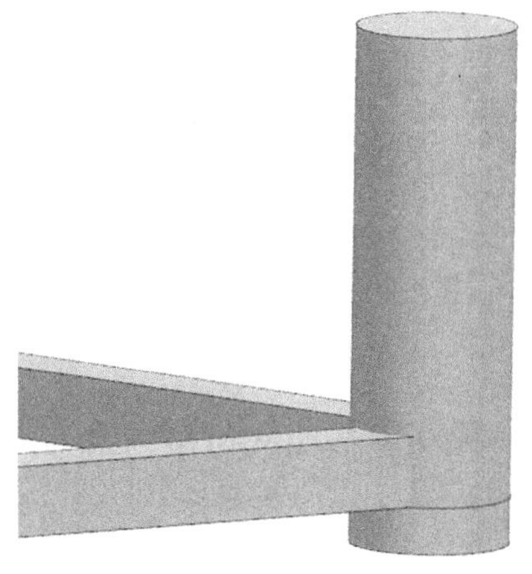
图 4-6 设置飞轮零件直浇道

3. 设置内浇道

在飞轮零件与横浇道之间做内浇道，以横浇道平面为基准绘制内浇道草图，宽度设置为 20 ～ 25mm，拉伸的高度为 5 ～ 10mm，如图 4-7 所示。

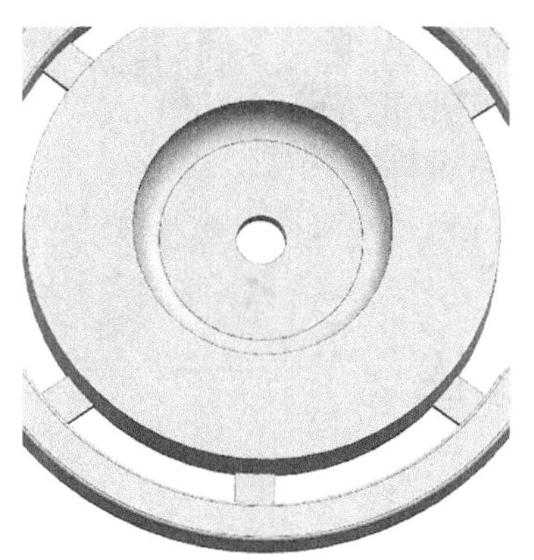
图 4-7 设置飞轮零件内浇道

4. 设置出气棒

为了飞轮零件在浇注时方便排气，在飞轮零件的顶面设置 6 个直径为 20mm 的圆柱体，高度与直浇道等高，如图 4-8 所示。将横浇道在适当的位置打断，方便飞轮零件在浇注时排出气体，如图 4-9 所示。

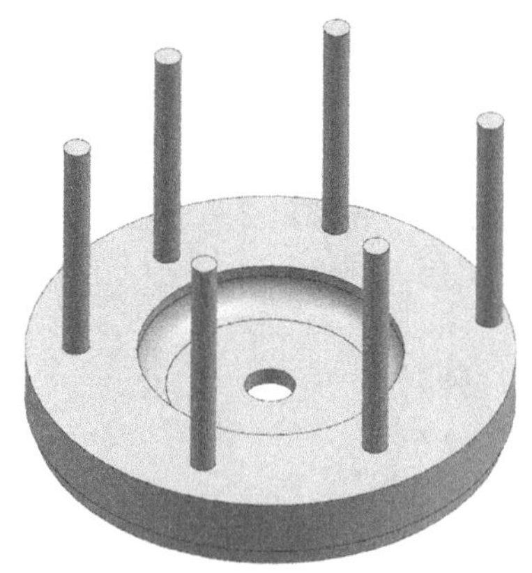

图 4-8　设置出气棒

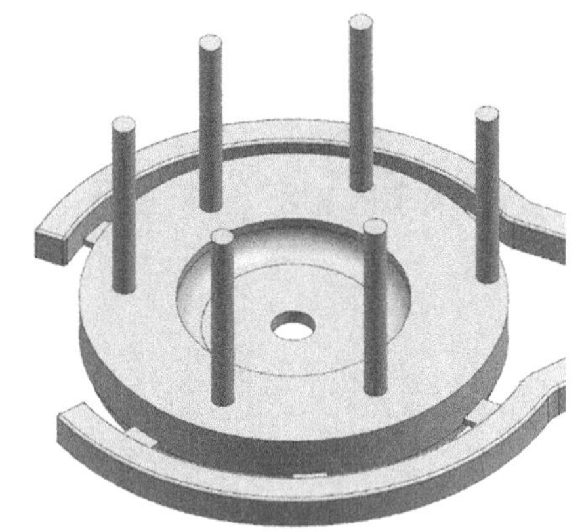

图 4-9　打断横浇道

5. 设置浇口杯和浇口窝

在直浇道的上、下两面设置浇口杯和浇口窝，合理设置参数，提高浇注的精度，如图 4-10 所示。

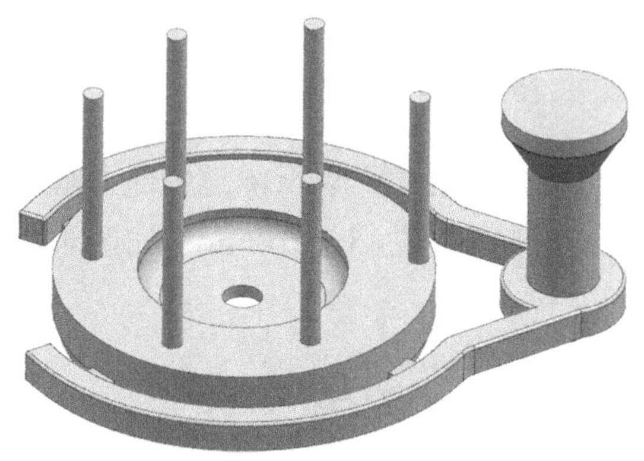

图 4-10　飞轮零件的浇注系统

二、飞轮零件的分型定位设计

1. 设置分型面

（1）打开 UG 12.0 软件，导入飞轮零件模型。

（2）根据飞轮和浇注系统的特点，分型面设置在浇注系统底部的平面位置（图 4-11），单击“确定”关闭对话框。

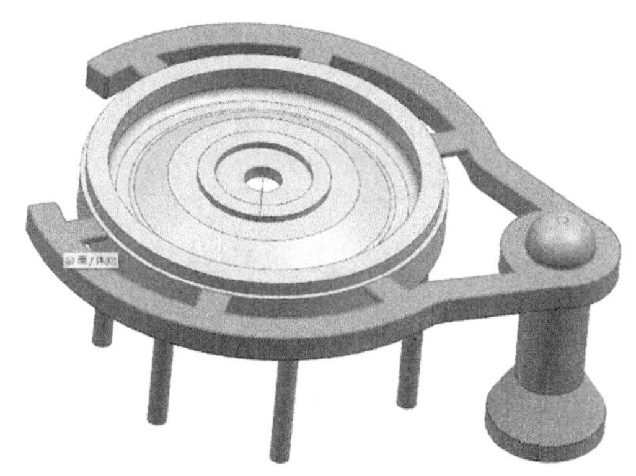

图 4-11　飞轮零件的拔模分析

2. 设置注塑模向导

（1）打开软件主菜单中的“注塑模向导”模块，单击工具栏中的“包容体”按钮，弹出对话框，“类型”选择为“块”，“对象”选择飞轮零件，“参数”—“偏置”输入“60mm”，其余参数默认，此时设置好了飞轮零件的包容块，单击“确定”，如图 4-12 所示。

（2）使用“替换面”功能，使包容块的顶面与飞轮顶面齐平，如图 4-13 所示。

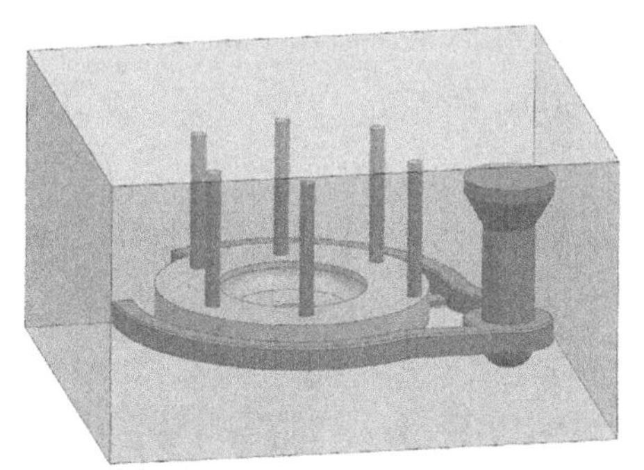

图 4-12　设置飞轮的包容体

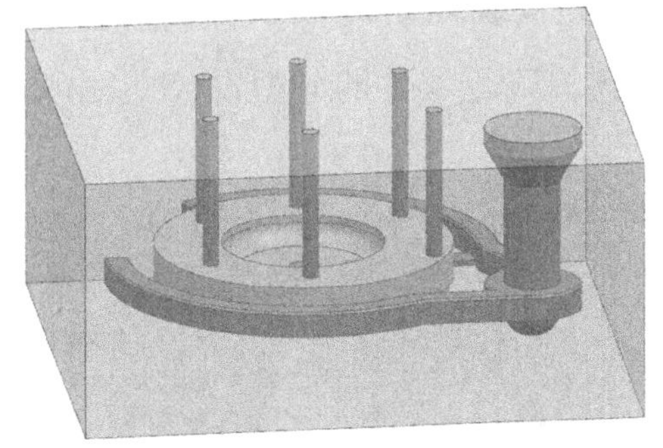

图 4-13　设置包容体

3. 设置零件的包容体

（1）单击工具栏中“减去”按钮，弹出对话框，“目标”选择体为“包容块”，“工具”选择体为“飞轮零件”，单击“确定”，此时包容块内部有与飞轮零件轮廓和尺寸一致的型腔，如图 4-14 所示。使用“移除参数”功能将飞轮零件的包容块参数移除。

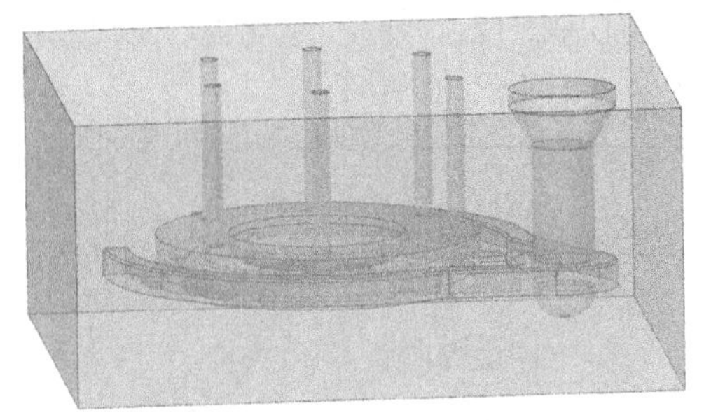

图 4-14　包容块内飞轮的型腔

（2）单击工具栏中的“拆分体”按钮，弹出对话框，“目标”选择“包容块”，“工具”—“工具选项”选择“新建平面”，鼠标选择飞轮的底平面，以该面为基准将飞轮的包容块分为两部分，单击“确定”即可，如图 4-15 所示。

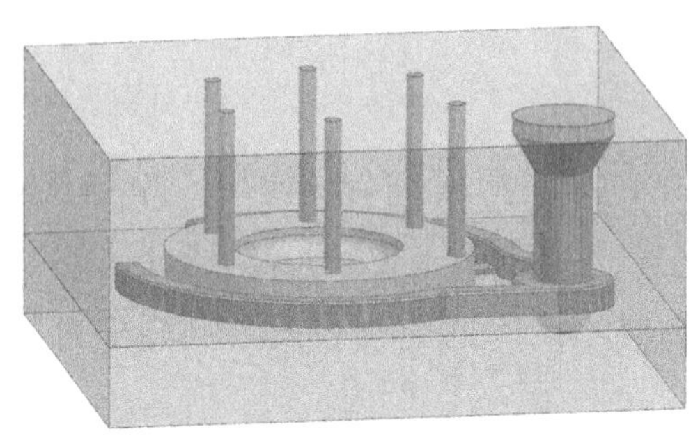

图 4-15　拆分飞轮的包容块

（3）将包容块参数移除，分别隐藏两个包容块和飞轮零件，检查内部型腔是否有问题，飞轮零件的分型设计即完成，如图 4-16 所示。

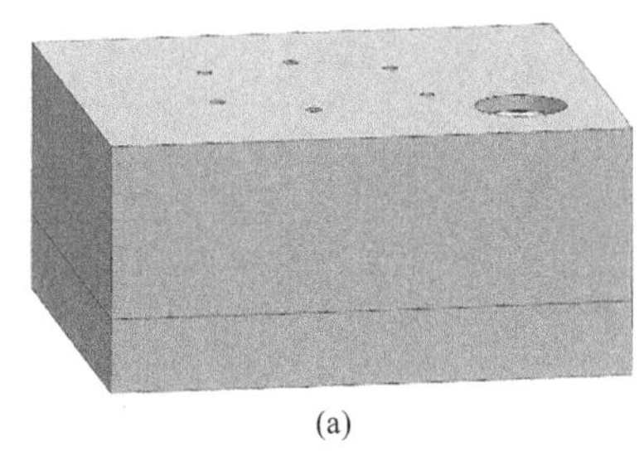

(a)

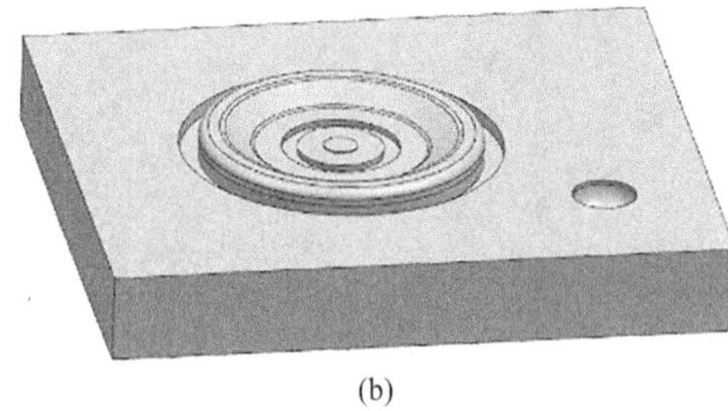

(b)

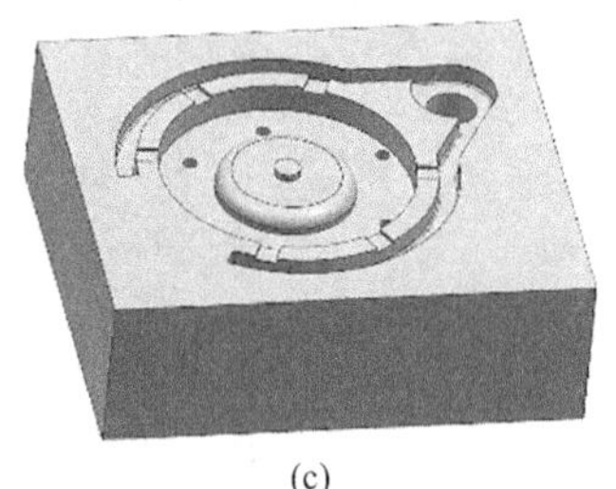

(c)

图 4-16　飞轮的上、下模

4. 定位设计

（1）以下模的分型面为基准绘制草图，在分型面四个角的适当位置绘制三直径为“50mm”的圆；使用“拉伸”功能将四个圆拉伸为圆柱体，高度为“40mm”，如图 4-17（a）所示。

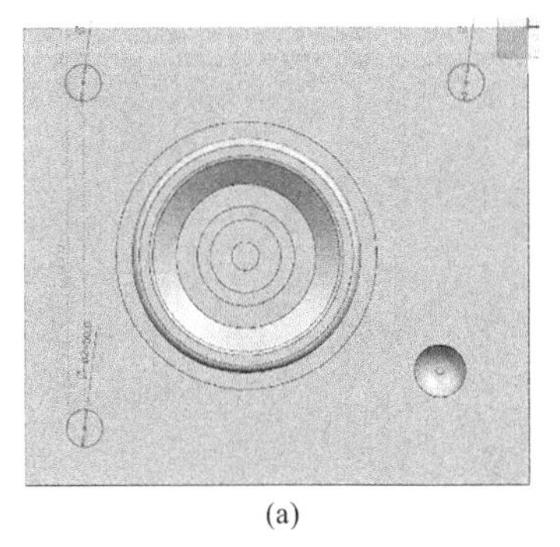
(a)

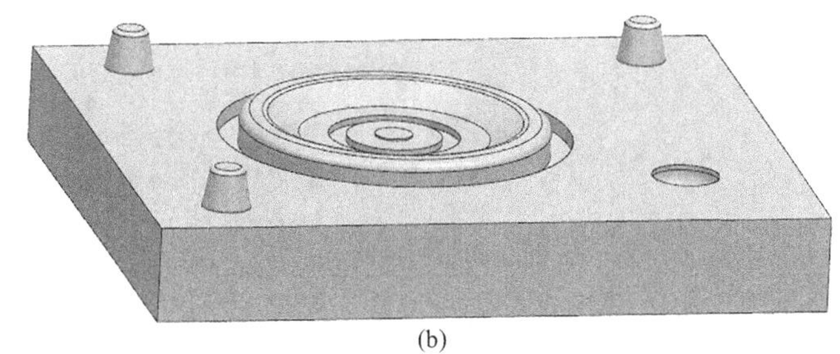
(b)

图 4-17　飞轮下模的定位设计

（2）使用“拔模”功能对三个圆柱体进行拔模，拔模角度为“10°”，它们具有模具的定位功能；定位圆锥体的顶面边倒圆半径为“5mm”，将圆锥体和零件合并，如图 4-17（b）所示。

（3）使用“减去”功能，“目标”选择体为上模，“工具”选择体为下模，将上模做出与下模定位圆锥体一致的定位圆锥孔，圆锥孔边倒圆半径为“5mm”；将上、下模参数移除，飞轮零件的分型定位设计即完成，保存零件，如图 4-18 所示。

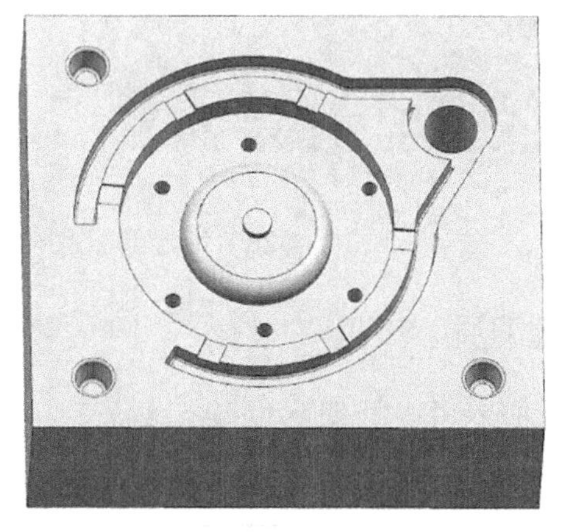
图 4-18　飞轮上模的定位设计

5. 导出部件

将飞轮的上、下模分别导出为单独的部件，自行命名和保存文件。

三、飞轮上模的数控编程加工

1. 创建几何体

在 UG 12.0 软件中打开导出的飞轮上模文件，单击主菜单的“应用模块”—“加工”进入加工环境。

（1）指定部件几何体和毛坯　单击“创建几何体”—“workpiece”按钮，弹出对话框，指定部件和毛坯，注意包容块毛坯在“X Y”处输入“30”，如图 4-19 所示。

图 4-19　指定部件几何体和毛坯（飞轮上模）

（2）创建加工坐标系　飞轮上模的上、下两面都要加工，因此在上模同一侧平面的两对角处创建两个坐标系，命名为“MCS-1”和“MCS-2”，如图 4-20 所示。

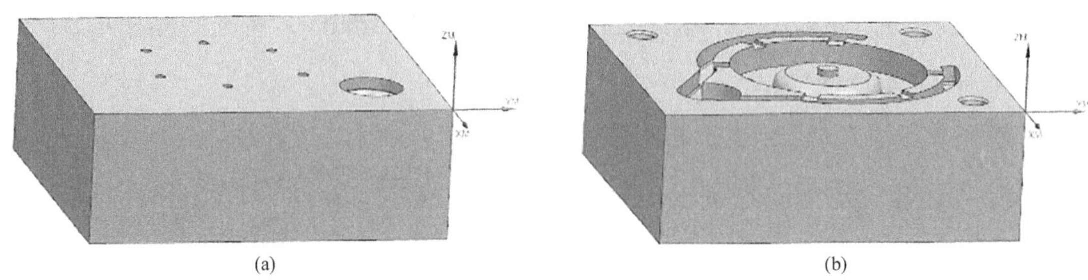

(a)　(b)

图 4-20　创建坐标系 MCS-1 和 MCS-2（飞轮上模）

2. 创建刀具

按照表 4-1 的要求创建刀具。

表4-1　创建刀具（飞轮上模）

序号	名称	直径 /mm	长度 /mm
1	立铣刀 D16	$\phi16$	200
2	球头铣刀 D8	$\phi8$	200

3. 创建程序组

根据加工的需求创建两个程序组，命名为“飞轮上模加工程序 1”和“飞轮上模加工程序 2”。

4. 创建程序

（1）粗铣飞轮上模的外轮廓和型腔　创建型腔铣工序，工序参数参照表 4-2 进行修改。

表4-2　工序参数设置（粗铣飞轮上模的外轮廓和型腔）

序号	名称	参数内容
1	程序	飞轮上模加工程序 1
2	刀具	立铣刀 D16
3	几何体	MCS-1
4	方法	MILL_ROUGH
5	切削模式	跟随周边
6	最大距离	3mm
7	切削层	“范围定义”—“选择对象”，翻转零件，选择型腔的圆形平面，其余参数默认
8	切削参数	“余量”—“部件侧面余量”输入“0” “部件底面余量”输入“0”
9	非切削移动参数	“进刀”—“封闭区域”—“进刀类型”选择为“无” “开放区域”—“进刀类型”选择为“与封闭区域相同”，其余参数默认
10	生成的刀路	

（2）精铣飞轮上模的型腔　创建深度轮廓铣工序，工序参数参照表 4-3 进行修改。

表4-3　工序参数设置（精铣飞轮上模的型腔）

序号	名称	参数内容
1	程序	飞轮上模加工程序 1
2	刀具	球头铣刀 D8
3	几何体	MCS-1

序号	名称	参数内容
4	方法	MILL_FINISH
5	指定切削区域	选择上步工序中粗铣过的内型腔面
6	最大距离	1mm
7	切削层	参数默认即可
8	切削参数	“连接”—勾选“层间切削”—“残余高度”
9	非切削移动参数	“进刀”—“封闭区域”—“进刀类型”选择为“无” “开放区域”—“进刀类型”选择为“与封闭区域相同”，其余参数默认
10	生成的刀路	

（3）翻面装夹，粗铣飞轮上模的外轮廓和型腔　创建型腔铣工序，工序参数参照表4-4进行修改。

表4-4　工序参数设置（翻面装夹，粗铣飞轮上模的外轮廓和型腔）

序号	名称	参数内容
1	程序	飞轮上模加工程序2
2	刀具	立铣刀D16
3	几何体	MCS-2

续表

序号	名称	参数内容
4	方法	MILL_ROUGH
5	切削模式	跟随周边
6	最大距离	3mm
7	切削层	“范围定义”—“选择对象”选择内型腔的圆形底面，其余参数默认 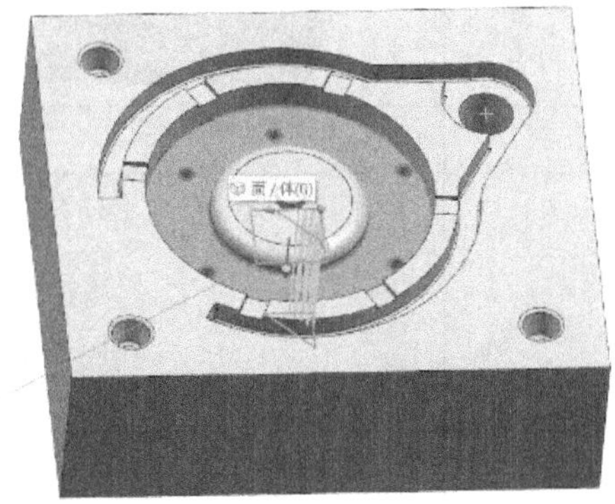
8	切削参数	“余量”—“部件侧面余量”输入“1” “部件底面余量”输入“0”
9	非切削移动参数	“进刀”—“封闭区域”—“进刀类型”选择为“无” “开放区域”—“进刀类型”选择为“与封闭区域相同”，其余参数默认
10	生成的刀路	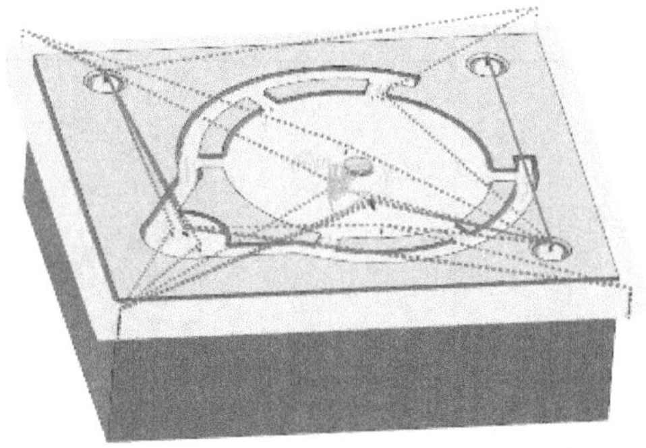

（4）精铣飞轮上模的外轮廓和型腔　创建深度轮廓铣工序，工序参数参照表4-5进行修改。

表4-5　工序参数设置（精铣飞轮上模的外轮廓和型腔）

序号	名称	参数内容
1	程序	飞轮上模加工程序2
2	刀具	球头铣刀D8
3	几何体	MCS-2
4	方法	MILL_FINISH

序号	名称	参数内容
5	指定切削区域	选择上模的外轮廓和内型腔面
6	最大距离	1mm
7	切削层	“范围定义”—“选择对象”选择内型腔的圆形底面，其余参数默认
8	切削参数	“连接”—勾选“层间切削”—“残余高度”
9	非切削移动参数	“进刀”—“封闭区域”—“进刀类型”选择为“无” “开放区域”—“进刀类型”选择为“与封闭区域相同”，其余参数默认
10	生成的刀路	

四、飞轮下模的数控编程加工

1. 创建几何体

在 UG 12.0 软件中打开导出的飞轮下模文件，单击主菜单的“应用模块”—“加工”进入加工环境。

（1）指定部件几何体和毛坯　单击“创建几何体”—“workpiece”按钮，弹出对话框，指定部件和毛坯，如图 4-21 所示。

（2）创建加工坐标系　在飞轮下模上表面的某角处创建坐标系，命名为“MCS-1”，如图 4-22 所示。

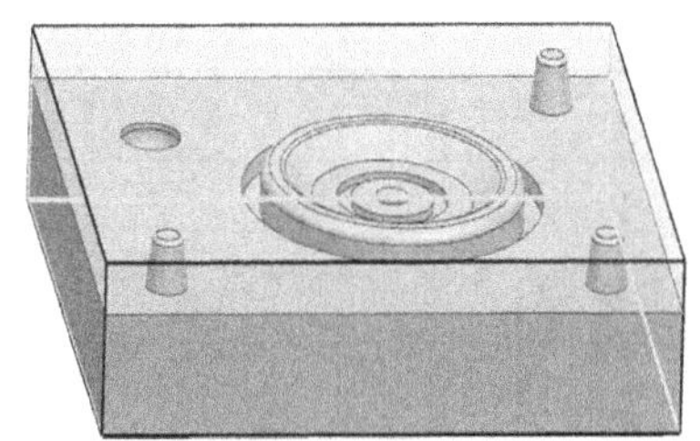

图 4-21　设置毛坯（飞轮下模）

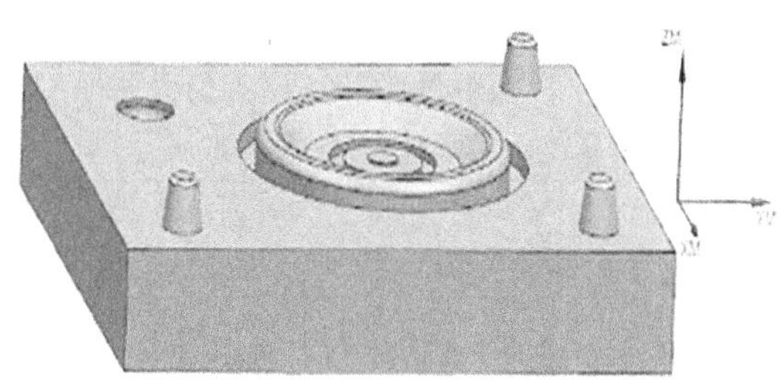

图 4-22　创建坐标系（飞轮下模）

2. 创建刀具

按照表 4-6 的要求创建刀具。

表4-6　创建刀具（飞轮下模）

序号	名称	直径 /mm	长度 /mm
1	立铣刀 D16	$\phi16$	200
2	球头铣刀 D8	$\phi8$	200

3. 创建程序组

根据加工的需求创建程序组，命名为“飞轮下模加工程序”。

4. 创建程序

（1）粗铣飞轮下模的型腔　创建型腔铣工序，工序参数参照表 4-7 进行修改。

表4-7　工序参数设置（粗铣飞轮下模的型腔）

序号	名称	参数内容
1	程序	飞轮下模加工程序
2	刀具	立铣刀 D16
3	几何体	MCS-1

续表

序号	名称	参数内容
4	方法	MILL_ROUGH
5	切削模式	跟随周边
6	最大距离	3mm
7	切削层	参数默认即可
8	切削参数	“余量”—“部件侧面余量”输入“1” “部件底面余量”输入“0”
9	非切削移动参数	“进刀”—“封闭区域”—“进刀类型”选择为“无” “开放区域”—“进刀类型”选择为“与封闭区域相同”，其余参数默认
10	生成的刀路	

（2）精铣飞轮下模的型腔　创建深度轮廓铣工序，工序的参数参照表4-8进行修改。

表4-8　工序参数的设置（精铣飞轮下模的型腔）

序号	名称	参数内容
1	程序	飞轮下模加工程序
2	刀具	球头铣刀 D8
3	几何体	MCS-1
4	方法	MILL_FINISH
5	指定切削区域	选择下模的型腔面
6	最大距离	1mm
7	切削层	参数默认

续表

序号	名称	参数内容
8	切削参数	“连接”—勾选“层间切削”—“残余高度”
9	非切削移动参数	“进刀”—“封闭区域”—“进刀类型”选择为“无” “开放区域”—“进刀类型”选择为“与封闭区域相同”，其余参数默认
10	生成的刀路	

五、飞轮零件工序卡

飞轮零件上、下模工序卡见表 4-9、表 4-10。

表4-9　飞轮零件上模工序卡

无模车间加工工序卡					
项目名称	05-飞轮	零件名称	上 模	设备编号	
编程人员		程序校对		操作人员	
程序列表					
程序名称	刀具名称	刀具长度 /mm	加工时间 /h	备注	
正面边框	D16	200	3	磁力座加垫块	
正面浇注孔	D16	200	1	磁力座加垫块	
浇注孔精加工	B8	150	0.5	磁力座加垫块	
反面边框	D16	200	0.5	磁力座加垫块	
反面开粗	D16	200	2	磁力座加垫块	
反面精加工	B8	150	3	磁力座加垫块	

表4-10 飞轮零件下模工序卡

无模车间加工工序卡					
项目名称	05-飞轮	零件名称	下模	设备编号	
编程人员		程序校对		操作人员	
程序列表					
程序名称	刀具名称	刀具长度 /mm	加工时间 /h	备 注	
正面开粗	D16	200	1	磁力座加垫块	
正面精加工	B8	150	1.5	磁力座加垫块	
反面开粗	D16	200	2	磁力座加垫块	
反面二次开粗	D16	200	0.5	磁力座加垫块	
反面精加工	B8	150	1	磁力座加垫块	

六、飞轮零件加工过程

飞轮零件加工过程见表 4-11。

表4-11 飞轮零件加工过程

步骤	加工内容	加工图示	加工说明
1	正面铣平 上模粗铣		1. 加工准备，将刀具移动到加工起点，设置好 X、Y、Z 起点 2. 将刀具移动到砂型对角线外侧 3. 设置刀具的直径 D16，略小于内轮廓的直径 4. 设置 X、Y 长度，设定切削高度 6mm，进刀量 3mm 5. 启动主轴，开始铣平加工 6. 铣平后进行粗加工

步骤	加工内容	加工图示	加工说明
2	粗铣上模	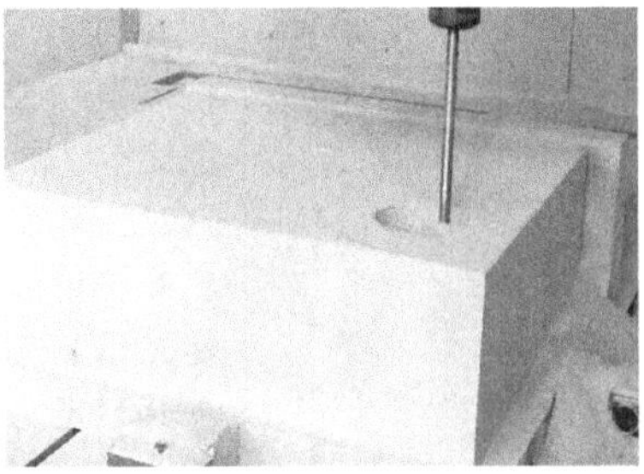	1. 编程时应根据刀具长度确定切削深度，不能超出刀具长度，粗铣要留有余量，一般为 0.5 ～ 1mm 2. 加载第一个程序，启动主轴，设置加工速度，执行程序，开始粗铣上模型腔
3	铣削上模及浇注孔		1. 零件加工时分上、下面，先加工面内容少、孔少、加工深度浅，主要加工放在反面，避免一面尺寸加工过大造成空腔再加工时塌陷 2. 进刀量要小，一般为 0.5 ～ 1mm 3. 保证加工区域在砂坯内，机床工作坐标与编程工作坐标对应
4	精铣浇注孔	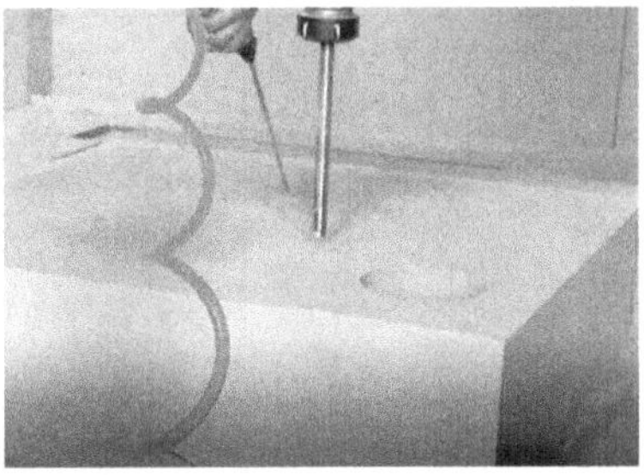	1. 更换精加工刀 B8，精加工刀重新定位 Z 点，将刀具移回起点 2. 打开精加工程序，设置加工速度，执行程序，开始加工 3. 铣削孔时要经常吹屑，避免因砂屑无法排出致使小直径刀具折断，而大直径刀具则会带着工件移动，致使工件偏离加工位置
5	百分表 找正砂坯	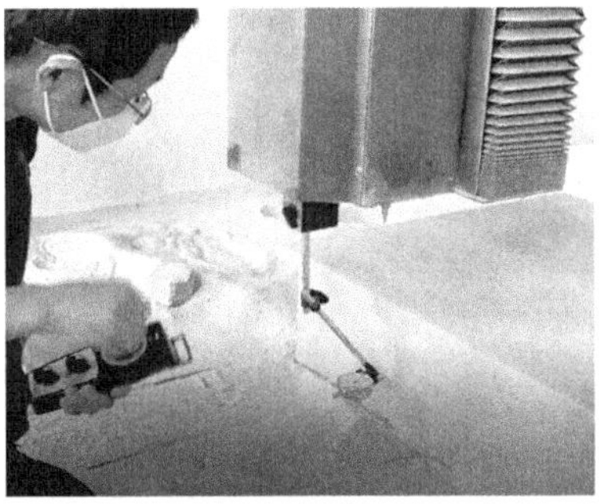	1. 加工完成后翻转砂型 2. 翻转砂型后对刀找正，将百分表固定在主轴上，百分表指针靠近已加工平面 3. 用皮锤敲击砂型使百分表指针保持在 0.05 ～ 0.1mm 以内 4. 使用磁力座将砂型固定，进行反面对刀，对刀时有轻微摩擦感即可，设置好 X、Y 起点
6	反面铣平 确定最终高度	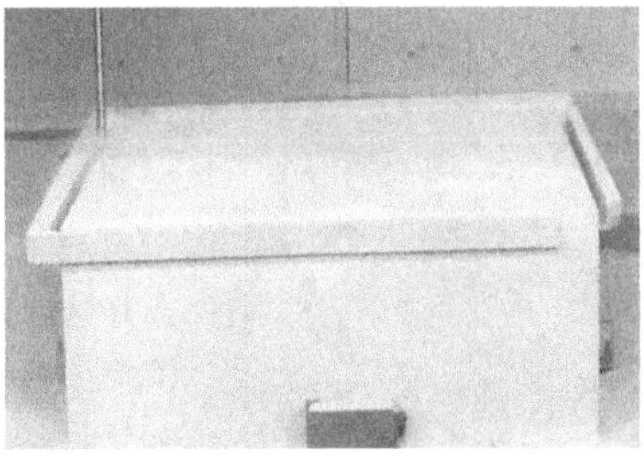	1. 正面加工完成后对砂型尺寸进行测量，确认无误即可翻转砂型 2. 将砂型翻转 180°，找正，对刀 3. 先铣削平面，铣平后测量高度，将测量高度与实际高度相减得出第二次铣平的高度；输入残余高度和进刀量（2 ～ 3mm），进行第二次铣平

步骤	加工内容	加工图示	加工说明
7	粗铣上模型腔		1. 对刀。百分表固定在主轴上，指针靠近已加工表面，通过敲击砂型使指针保持在 1 ～ 5mm 2. 找平后用磁力座将砂型固定 3. 使用百分表进行反面对刀，设定 *X* 和 *Y* 长度，设置 *Z* 起点 4. 设定切削速度、铣平参数，启动主轴，开始反面粗铣
8	精铣上模型腔		1. 换刀，重新设置起点，打开精加工程序，设置切削置速度，执行加工程序 2. 找平砂坯，用刀具依次确定 *X*、*Y*、*Z* 面，保证正反两面加工相对应 3. 完成上模型腔精加工
9	铣平 粗铣下模型腔		1. 新毛坯正面铣平，对刀，设置 *X*、*Y*、*Z* 起点，将刀具移动到砂型对角线外侧 2. 设置刀具直径略小于实际直径，设置速度及进刀量 3. 进入加工界面，打开粗加工程序，启动主轴，设定速度，开始加工 4. 下模型腔粗铣
10	粗铣下模型腔		1. 完成下模粗加工 2. 刀具回到起点，换刀（B8），对刀设置起点，将刀具移动原位 3. 进入加工界面，打开粗加工程序，启动主轴，设定速度，开始粗铣下模型腔
11	精铣下模型腔		1. 刀具回到起点，换刀（B8）并完成对刀 2. 进入加工界面，打开精加工程序，启动主轴，设定速度，执行程序，开始精加工 3. 完成下模型腔精加工

任务评价

任务评价见表4-12。

表4-12 任务评价表

检测项目	检测内容	评价标准	配分	综合评分
任务实施完成情况评价	飞轮零件浇注系统的设计	设计合理15分 设计基本合理9分 设计不合理0分	15	
	飞轮零件分型定位设计	分型定位设计合理15分 分型定位设计基本合理9分 分型定位设计不合理0分	15	
	飞轮零件上模的数控编程	加工刀路和参数合理10分 编程加工刀路和参数基本合理6分 编程加工刀路和参数不合理0分	10	
	飞轮零件下模的数控编程	加工刀路和参数合理10分 编程加工刀路和参数基本合理6分 编程加工刀路和参数不合理0分	10	
	飞轮零件上模、下模砂型的加工	正确熟练操作设备完成加工20分 操作设备正确，不熟练12分 操作设备不正确0分	20	
	飞轮零件模具的精度检测	正确熟练操作设备完成检测10分 操作设备正确，不熟练6分 操作设备不正确0分	10	
职业素养	1. 遵守实训车间纪律，不迟到早退，按要求穿戴实训服、护目镜和帽子	每违反一次扣2分	5	
	2. 正确操作实训的机床设备，自觉遵守操作要求和规范，安全实训，使用后做好设备的日常清洁和保养	每违反一次扣2分	5	
	3. 正确使用工、量、刀具，各类物品合理摆放，保持实训工位的整洁有序	每违反一次扣1分	5	
	4. 具备团结、合作、互助的精神，能按照要求完成学习任务	根据学习中的表现合理评价打分	5	
总评			100	

任务二

加工涡轮壳零件

任务布置

涡轮壳是某发动机设备的重要组装零件，如图 4-23 所示。涡轮壳内、外轮廓较为复杂，加工要保证零件的尺寸和表面质量精度难度较大。本任务要求对涡轮壳零件的外模和砂芯进行浇注系统和分型定位设计（设计要保证定位的合理性），对外模的上、中、下模进行数控编程加工，完成涡轮壳外模和砂芯加工、检测及任务评价。

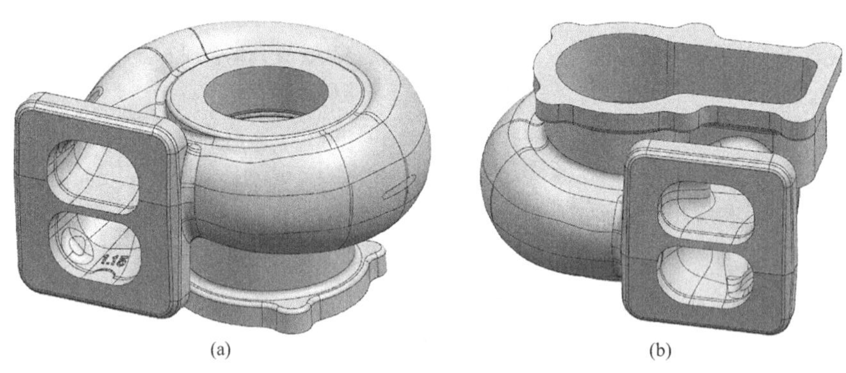

(a) (b)

图 4-23　涡轮壳零件

任务目标

1. 理解涡轮壳外模模具和砂芯的作用。
2. 掌握涡轮壳外模模具和砂芯分割的原理与方法。
3. 理解涡轮壳外模模具和砂芯分型定位设计的原理。
4. 掌握涡轮壳浇注系统设计的原理。
5. 能合理地对涡轮壳外模和砂芯进行定位设计，保证定位的精度。
6. 能使用 UG 软件完成涡轮壳外模模具和砂芯的分型定位设计。
7. 能合理制定涡轮壳上、中、下模的加工工艺。

8. 能使用 UG 软件完成涡轮壳上、中、下模的数控编程加工操作。

9. 能独立完成涡轮壳零件的加工。

10. 能独立完成涡轮壳零件的检测和任务评价。

任务分析

首先根据涡轮壳零件和浇注系统的特点进行模具的分型、定位设计，然后对其上、中、下模进行数控编程加工，合理优化加工的刀路，最后操作无模成形加工设备完成涡轮壳零件外模砂型的加工，并对零件进行检测及任务评价。

任务实施

一、涡轮壳零件浇注系统的设计

涡轮壳零件轮廓较为复杂，在设计浇注系统时要考虑外模和砂芯的浇注与排气等因素，需要设置直浇道、横浇道、内浇道、冒口和出气棒等；设置的参数和方法应正确合理，能保证涡轮壳零件浇注的质量。

1. 设置直浇道、横浇道和内浇道

（1）在涡轮壳零件外轮廓直径最大处创建平面绘制草图，使用“偏置曲线”功能将轮廓的曲线向外侧偏置 30mm，偏置数量为 2 个；进行修剪后做好横浇道的草图轮廓，在横浇道轮廓内绘制直浇道的圆形草图，直径不超过横浇道的宽度，如图 4-24 所示。

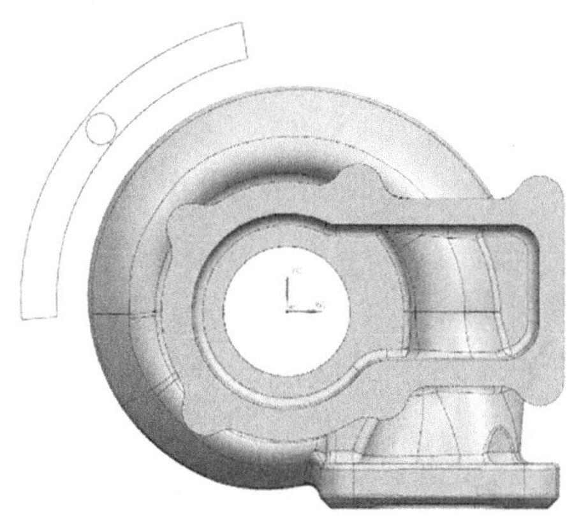

图 4-24　横浇道和直浇道草图

（2）横浇道和直浇道的草图拉伸高度为 15mm 和 160mm，在直浇道的顶部和底部设置浇口杯和浇口窝，合理设置参数，如图 4-25 所示。

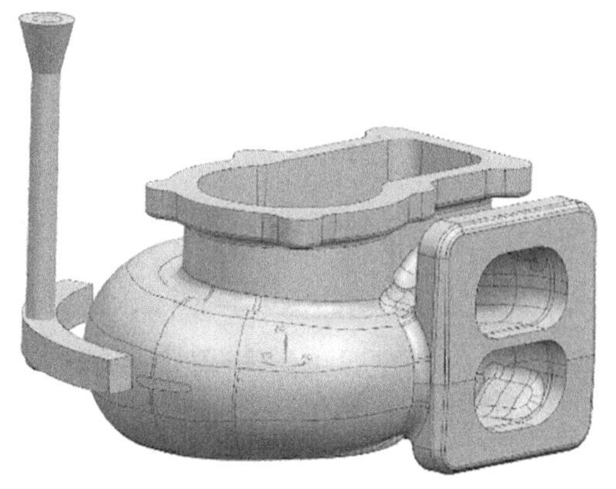

图 4-25　拉伸横浇道和直浇道

（3）在横浇道底部的两端绘制内浇道草图，连接横浇道与涡轮壳零件，合理设置参数，拉伸厚度为 5mm，如图 4-26 所示。

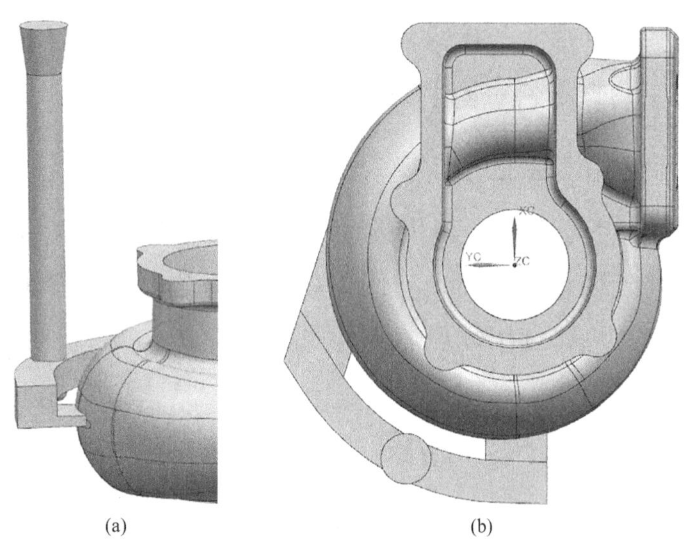

图 4-26　设置涡轮壳零件内浇道

2. 设置冒口

因为涡轮壳零件轮廓复杂，为了保证浇注质量，在壳体孔的端面处设置了冒口。以上步骤壳体轮廓最大的平面为基准创建草图，以圆柱体作为冒口的主体，设置适当的拔模角度，以圆弧形状作为冒口的浇口窝减缓浇注的冲击；设置冒口与涡轮壳零件连接的内浇道，合理设置参数，如图 4-27 所示。

(a) (b)

图 4-27　设置冒口

3. 设置出气棒

（1）为了方便浇注时排出气体，在涡轮壳零件顶面设置 6 个出气棒，直径为 15mm，拉伸高度为 105mm，合理设置参数，如图 4-28 所示。

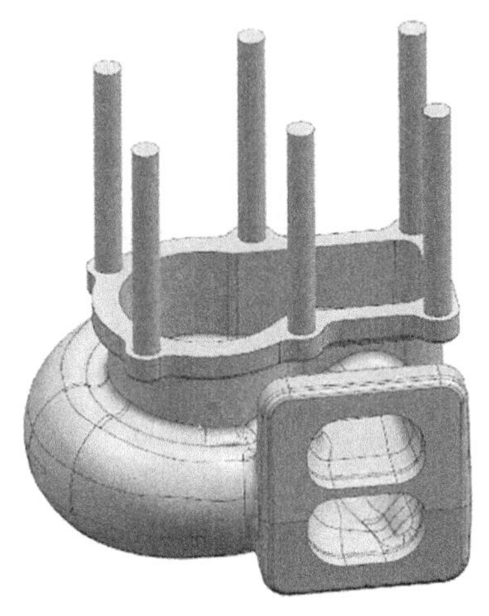

图 4-28　涡轮壳的出气棒

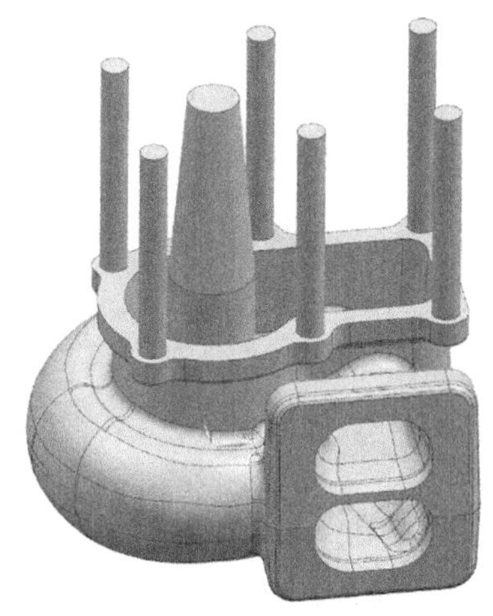

图 4-29　砂芯的出气棒

（2）涡轮壳的砂芯在浇注时为了排气方便要做出气棒。在涡轮壳端面的内部，距离顶面向下 40mm 的位置创建草图，绘制 ϕ40mm 的圆，拉伸高度为 40mm，在拉伸后的顶部再设置一个圆锥体，高度与涡轮壳的出气棒等高即可，如图 4-29 所示。涡轮壳零件的浇注系统如图 4-30 所示。

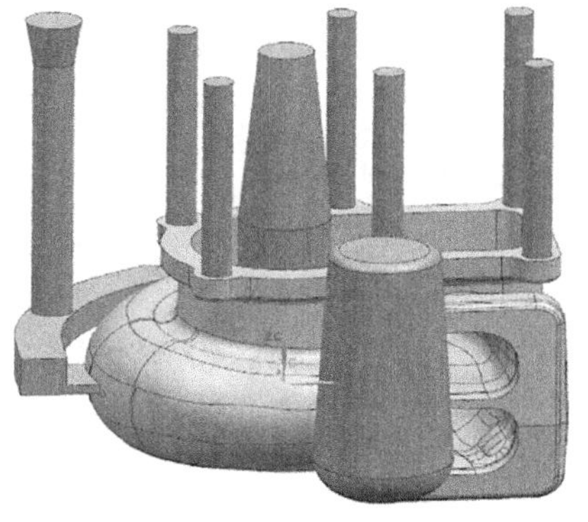

图 4-30　涡轮壳的浇注系统

二、涡轮壳砂芯的分型设计

1. 分割外模和砂芯

（1）打开 UG 12.0 软件，导入涡轮壳零件模型。

（2）使用“注塑模向导”—“包容体”功能设置涡轮壳及浇注系统的包容体，偏置输入“50”，使用“替换面”功能将包容体上表面替换为浇筑系统的上表面，如图 4-31 所示。

（3）使用“减去”功能，“目标”为包容体，“工具”为涡轮壳，进行减去的布尔运算，在包容体内部形成涡轮壳的型腔，如图 4-32 所示。使用“替换面”功能将包容体上表面替换为浇筑系统的上表面。注意在完成每步的操作后均使用“移除参数”功能移除模型的参数。

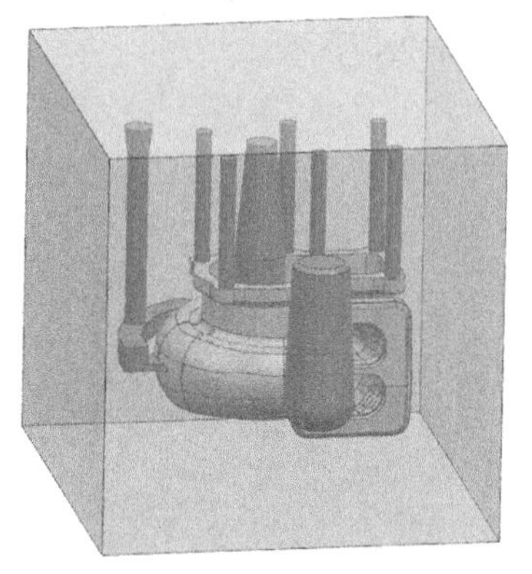

图 4-31　设置涡轮壳包容体

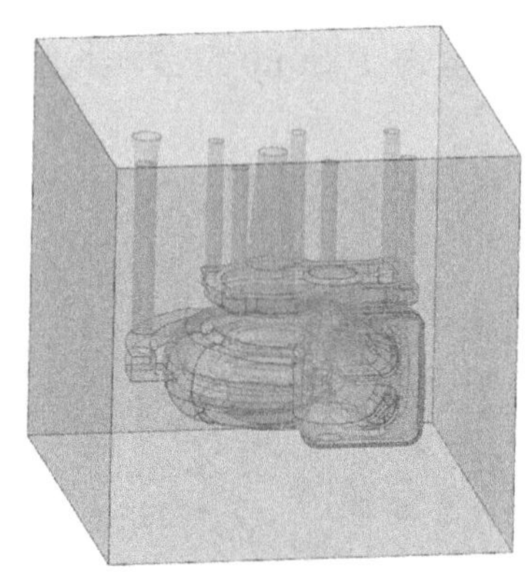

图 4-32　包容体内部的型腔

（4）涡轮壳内部为中空结构，所以壳体内部形成砂芯，外部为壳体的外模，将砂芯和外模分割开，单独对砂芯进行分型设计。使用“基准平面”功能，在涡轮壳的上、下两平面，右侧两个端面处各设置一个平面，以这些平面为基准对砂芯进行分割，如图 4-33 所示。

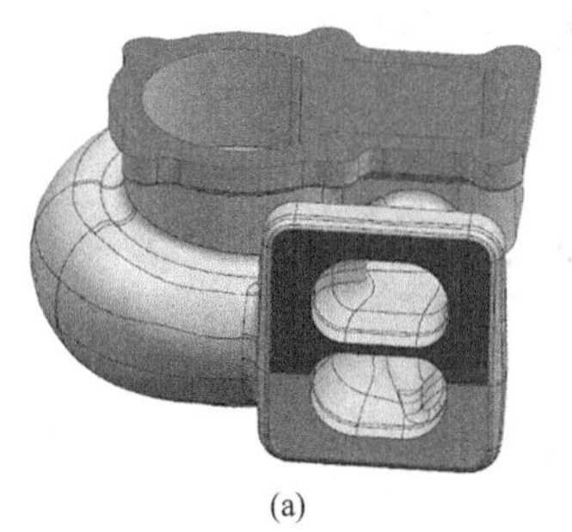

(a)

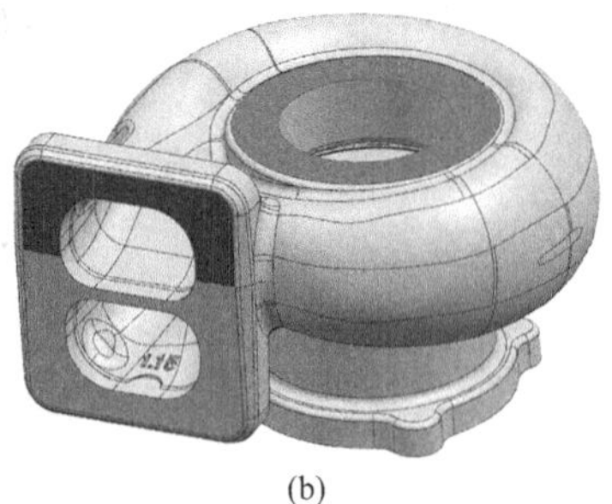

(b)

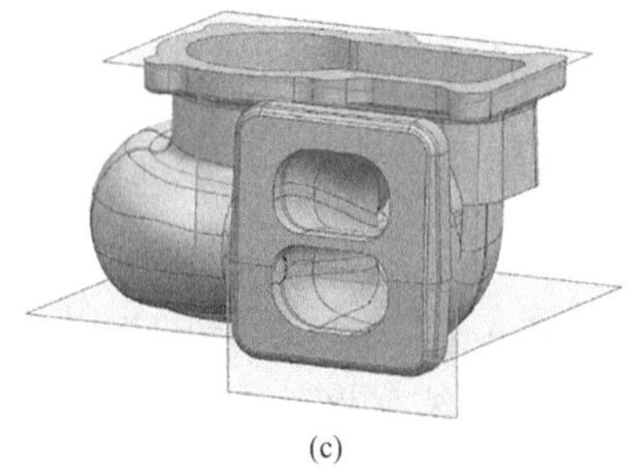

(c)

图 4-33　分割砂芯的平面

（5）按照设定的四个分割的基准平面，使用“拆分体”功能对外模和砂芯进行分割，如图 4-34 所示。

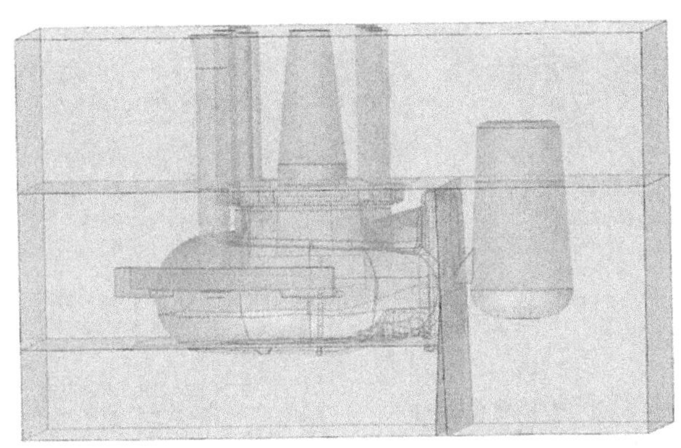

图 4-34　分割外模和砂芯

（6）将涡轮壳、浇注系统和外模隐藏，显示出砂芯，如图 4-35 所示。注意如果砂芯有被分割出去的部位，使用“合并”功能与砂芯再合并为一体。

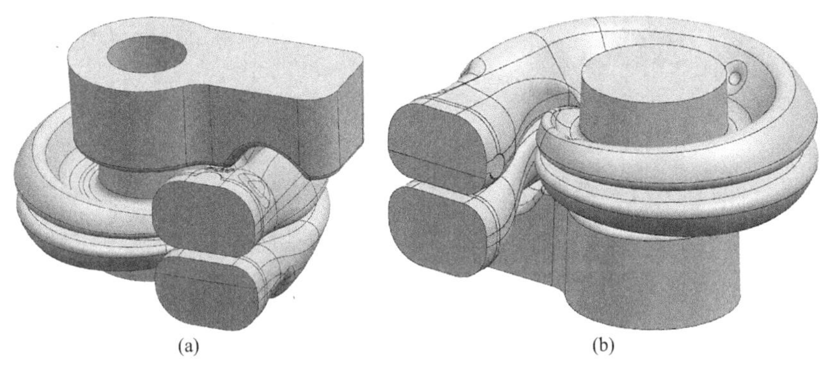

(a)　(b)

图 4-35　砂芯

2. 砂芯的分型设计

（1）砂芯整体轮廓较为复杂不能加工，因此在砂芯的两个位置对其进行分型设计，如图 4-36 所示。第二个分型面位置距离底面的投影距离为 33.0692mm（此数值是测量后得出的，使用对话框中的测量功能更准确）。

（2）使用“拆分体”功能以两个分型面为基准将砂芯拆分为三个实体，有分割错误的地方使用“合并”功能保证每一个实体均是完整的。三个实体分别用三个不同的颜色表示，每一个实体都可以进行加工，如图 4-37 所示。

（3）使用“合并”功能对分割后的外模进行合并，使其为一个实体，得到了独立完整的外模和砂芯，如图 4-38 所示。

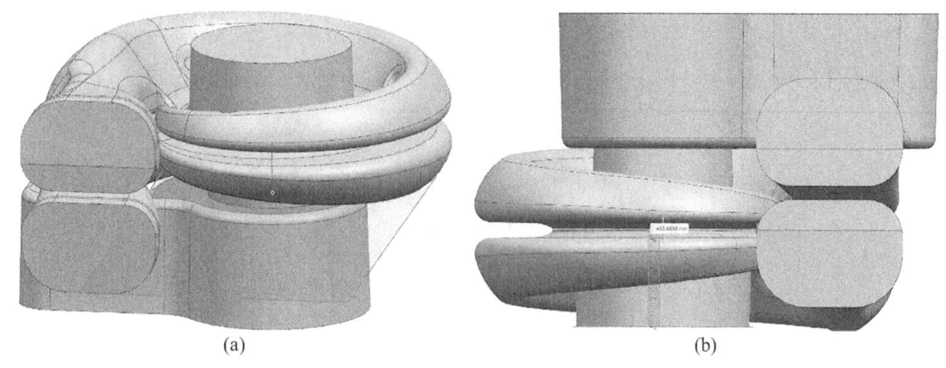
(a) (b)

图 4-36　砂芯的分型面

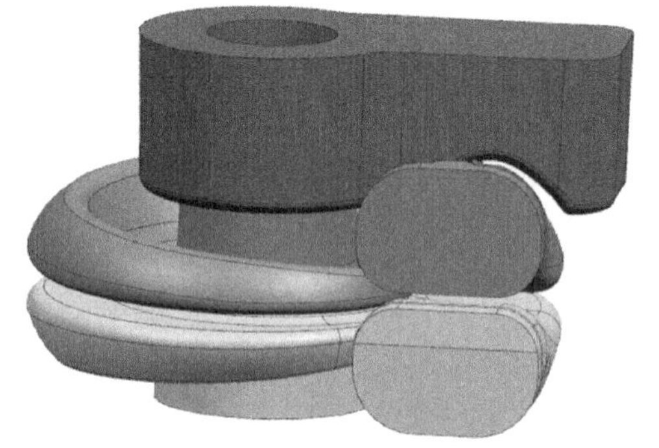
图 4-37　砂型的分型设计

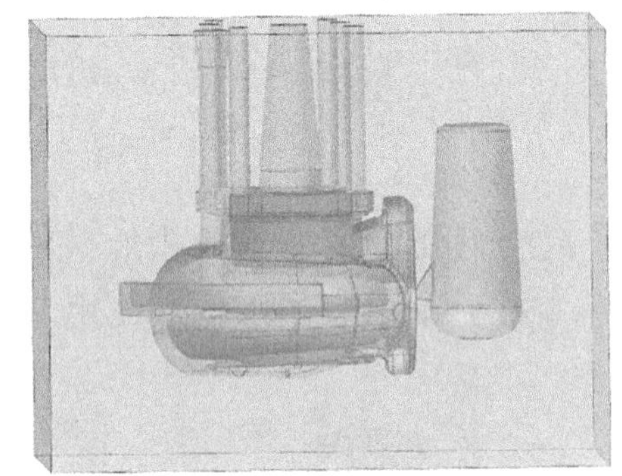
图 4-38　外模和砂芯

三、涡轮壳外模的分型定位设计

1. 设置分型面

（1）使用“拔模分析”功能分析涡轮壳零件的角度，根据零件的特点将第一个分型面设置在浇筑系统位于壳体中间的平面位置，此处接近壳体轮廓的最大外圆处，如图 4-39 所示。

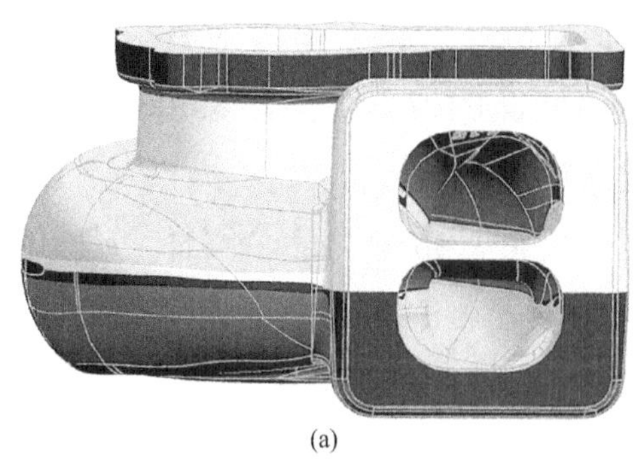
(a)

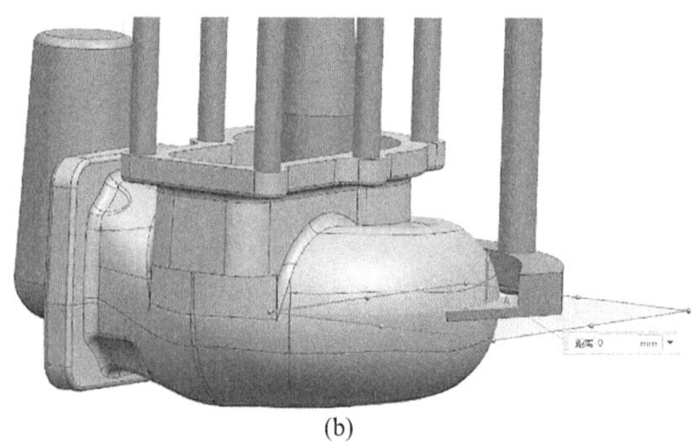
(b)

图 4-39　分型面的位置

（2）使用“拆分体”功能以分型面为基准将外模拆分为上、下模两个实体，如图 4-40 所示。

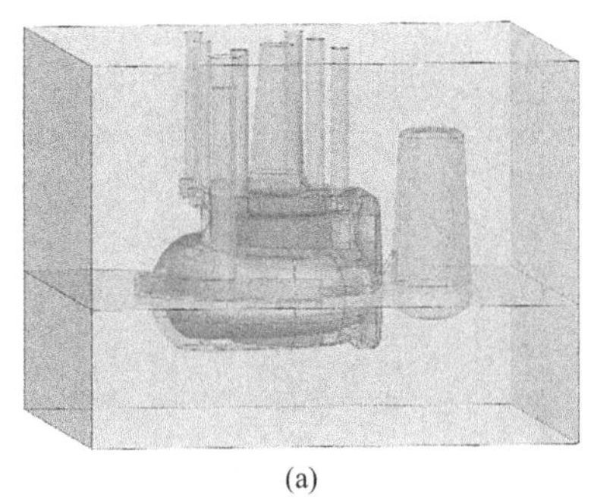
(a)

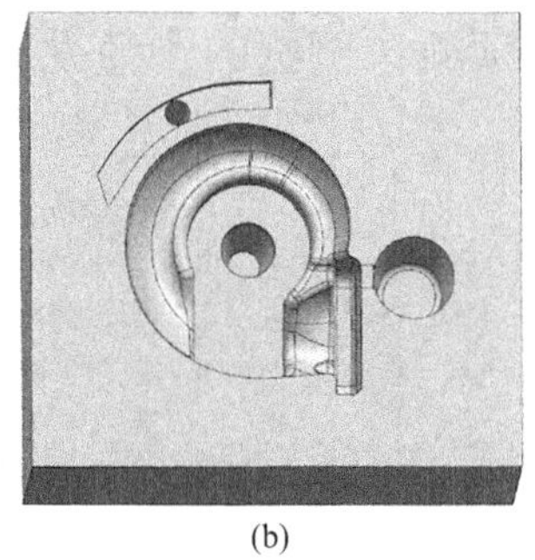
(b)

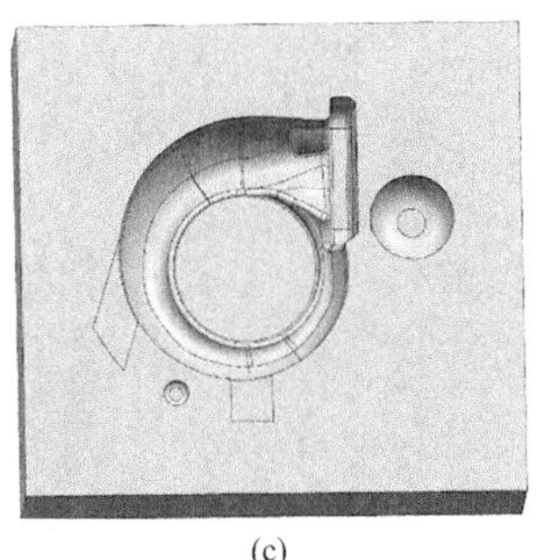
(c)

图 4-40　外模的分型

（3）因为上模内部轮廓复杂，为了方便加工对上模再进行分模。分型面设置在内部圆形平面上，使用“拆分体”功能以该平面为基准将上模拆分为两个实体，如图 4-41 所示。

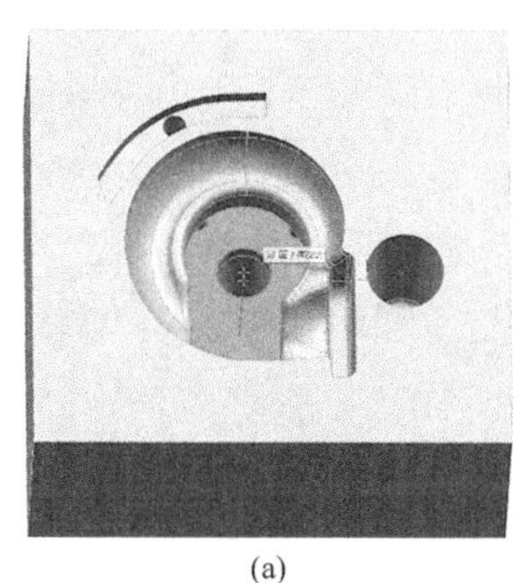
(a)

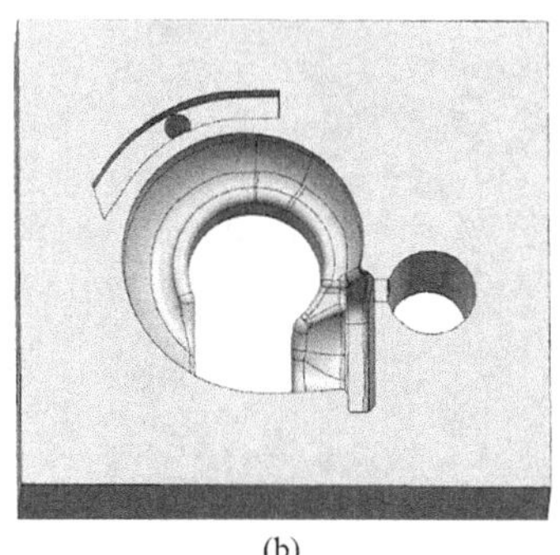
(b)

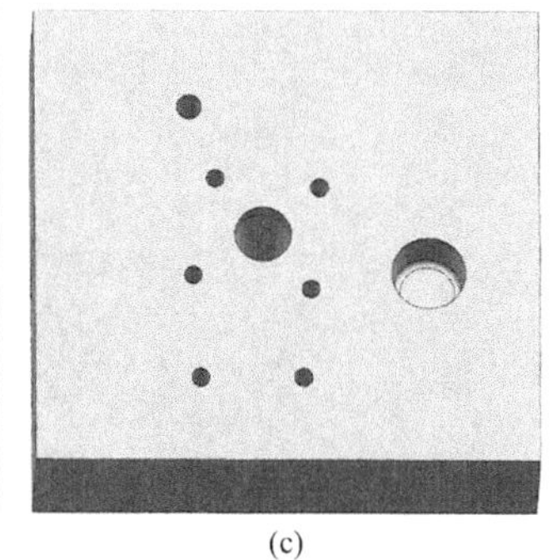
(c)

图 4-41　上模分为两个实体

（4）涡轮壳的外模通过两次分型分为了上、中、下模三个实体，都可以独立进行加工，如图 4-42 所示。

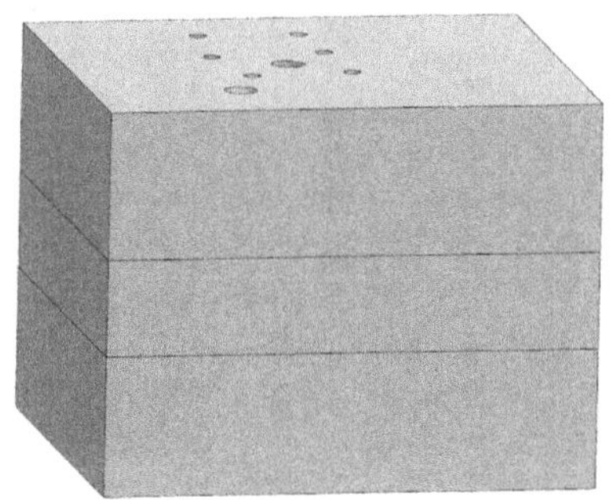

图 4-42　涡轮壳的上、中、下模

2. 定位设计

（1）在下模的分型面处建模做三个圆锥体作为定位圆锥销，要求直径 50mm，高度 40mm，拔模角度为 10°，顶面边倒圆的半径为 5mm，如图 4-43 所示。

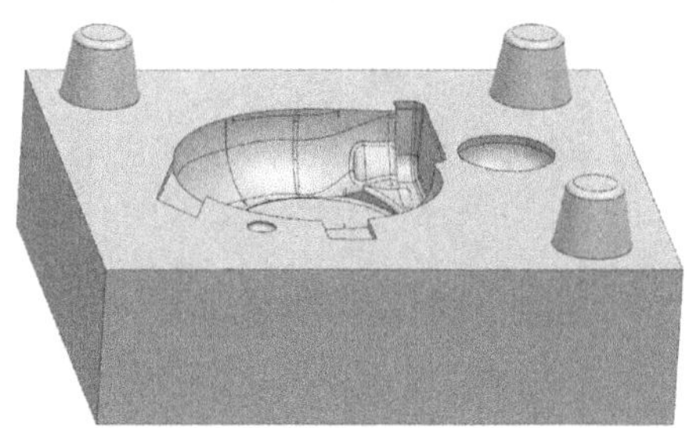

图 4-43　下模的定位销

（2）使用“减去”功能，“目标”为中模，“工具”三个定位圆锥销，中模做好定位圆锥孔，边倒圆的半径为 5mm，如图 4-44 所示。

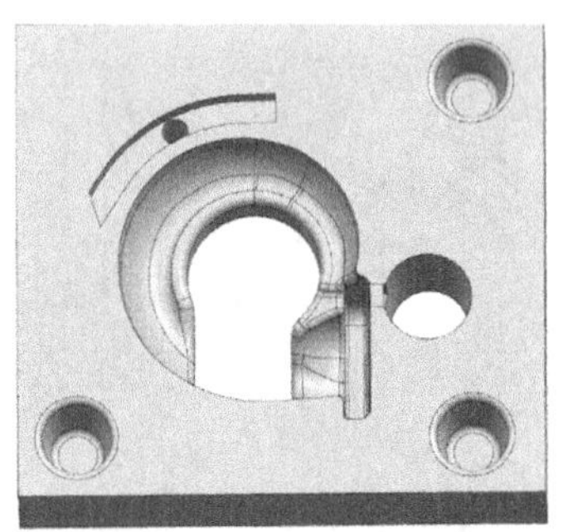

图 4-44　中模的定位锥孔

（3）使用同样的方法，做中模的定位圆锥销和上模的定位圆锥孔，如图 4-45 所示。

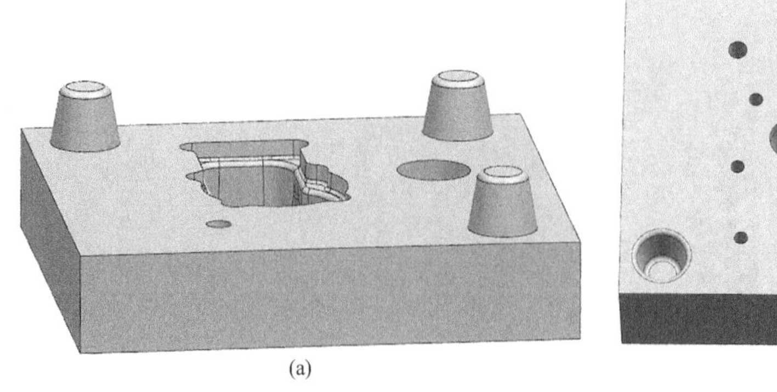

(a)　　(b)

图 4-45　中、上模的定位圆锥销和圆锥孔

（4）将定位圆锥孔适当偏置扩大几毫米，与定位圆锥销为间隙配合，使用“合并”功能将各个模具的定位销与模具合为一体，如图 4-46 所示。

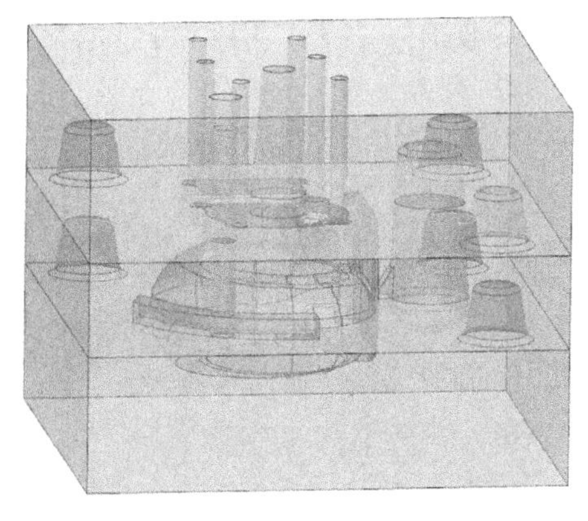

图 4-46　上、中、下模的定位设计

四、涡轮壳砂芯的定位设计

1. 砂芯的定位设计

（1）涡轮壳的模具是依次将外模和砂芯组装在一起使用，所以三个砂芯间要做定位设计。下砂芯与中砂芯采用定位圆锥销和圆锥孔的方法定位，中砂芯与上砂芯采用方形锥销和锥孔的方法定位，合理设计尺寸，如图 4-47 所示。

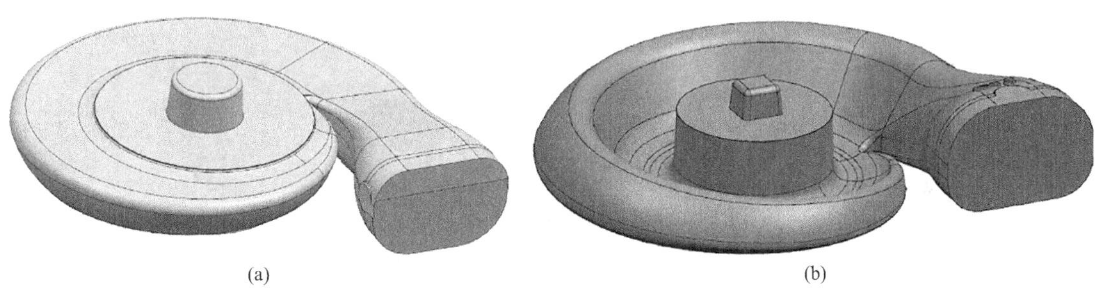

(a) (b)

图 4-47　砂芯的定位设计

（2）为了砂芯和外模定位准确，为砂芯设计出定位的芯头。使用“偏置区域”功能将砂芯的端面偏置 30mm，再将芯头与砂芯拆分开，使用“替换面”功能让两个芯头的面相交，使用“删除面”功能去掉芯头的侧边的倒角，如图 4-48 所示。

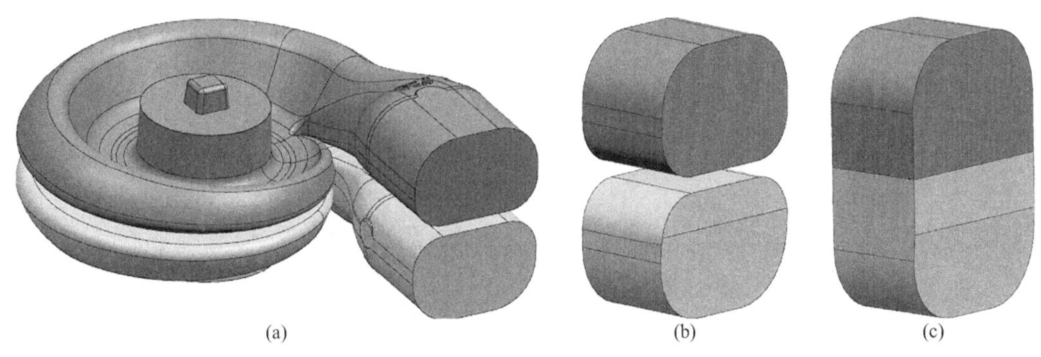

(a) (b) (c)

图 4-48　设置砂芯的芯头

（3）使用“合并”功能将砂芯和芯头合并为一体，如图 4-49 所示。

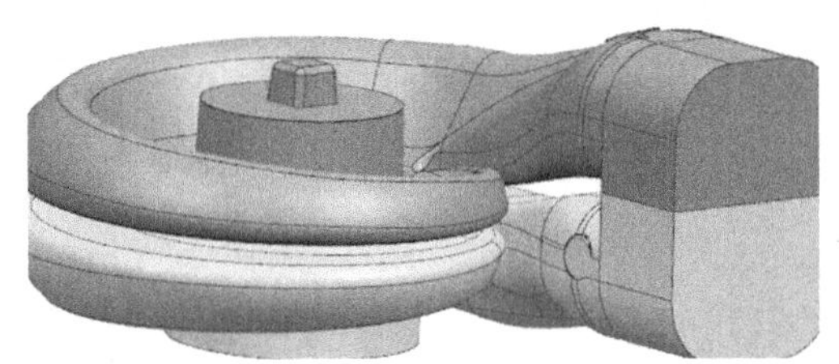

图 4-49　砂芯和芯头

2. 外模和砂芯的定位设计

（1）在外模的下模型腔圆形面上做定位圆锥销，使用“减去”功能做下砂芯的定位圆锥孔，尺寸设置符合要求，如图 4-50 所示。

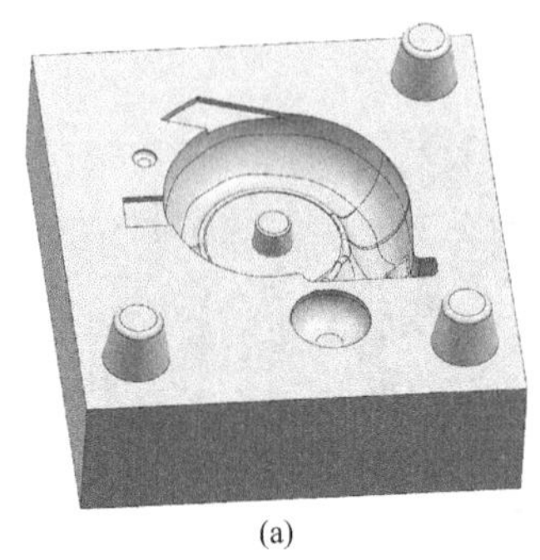

(a)

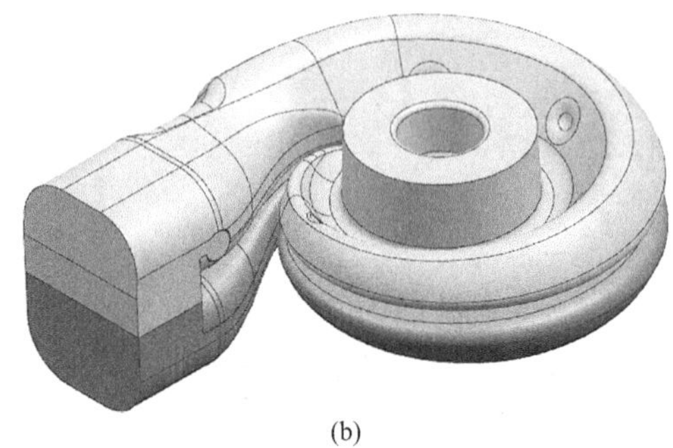

(b)

图 4-50　外模的下模与下砂芯的定位设计

（2）使用“减去”功能，“目标”分别为上、下砂芯，“工具”为暗冒口；再次使用“减去”功能，“目标”为外模的下模，“工具”为下砂芯，这样做好了外模的下模和下砂芯之间限制砂芯旋转的定位设计，如图 4-51 所示。

（3）使用“减去”功能，“目标”为外模的中模，“工具”分别为中砂芯和下砂芯，这样做好了外模的中模和中、下砂芯之间的定位设计，如图 4-52 所示。

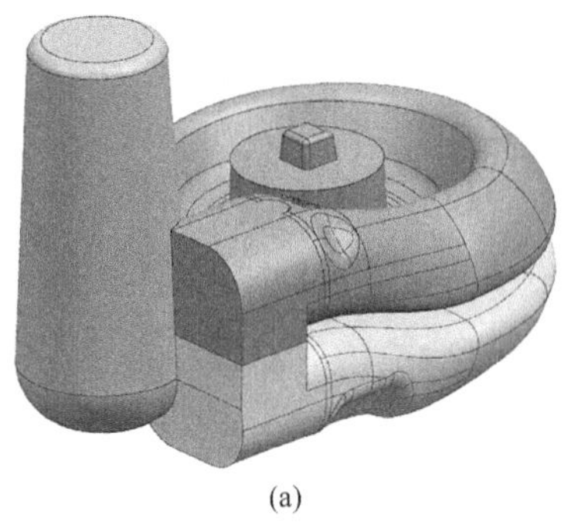

(a)

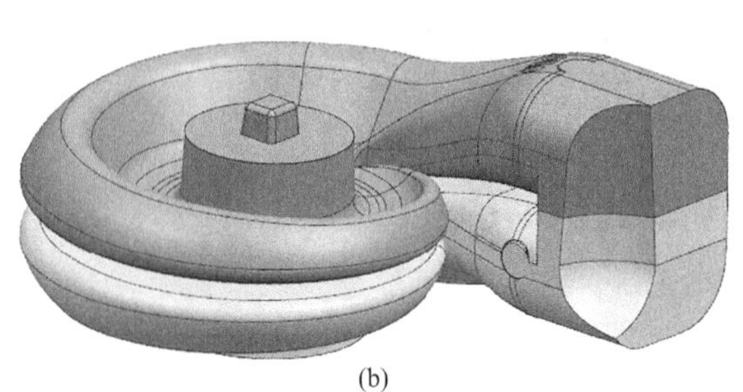

(b)

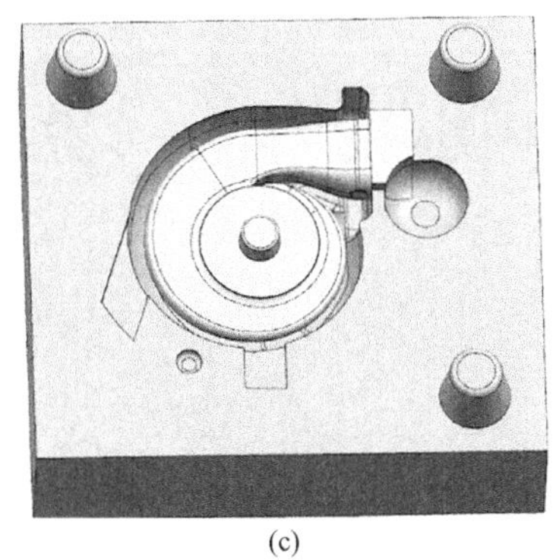

(c)

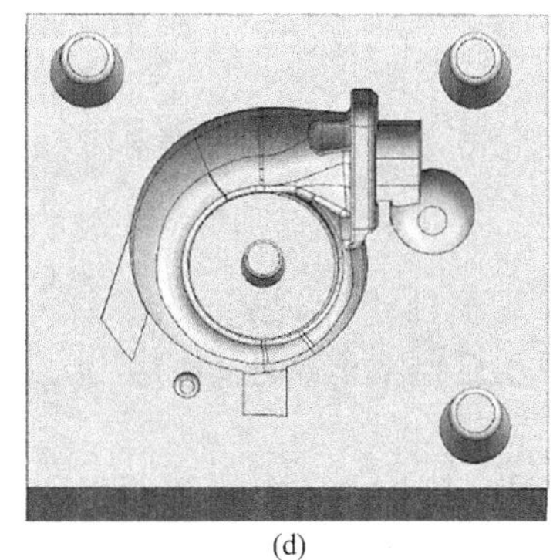

(d)

图 4-51　外模的下模和下砂芯限制旋转的定位设计

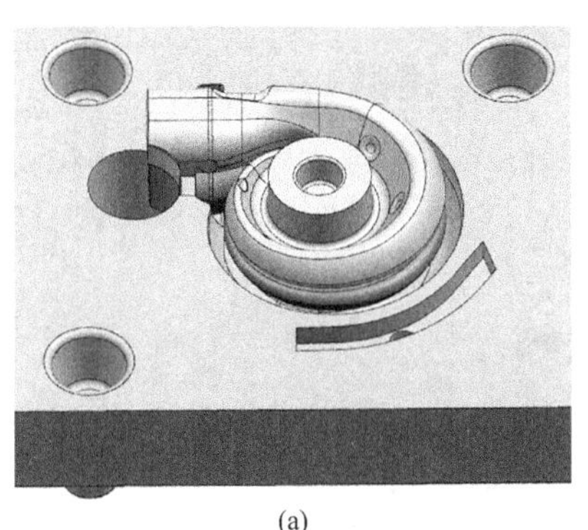

(a)

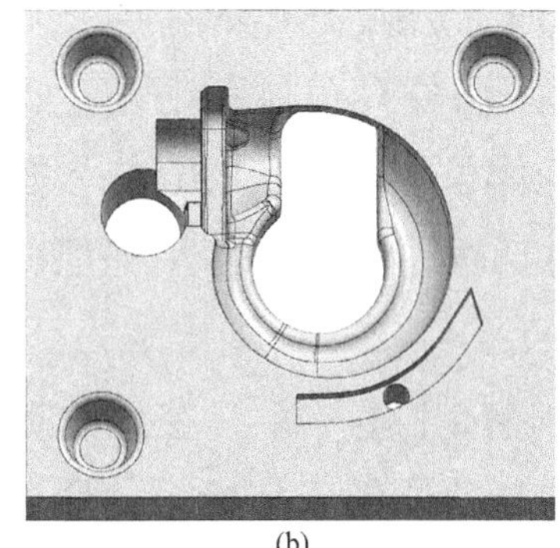

(b)

图 4-52　外模的中模和中、下砂芯的定位设计

（4）对于外模和砂芯的定位设计，除了需要定位的圆锥销，还需要砂芯的芯头一起进行定位，这样可以限制住砂芯的六个自由度，更好地保证外模和砂芯的装配精度，如图 4-53 所示。

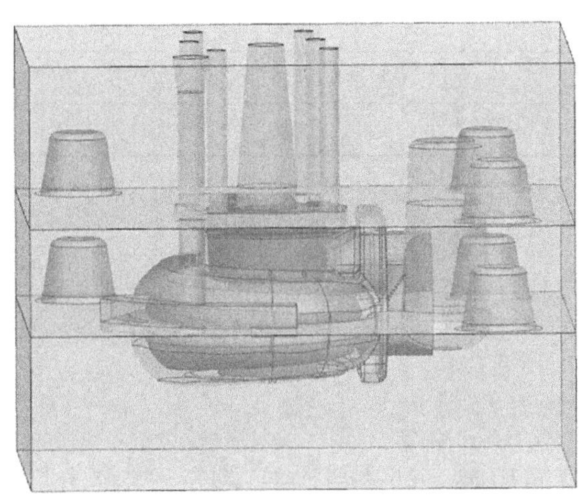

图 4-53　外模和砂芯的分型定位设计

3. 导出部件

将涡轮壳的上、中、下模和砂芯分别导出为单独的部件，自行命名和保存文件。

五、涡轮壳上模的数控编程加工

1. 创建几何体

在 UG 12.0 软件中打开导出的涡轮壳上模文件，单击主菜单的“应用模块”—“加工”进入加工环境。

（1）指定部件几何体和毛坯　单击“创建几何体”—“workpiece”按钮，弹出对话框，指定部件和毛坯，如图 4-54 所示。

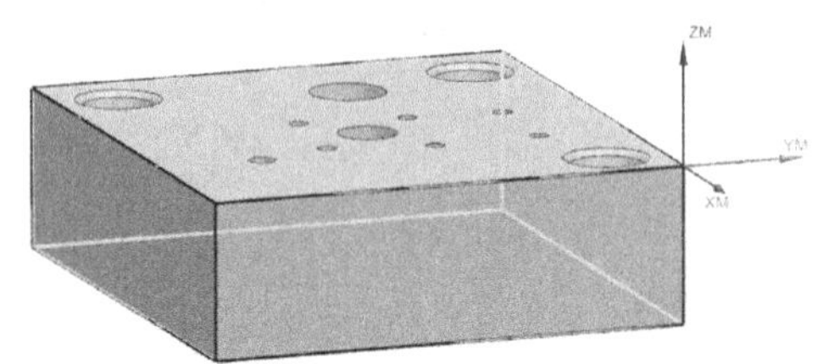

图 4-54　设置毛坯（涡轮壳上模）

（2）创建加工坐标系　在涡轮壳上模分型面的某角处创建坐标系，命名为“MCS-1”，如图 4-55 所示。

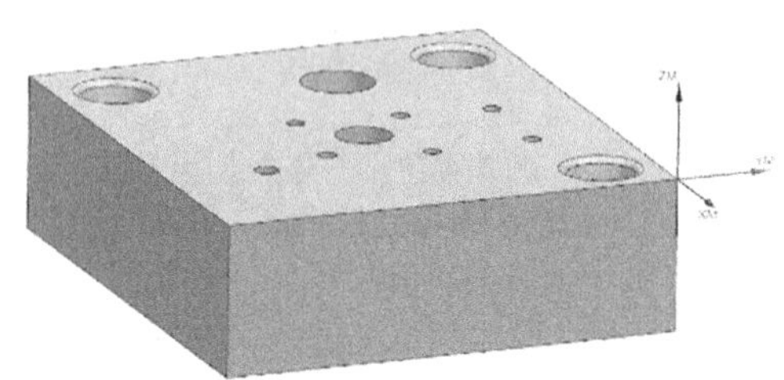

图 4-55　创建坐标系（涡轮壳上模）

2. 创建刀具

按照表 4-13 的要求创建刀具。

表4-13　创建刀具（涡轮壳上模）

序号	名称	直径 /mm	长度 /mm
1	立铣刀 D20	$\phi20$	200
2	立铣刀 D10	$\phi10$	200
3	球头铣刀 D8	$\phi8$	200

3. 创建程序组

根据加工的需求创建程序组，命名为“涡轮壳上模加工程序”。

4. 创建程序

（1）粗铣涡轮壳上模的型腔　创建型腔铣工序，工序参数参照表 4-14 进行修改。

表4-14　工序参数设置（粗铣涡轮壳上模的型腔）

序号	名称	参数内容
1	程序	涡轮壳上模加工程序
2	刀具	立铣刀 D20
3	几何体	WORKPIECE
4	方法	MILL_ROUGH
5	切削模式	跟随部件
6	最大距离	3mm
7	切削层	“范围定义”—“选择对象”选择上模的下表面
8	切削参数	“余量”—“部件侧面余量”输入“0.3” “部件底面余量”输入“0”
9	非切削移动参数	“进刀”—“封闭区域”—“进刀类型”选择为“无” “开放区域”—“进刀类型”选择为“与封闭区域相同”，其余参数默认 “转移 / 快速”—“转移方式”选择为“无”,“转移类型”选择为“直接”
10	生成的刀路	

（2）铣削涡轮壳上模的浇注孔　对于零件中的浇注孔最好先使用钻头钻削加工后再进行铣削，这样能更好地保护刀具和加工的安全与质量。

创建型腔铣工序，工序参数参照表 4-15 进行修改。

表4-15　工序参数设置（铣削涡轮壳上模的浇注孔）

序号	名称	参数内容
1	程序	涡轮壳上模加工程序
2	刀具	立铣刀 D10

序号	名称	参数内容
3	几何体	WORKPIECE
4	方法	MILL_ROUGH
5	指定切削区域	选择上模的 7 个浇筑孔作为切削区域 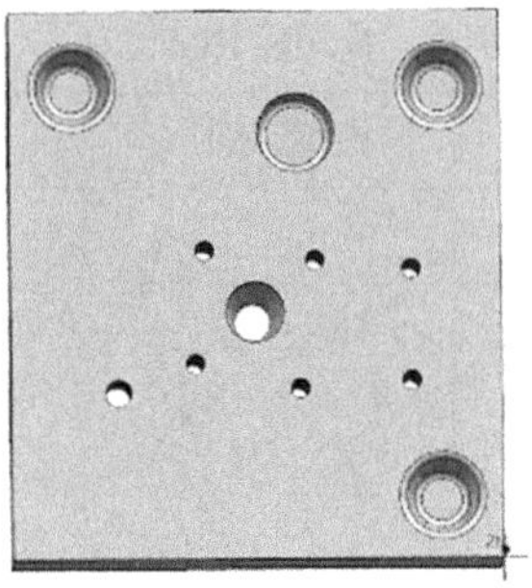
6	切削模式	跟随部件
7	最大距离	1.5mm
8	切削层	“范围定义”—“选择对象”选择上模的下表面 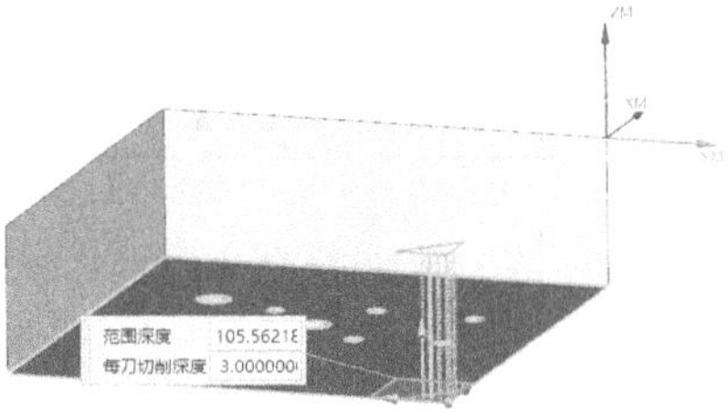
9	切削参数	“余量”—“部件侧面余量”输入“0” “部件底面余量”输入“0”
10	非切削移动参数	“进刀”—“封闭区域”—“进刀类型”选择为“无” “开放区域”—“进刀类型”选择为“与封闭区域相同”，其余参数默认 “转移 / 快速”—“转移方式”选择为“无” “转移类型”选择为“直接”
11	生成的刀路	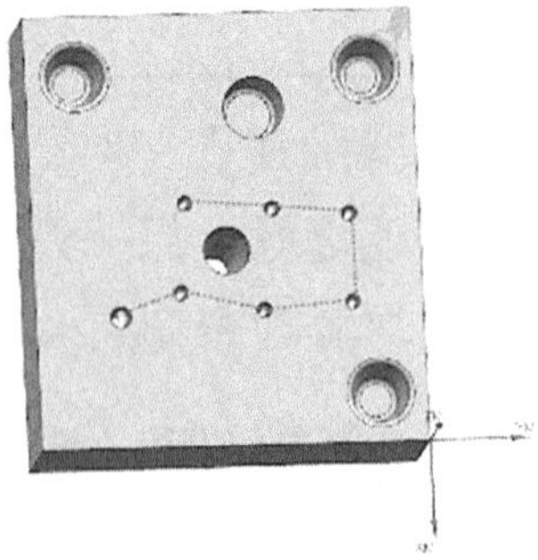

（3）精铣涡轮壳上模的型腔　创建深度轮廓铣工序，工序参数参照表 4-16 进行修改。

表4-16 工序参数设置（精铣涡轮壳上模的型腔）

序号	名称	参数内容
1	程序	涡轮壳上模加工程序
2	刀具	球头铣刀 D8
3	几何体	WORKPIECE
4	方法	MILL_FINISH
5	指定切削区域	选择位于中间的孔和定位圆锥孔 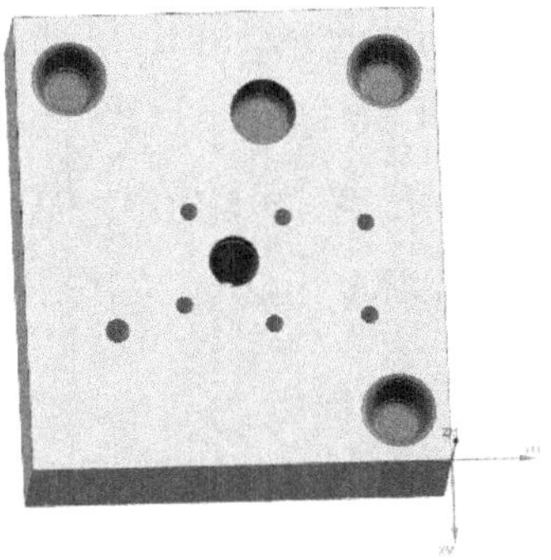
6	最大距离	1mm
7	切削层	“范围定义”—“选择对象”选择上模的下表面 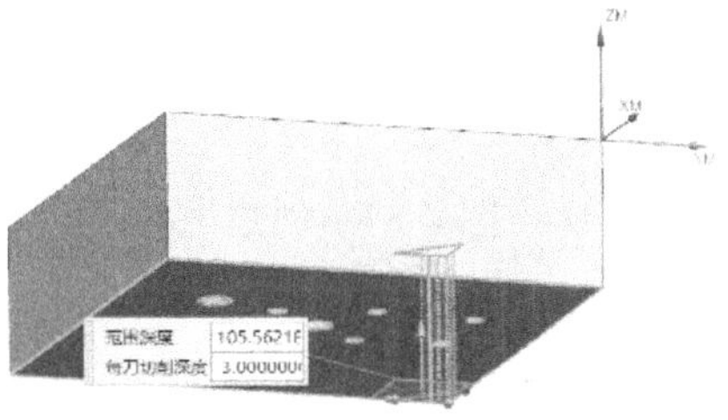
8	切削参数	“连接”—勾选“层间切削”—“残余高度” “余量”均输入为“0”
9	非切削移动参数	“进刀”—“封闭区域”—“进刀类型”选择为“无” “开放区域”—“进刀类型”选择为“与封闭区域相同”，其余参数默认
10	生成的刀路	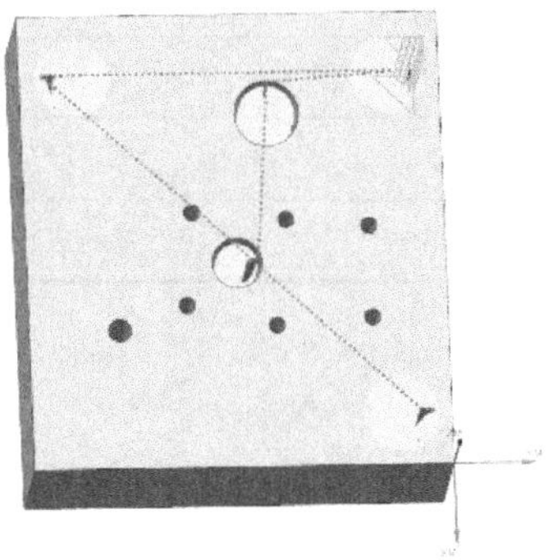

六、涡轮壳中模的数控编程加工

1. 创建几何体

在 UG 12.0 软件中打开导出的涡轮壳中模文件，单击主菜单的“应用模块”—“加工”进入加工环境。

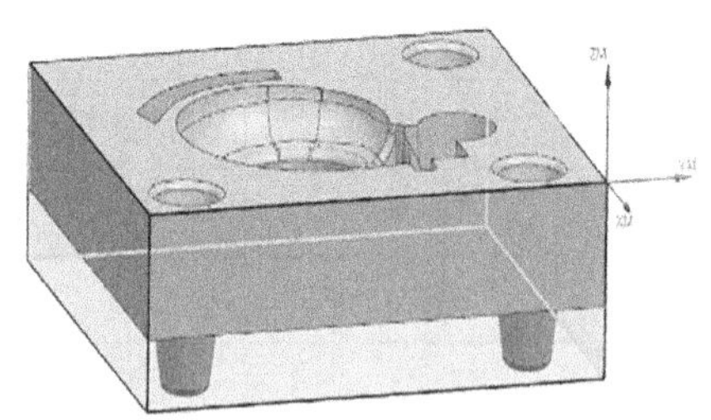

图 4-56　设置毛坯（涡轮壳中模）

（1）指定部件几何体和毛坯　单击“创建几何体”—“workpiece”按钮，弹出对话框，指定部件和毛坯，如图 4-56 所示。

（2）创建加工坐标系　在涡轮壳中模同一侧平面的两对角处创建两个坐标系，命名为“MCS-1”和“MCS-2”，如图 4-57 所示。

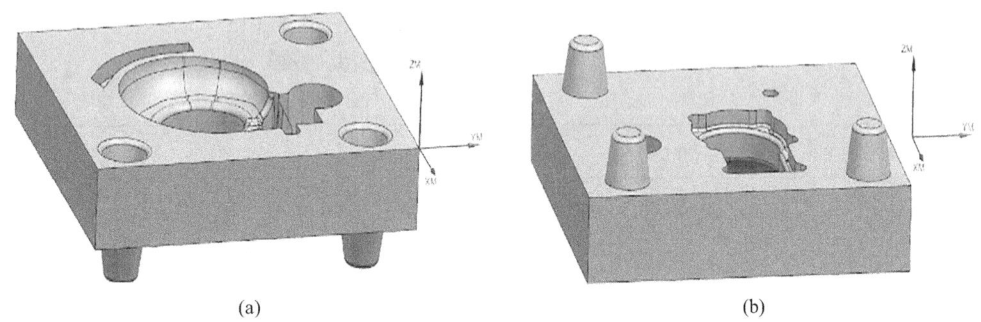

图 4-57　创建坐标系（涡轮壳中模）

2. 创建刀具

按照表 4-17 的要求创建刀具。

表4-17　创建刀具（涡轮壳中模）

序号	名称	直径 /mm	长度 /mm
1	立铣刀 D50	$\phi 50$	200
2	立铣刀 D20	$\phi 20$	200
3	立铣刀 D10	$\phi 10$	200
4	球头铣刀 D8	$\phi 8$	200

3. 创建程序组

根据加工的需求创建程序组，命名为“涡轮壳中模加工程序 1”和“涡轮壳中模加工程序 2”。

4. 创建程序

（1）铣削涡轮壳中模的外轮廓　创建深度轮廓铣工序，工序参数参照表4-18进行修改。

表4-18　工序参数设置（铣削涡轮壳中模的外轮廓）

序号	名称	参数内容
1	程序	涡轮壳中模加工程序 1
2	刀具	球头铣刀 D50
3	几何体	WORKPIECE
4	方法	MILL_FINISH
5	指定切削区域	选择中模外轮廓的四个面
6	最大距离	3mm
7	切削层	“范围定义”—“选择对象”选择中模的下表面 范围深度 69.437819 每刀切削深度 1.000000
8	切削参数	“余量”输入“0”
9	非切削移动参数	“进刀”—“封闭区域”—“进刀类型”选择为“沿形状斜进刀” “斜坡角度”大于等于“3.5” “最小安全距离”输入“1mm” “最小斜坡长度”输入“100%”刀具（要大于等于 80% 的刀具直径） “如果进刀不合适”选择“跳过” “开放区域”—“进刀类型”选择为“与封闭区域相同”，其余参数默认
10	生成的刀路	

（2）粗铣涡轮壳中模的型腔　创建型腔铣工序，工序参数参照表 4-19 进行修改。

表4-19　工序参数设置（粗铣涡轮壳中模的型腔）

序号	名称	参数内容
1	程序	涡轮壳中模加工程序 1
2	刀具	立铣刀 D20
3	几何体	WORKPIECE
4	方法	MILL_ROUGH
5	切削模式	跟随周边
6	最大距离	3mm
7	切削层	“范围定义”—“选择对象”选择中模型腔最深的底面
8	切削参数	“余量”—“部件侧面余量”输入“0.3” “部件底面余量”输入“0”
9	非切削移动参数	“进刀”—“封闭区域”—“进刀类型”选择为“无” “开放区域”—“进刀类型”选择为“与封闭区域相同”，其余参数默认 “转移 / 快速”—“转移方式”选择为“无” “转移类型”选择为“直接”
10	生成的刀路	

（3）二次粗铣涡轮壳中模的型腔　因为立铣刀 D20 刀具有些部位无法进刀，所以对型腔面进行二次粗加工。

创建型腔铣工序，工序参数参照表 4-20 进行修改。

表4-20　工序参数设置（二次粗铣涡轮壳中模的型腔）

序号	名称	参数内容
1	程序	涡轮壳中模加工程序 1
2	刀具	立铣刀 D10
3	几何体	WORKPIECE
4	方法	MILL_ROUGH
5	切削模式	跟随周边
6	最大距离	3mm
7	切削层	“范围定义”—“选择对象”选择中模型腔最深的底面
8	切削参数	“余量”—“部件侧面余量”输入“0.3” “部件底面余量”输入“0” “空间范围”—“过程工件”选择“使用基于层的”
9	非切削移动参数	“进刀”—“封闭区域”—“进刀类型”选择为“无” “开放区域”—“进刀类型”选择为“与封闭区域相同”，其余参数默认 “转移/快速”—“转移方式”选择为“无” “转移类型”选择为“直接”
10	生成的刀路	

（4）精铣涡轮壳中模的型腔　创建深度轮廓铣工序，工序参数参照表 4-21 进行修改。

表4-21 工序参数设置（精铣涡轮壳中模的型腔）

序号	名称	参数内容
1	程序	涡轮壳中模加工程序 1
2	刀具	球头铣刀 D8
3	几何体	WORKPIECE
4	方法	MILL_FINISH
5	最大距离	1mm
6	切削区域	选择型腔面作为切削区域
7	切削层	“范围定义” — “选择对象” 选择中模型腔最深的底面
8	切削参数	“余量” 均输入 “0” “连接” —勾选 “层间切削” — “残余高度”
9	非切削移动参数	“进刀” — “封闭区域” — “进刀类型” 选择为 “无” “开放区域” — “进刀类型” 选择为 “与封闭区域相同”，其余参数默认 “转移 / 快速” — “转移方式” 选择为 “无” “转移类型” 选择为 “直接”
10	生成的刀路	

（5）翻面装夹，粗铣涡轮壳中模的分型面　创建型腔铣工序，工序参数参照表 4-22 进行修改。

表4-22　工序参数设置（粗铣涡轮壳中模的分型面）

序号	名称	参数内容
1	程序	涡轮壳中模加工程序 2
2	刀具	立铣刀 D50
3	几何体	WORKPIECE-1
4	方法	MILL_ROUGH
5	切削模式	跟随周边
6	最大距离	3mm
7	切削层	“范围定义”—“选择对象”选择中模的分型面
8	切削参数	“余量”—“部件侧面余量”输入“0.3” “部件底面余量”输入“0”
9	非切削移动参数	“进刀”—“封闭区域”—“进刀类型”选择为“沿形状斜进刀” “斜坡角度”大于等于“3.5” “最小安全距离”输入“1mm” “最小斜坡长度”输入“100%”刀具（要大于等于 80% 的刀具直径） “如果进刀不合适”选择“跳过” “开放区域”—“进刀类型”选择为“与封闭区域相同”，其余参数默认
10	生成的刀路	

（6）粗铣涡轮壳中模的型腔　创建型腔铣工序，工序参数参照表 4-23 进行修改。

表4-23 工序参数设置（翻面装夹，粗铣涡轮壳中模的型腔）

序号	名称	参数内容
1	程序	涡轮壳中模加工程序 2
2	刀具	立铣刀 D20
3	几何体	WORKPIECE-1
4	方法	MILL_ROUGH
5	切削模式	跟随周边
6	最大距离	3mm
7	切削层	“范围 1 的顶部”选择中模的分型面 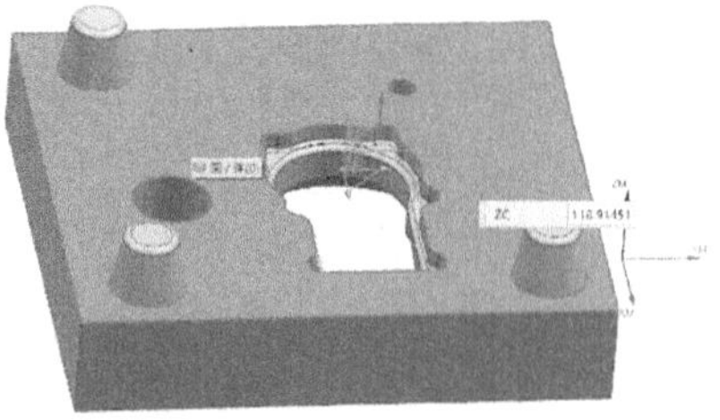 “范围定义”—“选择对象”选择中模型腔最深处的平面 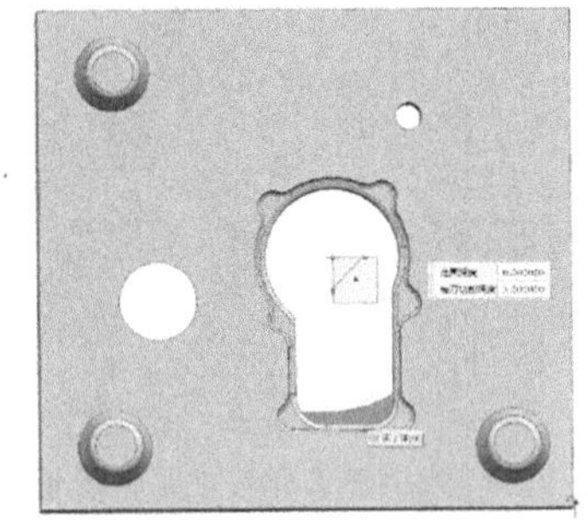
8	切削参数	“余量”—“部件侧面余量”输入“0.3” “部件底面余量”输入“0”
9	非切削移动参数	“进刀”—“封闭区域”—“进刀类型”选择为“无” “开放区域”—“进刀类型”选择为“与封闭区域相同”，其余参数默认
10	生成的刀路	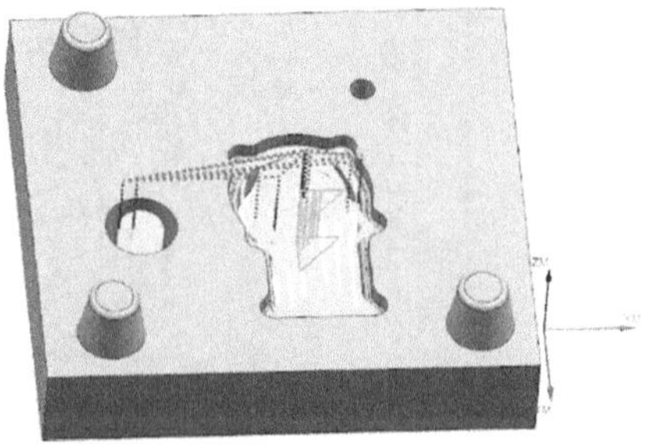

（7）精铣涡轮壳中模的型腔　创建深度轮廓铣工序，工序参数参照表 4-24 进行修改。

表4-24 工序参数设置（翻面装夹，精铣涡轮壳中模的型腔）

序号	名称	参数内容
1	程序	涡轮壳中模加工程序 2
2	刀具	球头铣刀 D8
3	几何体	WORKPIECE-1
4	方法	MILL_FINISH
5	最大距离	1mm
6	切削区域	选择定位圆锥销和型腔面作为切削区域 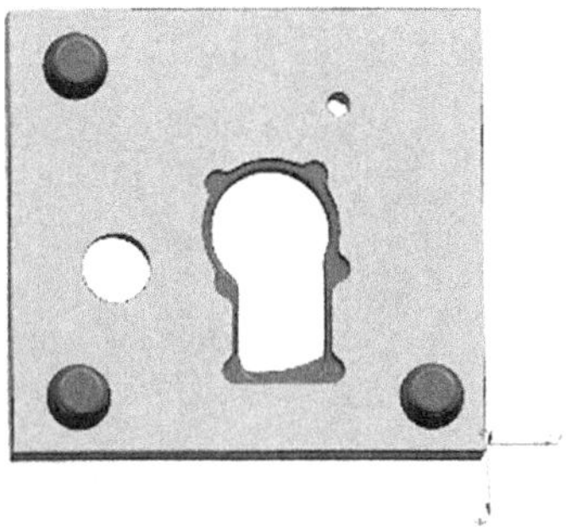
7	切削层	“范围定义”—“选择对象”选择中模型腔最深的底面 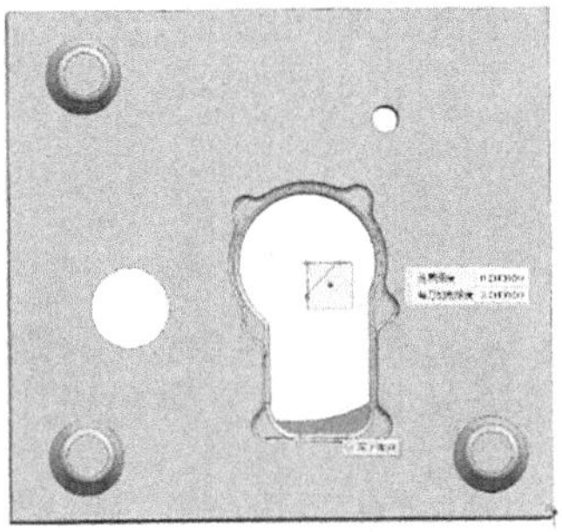
8	切削参数	“余量”均输入“0” “连接”—勾选“层间切削”—“残余高度”
9	非切削移动参数	“进刀”—“封闭区域”—“进刀类型”选择为“无” “开放区域”—“进刀类型”选择为“与封闭区域相同”，其余参数默认 “转移 / 快速”—“转移方式”选择为“无” “转移类型”选择为“直接”
10	生成的刀路	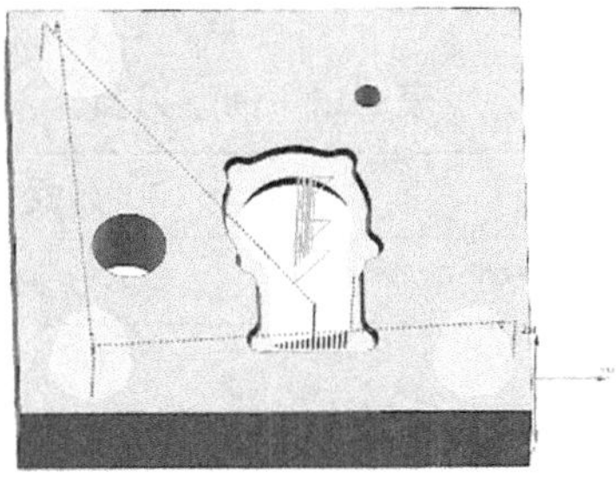

七、涡轮壳下模的数控编程加工

1. 创建几何体

在 UG 12.0 软件中打开导出的涡轮壳下模文件，单击主菜单的“应用模块”—“加工”进入加工环境。

（1）指定部件几何体和毛坯　单击“创建几何体”—“workpiece”按钮，弹出对话框，指定部件和毛坯，如图 4-58 所示。

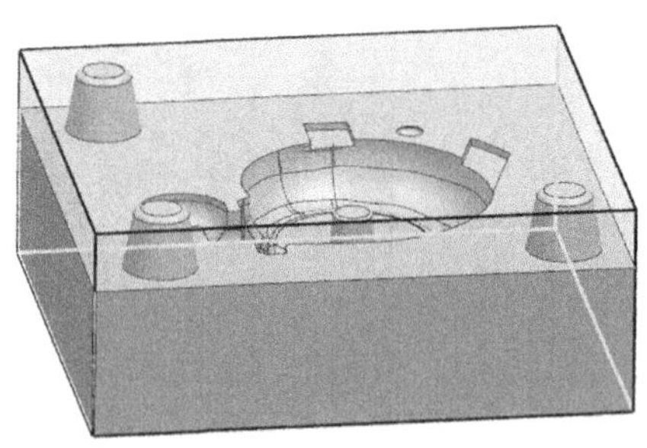

图 4-58　设置毛坯（涡轮壳下模）

（2）创建加工坐标系　在涡轮壳下模分型面的某角处创建坐标系，高度位置与定位圆锥销等高，命名为“MCS-1”，如图 4-59 所示。

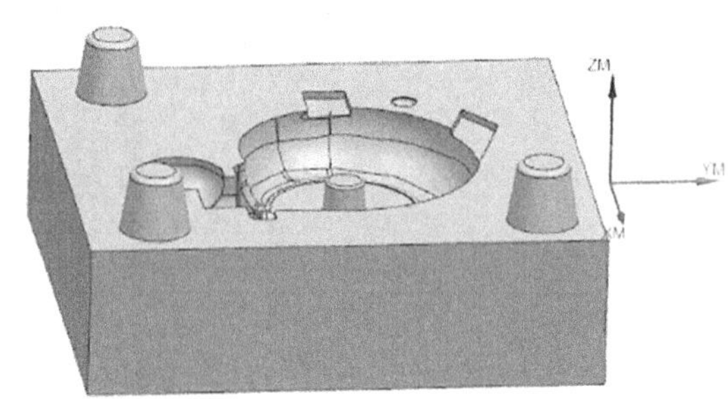

图 4-59　创建坐标系（涡轮壳下模）

2. 创建刀具

按照表 4-25 的要求创建刀具。

表4-25　创建刀具（涡轮壳下模）

序号	名称	直径 /mm	长度 /mm
1	立铣刀 D50	ϕ50	200
2	立铣刀 D16	ϕ16	200
3	球头铣刀 D8	ϕ8	200

3. 创建程序组

根据加工的需求创建程序组，命名为“涡轮壳下模加工程序”。

4. 创建程序

（1）粗铣涡轮壳下模的分型面　创建型腔铣工序，工序参数参照表 4-26 进行修改。

表4-26　工序参数设置（粗铣涡轮壳下模的分型面）

序号	名称	参数内容
1	程序	涡轮壳下模加工程序
2	刀具	立铣刀 D50
3	几何体	WORKPIECE
4	方法	MILL_ROUGH
5	切削模式	跟随周边
6	最大距离	3mm
7	切削参数	“余量” — “部件侧面余量” 输入 “0.3” “部件底面余量” 输入 “0”
8	非切削移动参数	“进刀” — “封闭区域” — “进刀类型” 选择为 “沿形状斜进刀” “斜坡角度” 大于等于 “3.5” “最小安全距离” 输入 “1mm” “最小斜坡长度” 输入 “100%” 刀具（要大于等于 80% 的刀具直径） “如果进刀不合适” 选择 “跳过” “开放区域” — “进刀类型” 选择为 “与封闭区域相同”，其余参数默认
9	生成的刀路	

（2）粗铣涡轮壳下模的型腔　创建型腔铣工序，工序参数参照表 4-27 进行修改。

表4-27　工序参数设置（粗铣涡轮壳下模的型腔）

序号	名称	参数内容
1	程序	涡轮壳下模加工程序
2	刀具	立铣刀 D16
3	几何体	WORKPIECE
4	方法	MILL_ROUGH
5	切削模式	跟随周边
6	最大距离	3mm
7	切削层	“范围 1 的顶部”选择分型面，其余参数默认
8	切削参数	“余量”—“部件侧面余量”输入“0.3” “部件底面余量”输入“0”
9	非切削移动参数	“进刀”—“封闭区域”—“进刀类型”选择为“无” “开放区域”—“进刀类型”选择为“与封闭区域相同”，其余参数默认
10	生成的刀路	

（3）精铣涡轮壳下模的型腔　创建深度轮廓铣工序，工序参数参照表 4-28 进行修改。

表4-28　工序参数设置（精铣涡轮壳下模的型腔）

序号	名称	参数内容
1	程序	涡轮壳下模加工程序
2	刀具	球头铣刀 D8
3	几何体	WORKPIECE
4	方法	MILL_FINISH

序号	名称	参数内容
5	指定切削区域	选择下模定位圆锥销的侧壁和型腔面
6	最大距离	1mm
7	切削参数	“余量”均输入“0” “连接”—勾选“层间切削”—“残余高度”
8	非切削移动参数	“进刀”—“封闭区域”—“进刀类型”选择为“无” “开放区域”—“进刀类型”选择为“与封闭区域相同”，其余参数默认
9	生成的刀路	

八、涡轮壳砂芯的数控编程加工

为方便砂芯零件加工，将其拆分为两个并排放置到框架中。两个砂芯与框架设置支撑互相连接固定砂芯的位置，在砂芯的底面设置多个共面的圆形、方形平面，保证其放置平稳，以此为基础进行两个砂芯的数控编程加工，如图 4-60 所示。边框和支撑的设置方法与法兰弯管零件的方法一样，可参照弯管砂芯设置的方法。

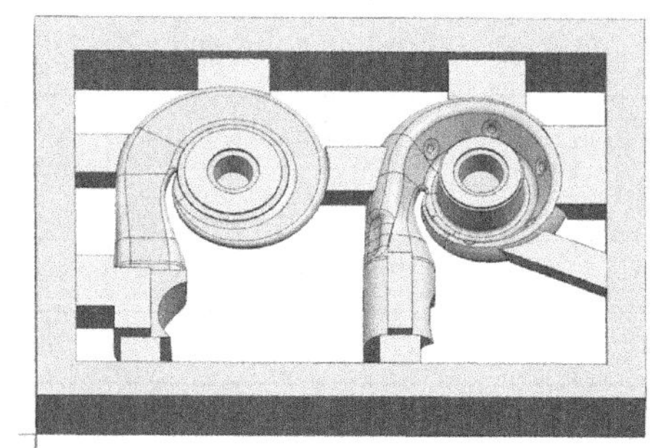

图 4-60 设置砂芯的框架

1. 创建几何体

在 UG 12.0 软件中打开导出的涡轮壳砂芯文件，单击主菜单的“应用模块”—“加工”进入加工环境。

（1）指定部件几何体和毛坯　单击“创建几何体”—“workpiece”按钮，弹出对话框，指定部件和毛坯，如图 4-61 所示。

图 4-61　设置毛坯（涡轮壳砂芯）

（2）创建加工坐标系　在涡轮壳砂芯模型同一侧平面的两个对角处创建坐标系，命名为“MCS-1”和“MCS-2”，如图 4-62 所示。

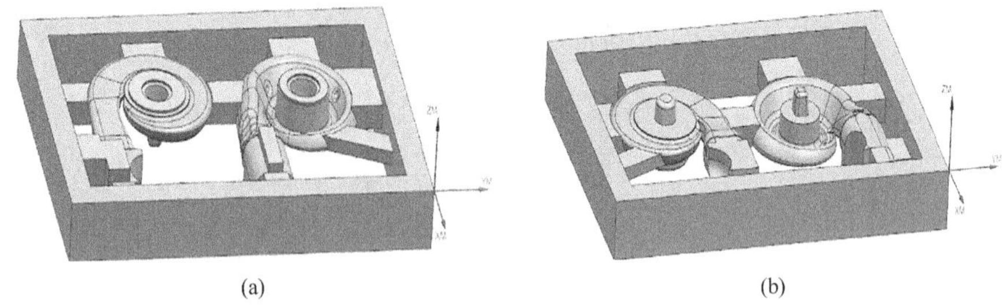

(a)　(b)

图 4-62　创建坐标系（涡轮壳砂芯）

2. 创建刀具

按照表 4-29 的要求创建刀具。

表4-29　创建刀具（涡轮壳砂芯）

序号	名称	直径 /mm	长度 /mm
1	立铣刀 D16	$\phi 16$	200
2	立铣刀 D4	$\phi 4$	200
3	球头铣刀 D6	$\phi 6$	200

3. 创建程序组

根据加工的需求创建程序组，命名为“涡轮壳砂芯加工程序 1”和“涡轮壳砂芯加工程序 2”。

4. 创建程序

（1）铣削涡轮壳砂芯的框架外轮廓　创建深度轮廓铣工序，工序参数参照表 4-30 进行修改。

表4-30　工序参数设置（铣削涡轮壳砂芯的框架外轮廓）

序号	名称	参数内容
1	程序	涡轮壳砂芯加工程序 1
2	刀具	立铣刀 D16
3	几何体	WORKPIECE
4	方法	MILL_FINISH
5	指定切削区域	选择砂芯外轮廓的四个面
6	最大距离	3mm
7	切削层	“范围定义”—“选择对象”选择砂芯外边框的下表面
8	切削参数	“余量”输入“0”
9	非切削移动参数	“进刀”—“封闭区域”—“进刀类型”选择为“无” “开放区域”—“进刀类型”选择为“与封闭区域相同”，其余参数默认
10	生成的刀路	

（2）粗铣涡轮壳砂芯的型腔　创建型腔铣工序，工序参数参照表 4-31 进行修改。

表4-31　工序参数设置（粗铣涡轮壳砂芯的型腔）

序号	名称	参数内容
1	程序	涡轮壳砂芯加工程序 1
2	刀具	立铣刀 D16
3	几何体	WORKPIECE
4	方法	MILL_ROUGH
5	切削模式	跟随周边
6	最大距离	3mm
7	切削层	“范围定义”—“选择对象”选择砂芯外边框的下表面
8	切削参数	“余量”—“部件侧面余量”输入“0.3” “部件底面余量”输入“0”
9	非切削移动参数	“进刀”—“封闭区域”—“进刀类型”选择为“无” “开放区域”—“进刀类型”选择为“与封闭区域相同”，其余参数默认 “转移/快速”—“转移方式”选择为“无” “转移类型”选择为“直接”
10	生成的刀路	

（3）精铣涡轮壳砂芯的型腔　创建深度轮廓铣工序，工序参数参照表4-32进行修改。

表4-32　工序参数设置（精铣涡轮壳砂芯的型腔）

序号	名称	参数内容
1	程序	涡轮壳砂芯加工程序 1
2	刀具	球头铣刀 D6

序号	名称	参数内容
3	几何体	WORKPIECE
4	方法	MILL_FINISH
5	指定切削区域	选择砂芯的轮廓 
6	最大距离	1mm
7	切削层	“范围定义”—“选择对象”选择砂芯外边框的下表面 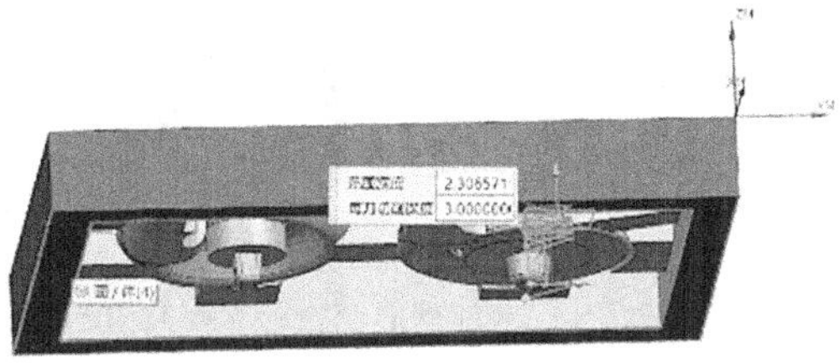
8	切削参数	“余量”均输入“0” “连接”—“勾选“层间切削”—“残余高度”
9	非切削移动参数	“进刀”—“封闭区域”—“进刀类型”选择为“无” “开放区域”—“进刀类型”选择为“与封闭区域相同”，其余参数默认 “转移/快速”—“转移方式”选择为“无” “转移类型”选择为“直接”
10	生成的刀路	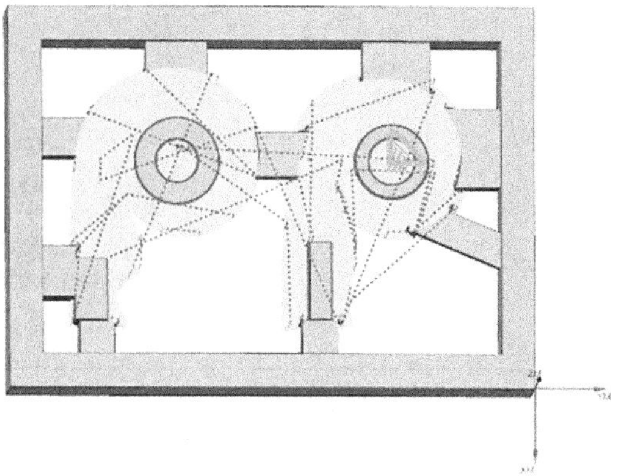

（4）翻面装夹，粗铣涡轮壳砂芯的型腔　创建型腔铣工序，工序参数参照表 4-33 进行修改。

表4-33　工序参数设置（翻面装夹，粗铣涡轮壳砂芯的型腔）

序号	名称	参数内容
1	程序	涡轮壳砂芯加工程序 2
2	刀具	立铣刀 D16
3	几何体	WORKPIECE-1
4	方法	MILL_ROUGH
5	切削模式	跟随周边
6	最大距离	3mm
7	切削层	“范围定义”—“选择对象”选择砂芯外边框的下表面 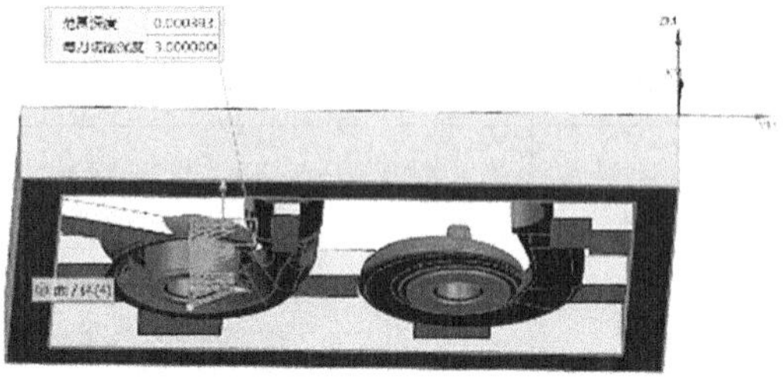
8	切削参数	“余量”—“部件侧面余量”输入“0.3” “部件底面余量”输入“0”
9	非切削移动参数	“进刀”—“封闭区域”—“进刀类型”选择为“无” “开放区域”—“进刀类型”选择为“与封闭区域相同”，其余参数默认 “转移 / 快速”—“转移方式”选择为“无” “转移类型”选择为“直接”
10	生成的刀路	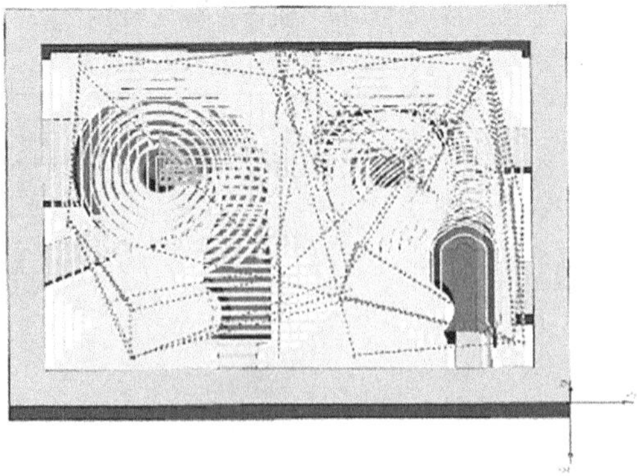

（5）精铣涡轮壳砂芯的型腔　创建深度轮廓铣工序，工序参数参照表 4-34 进行修改。

表4-34　工序参数设置（翻面装夹，精铣涡轮壳砂芯的型腔）

序号	名称	参数内容
1	程序	涡轮壳砂芯加工程序 2
2	刀具	球头铣刀 D6
3	几何体	WORKPIECE-1
4	方法	MILL_FINISH
5	指定切削区域	选择砂芯的轮廓 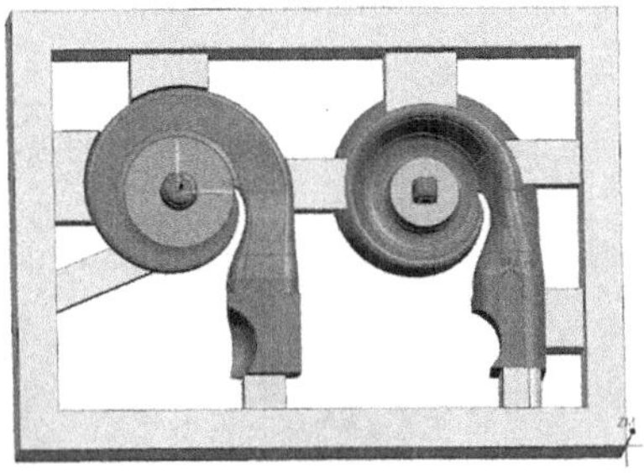
6	最大距离	1mm
7	切削层	“范围定义”—“选择对象”选择砂芯外边框的下表面 
8	切削参数	“余量”均输入“0” “连接”—勾选“层间切削”—“残余高度”
9	非切削移动参数	“进刀”—“封闭区域”—“进刀类型”选择为“无” “开放区域”—“进刀类型”选择为“与封闭区域相同”，其余参数默认 “转移/快速”—“转移方式”选择为“无” “转移类型”选择为“直接”
10	生成的刀路	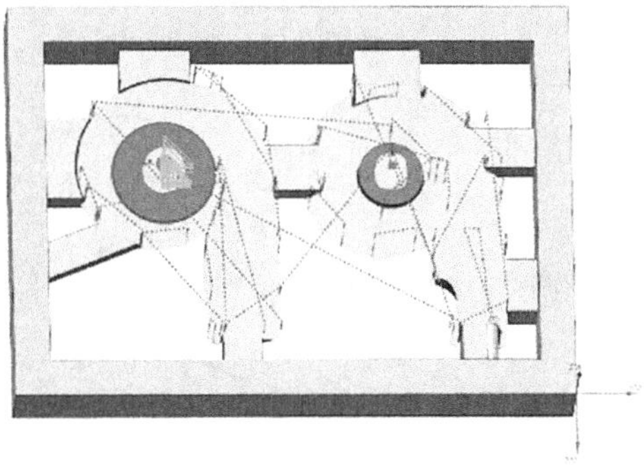

（6）二次精铣涡轮壳砂芯的型腔　创建深度轮廓铣工序，工序参数参照表 4-35 进行修改。

表4-35　深度轮廓铣工序参数设置

序号	名称	参数内容
1	程序	涡轮壳砂芯加工程序 2
2	刀具	立铣刀 D4
3	几何体	MCS-2
4	方法	MILL_FINISH
5	指定切削区域	选择砂芯未铣削的圆弧角位置区域 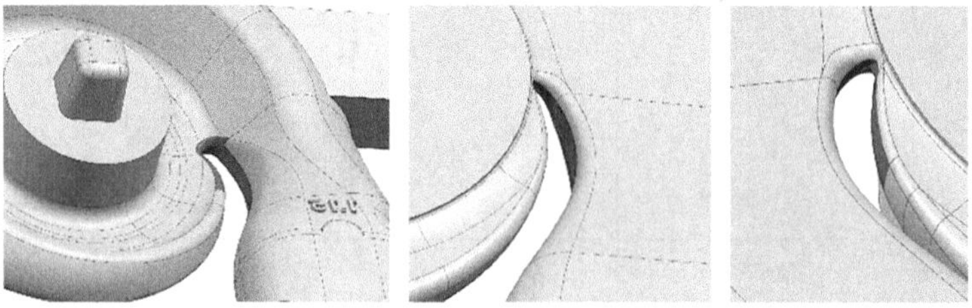
6	最大距离	1mm
7	切削层	“范围定义”—“选择对象”选择砂芯外边框的下表面 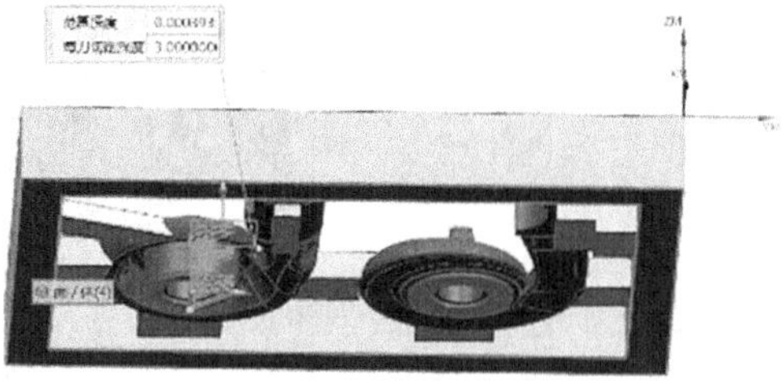
8	切削参数	“余量”均输入“0” “连接”—“勾选“层间切削”—“残余高度”
9	非切削移动参数	“进刀”—“封闭区域”—“进刀类型”选择为“无” “开放区域”—“进刀类型”选择为“与封闭区域相同”，其余参数默认 “转移 / 快速”—“转移方式”选择为“无” “转移类型”选择为“直接”
10	生成的刀路	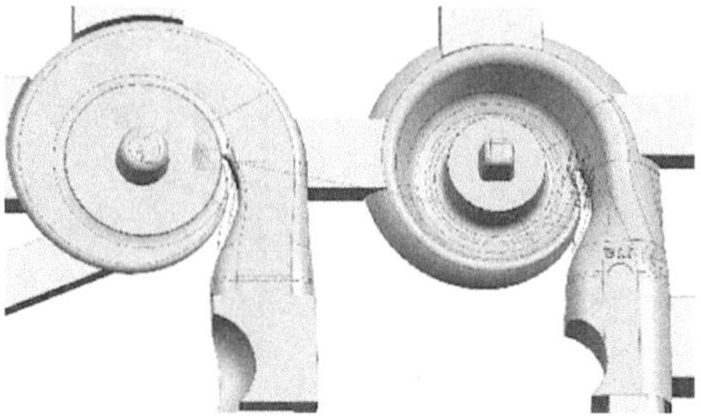

九、涡轮壳零件工序卡

涡轮壳零件上、中、下和芯模工序卡见表 4-36 ～表 4-39。

表4-36　涡轮壳零件上模工序卡

无模车间工序卡					
项目名称	06-涡轮壳	零件名称	上模	设备编号	
编程人员		程序校对		操作人员	
程序列表					
程序名称	刀具名称	刀具长度 /mm	加工时间 /h	备注	
正面边框	D16	200	1	磁力座加垫块	
正面浇注孔	D16	200	1	磁力座加垫块	
浇注孔精加工	B8	150	0.5	磁力座加垫块	
反面边框	D16	200	1	磁力座加垫块	
反面开粗	D16	200	1.5	磁力座加垫块	
反面精加工 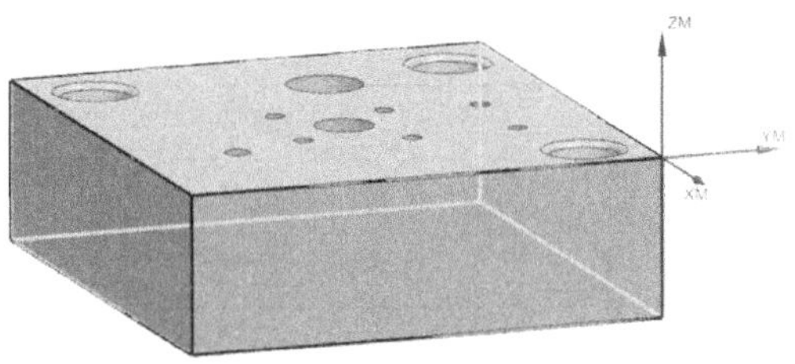	B8	150	1.5 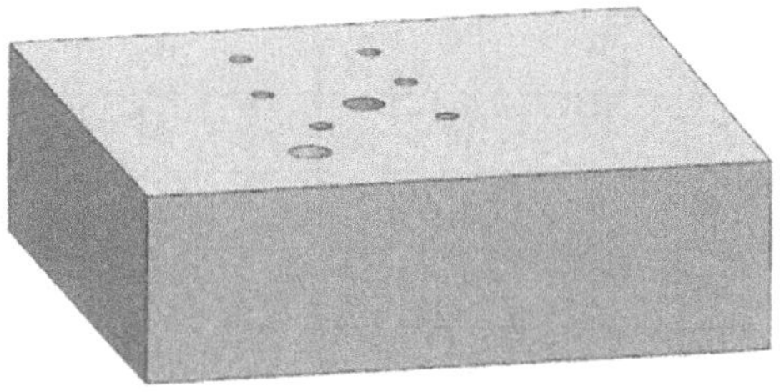	磁力座加垫块	

表4-37　涡轮壳零件中模工序卡

无模车间加工工序卡					
项目名称	06-涡轮壳	零件名称	中模	设备编号	
编程人员		程序校对		操作人员	
程序列表					
程序名称	刀具名称	刀具长度 /mm	加工时间 /h	备 注	
正面开粗	D16	200	1.5	磁力座加垫块	
正面精加工	B8	150	1.5	磁力座加垫块	
反面开粗	D16	200	1	磁力座加垫块	
反面二次开粗	D16	200	1.5	磁力座加垫块	

续表

无模车间加工工序卡					
项目名称	06-涡轮壳	零件名称	中模	设备编号	
编程人员		程序校对		操作人员	
程序列表					
反面精加工	B8	150	1	磁力座加垫块	

表4-38　涡轮壳零件下模工序卡

无模车间加工工序卡					
项目名称	06-涡轮壳	零件名称	下模	设备编号	
编程人员		程序校对		操作人员	
程序列表					
程序名称	刀具名称	刀具长度 /mm	加工时间 /h	备 注	
正面开粗	D16	200	1.5	磁力座加垫块	
正面精加工	B8	150	1.5	磁力座加垫块	
反面开粗	D16	200	1	磁力座加垫块	
反面二次开粗	D16	200	1.5	磁力座加垫块	
反面精加工	B8	150	1	磁力座加垫块	
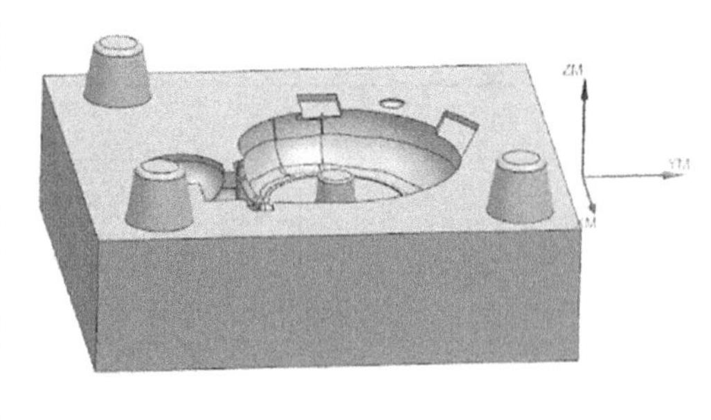			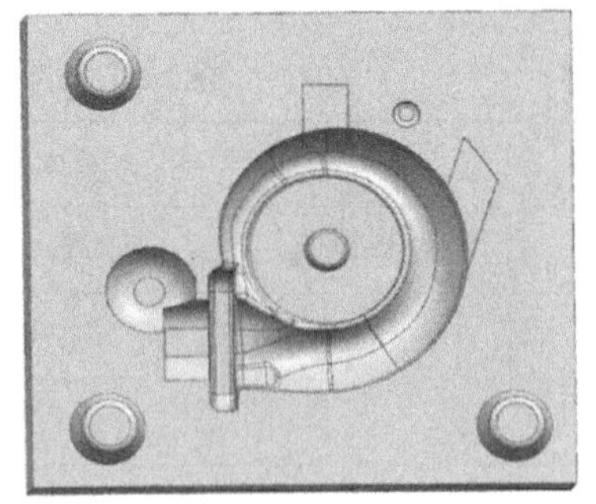		

表4-39　涡轮壳芯模工序卡

无模车间加工工序卡					
项目名称	06-涡轮壳	零件名称	芯 模	设备编号	
编程人员		程序校对		操作人员	

程序列表				
程序名称	刀具名称	刀具长度 /mm	加工时间 /h	备注
up-1	D16	200	2	磁力座加垫块
up-2	B8	150	1	磁力座加垫块
down-1	D16	200	2	磁力座加垫块
down-2	B8	150	1	磁力座加垫块

十、涡轮壳零件加工过程

涡轮壳零件加工过程见表 4-40。

表4-40　涡轮壳零件加工过程

步骤	加工内容	图示	说明
1	正面铣平 上模轮廓铣削		1. 设置起点，设置刀具直径略小于刀具实际直径。设置 X、Y 长度，设定切削高度 6mm，进刀量 3mm 2. 正面铣平。起刀点在砂坯外，避免撞刀，开始铣平 3. 保证铣削后模型上表面的加工面是平面
2	正面 浇注孔铣削		1. 孔加工。换刀、对刀，启动主轴，设定速度，打开气阀让废砂及时排出 2. 精加工。换刀 B8，Z 点重新对刀，X、Y 回起点，加载精加工程序，启动主轴设定速度，开始精加工

续表

步骤	加工内容	图示	说明
3	砂型翻转铣平		1. 测量工件，翻转砂型 360° 放置在靠近操作位置 2. 找正 Z 向将工件固定，找正反面基准，先找 X、Y 起点，以已加工表面为基准 3. 反面铣平。先确定反面铣平的高度，再设置 Z 起点，回 X、Y 起点，将刀具移到对角线位置外侧，开始粗加工
4	上模反面型腔铣削		1. 对刀。使用百分表对刀，确保误差在 0.1mm 内 2. 根据模型坐标位置对刀，确保各坐标轴位置正确 3. 回加工坐标零点 4. 进入加工程序，开始加工
5	中模型腔粗铣		1. 加工完成后测量砂型尺寸，翻转砂型，铣平至模型高度 2. 百分表找正，误差在 10mm 以内，用磁力座将砂型固定 3. 使用 D16 刀具对刀，确定加工坐标原点，移动到零点位置进入加工界面，选择对应的加工程序，进行涡轮中模的粗加工
6	中模型腔粗铣		1. 将起点设置在工件一端，刀具移动到工件对角线外侧，设置参数，刀具直径略小于工件直径，切削高度正面设置为 6 ～ 9mm，单位进刀量为 3mm 2. 粗铣加工余量一般 0.5 ～ 1mm，编程参数设置时残余高 0.02mm 必须选
7	中模型腔精铣		1. 观察粗加工后模型是否跟模型文件有差异，如有问题，重新校验粗加工程序 2. 更换 B8 球头刀具，Z 轴对刀，设定零点 3. 选定精加工程序开始中模精铣，如有切削量大、模型加工刀路不对等的情况，及时停机处理

续表

步骤	加工内容	图示	说明
8	翻转砂型 反面型腔粗铣		1. 按照要求翻转砂型 2. 铣平上表面，测量砂型高度，铣平砂型至模型高度 3. 百分表找正模型 4. 确定好加工坐标原点，对刀 5. 反面型腔粗加工
9	反面型腔精铣		1. 正面铣平。设置起点，刀具移动到砂型对角线外侧，设置刀具直径、铣平区域、切削高度、启动主轴 2. 设置 Z 起点，将刀具沿 Y 轴正方向移动工件长度，设置 X、Y 起点 3. 开始精加工反面型腔
10	铣平 下模轮廓粗铣		1. 更换 B16 球头刀，对刀，设置起点，开始表面轮廓粗加工 2. 砂型材料对皮肤有腐蚀作用，操作过程中可以戴手套，但显示屏操作严谨戴手套，避免触屏操作失误，换刀时也严禁戴手套 3. 砂屑为灰状飞沫，操作中要带 N95 防护口罩安全防护
11	下模型腔粗铣		1. 更换 B8 球头刀，对刀，设置 Z 点，开始型腔粗加工 2. 打开程序设置加工速度，开始执行粗加工程序 3. 深槽加工时要随时吹屑，避免砂屑淤积造成刀具损坏
12	下模型腔精铣		1. 正面铣平。设置起点，刀具移动到对角线置于砂型外侧，设置刀具直径、铣平区域、切削高度，启动程序开始加工 2. 设置 Z 起点，将刀具沿 Y 轴正方向移动工件长度，设置 X、Y 起点 3. 完成精加工下模型腔

续表

步骤	加工内容	图示	说明
13	芯模正面粗铣		1. 用B16球头刀进行粗加工，X、Y起点固定，设置Z起点 2. 测量粗铣工件，符合要求完成加工 3. 精铣时进刀量要小，一般为0.5～1mm
14	正面精铣		1. 正面铣平。换刀，设置刀具起点，刀具移动到砂型对角线外侧。设置刀具直径、铣平区域、切削高度，启动主轴加工 2. 确定起点，设置Z起点，将刀具沿Y轴正方向移动超过工件长度，设置X、Y起点 3. 开始精加工
15	反面粗铣		1. 更换B16球头刀，对刀，设置Z点，开始反面粗加工 2. 由于型腔深度较大，进刀量设置尺寸应减小，避免吃刀过大造成刀具损坏
16	反面精铣 完成加工		1. 设置起点，刀移动到对角线，应置于砂型外侧，设置刀具直径、铣平区域、切削高度，启动程序 2. 换刀（B8），确定起点。设置Z起点，将刀具沿Y轴正方向移动工件长度，设置X、Y起点 3. 开始加工，完成芯模加工

任务评价

任务评价见表4-41。

表4-41　任务评价表

检测项目	检测内容	评价标准	配分	综合评分
任务实施完成情况评价	涡轮壳零件浇注系统的设计	设计合理10分 设计基本合理6分 设计不合理0分	10	

续表

检测项目	检测内容	评价标准	配分	综合评分
任务实施完成情况评价	砂芯的分型定位设计	分型定位设计合理 10 分 分型定位设计基本合理 6 分 分型定位设计不合理 0 分	10	
	涡轮壳外模的分型定位设计	分型定位设计合理 10 分 分型定位设计基本合理 6 分 分型定位设计不合理 0 分	10	
	涡轮壳零件上模的数控编程	加工刀路和参数合理 10 分 编程加工刀路和参数基本合理 6 分 编程加工刀路和参数不合理 0 分	10	
	涡轮壳零件中模的数控编程	加工刀路和参数合理 10 分 编程加工刀路和参数基本合理 6 分 编程加工刀路和参数不合理 0 分	10	
	涡轮壳零件下模的数控编程	加工刀路和参数合理 10 分 编程加工刀路和参数基本合理 6 分 编程加工刀路和参数不合理 0 分	10	
	砂芯的数控编程	加工刀路和参数合理 10 分 编程加工刀路和参数基本合理 6 分 编程加工刀路和参数不合理 0 分	10	
	涡轮壳零件上模、中模、下模和砂芯的砂型加工	正确熟练操作设备完成加工 10 分 操作设备正确，不熟练 6 分 操作设备不正确 0 分	10	
	涡轮壳零件模具的精度检测	正确熟练操作设备完成检测 10 分 操作设备正确，不熟练 6 分 操作设备不正确 0 分	10	
职业素养	1. 遵守实训车间纪律，不迟到早退，按要求穿戴实训服、护目镜和帽子	每违反一次扣 2 分	3	
	2. 正确操作实训的机床设备，自觉遵守操作要求和规范，安全实训，使用后做好设备的日常清洁和保养	每违反一次扣 2 分	3	
	3. 正确使用工、量、刀具，各类物品合理摆放，保持实训工位的整洁有序	每违反一次扣 1 分	2	
	4. 具备团结、合作、互助的精神，能按照要求完成学习任务	根据学习中的表现合理评价打分	2	
总评			100	

项目练习

1. 飞轮零件浇注系统设计步骤有哪几步?
2. 飞轮零件分型设计步骤有哪几步?
3. 涡轮壳零件浇注系统设计步骤有哪几步?
4. 涡轮壳零件分型设计步骤有哪些?
5. 飞轮及弯管零件的编程特点有哪些?
6. 涡轮壳零件砂芯的设计事项有哪些?
7. 飞轮及涡轮壳零件的加工注意事项有哪些?
8. 飞轮及涡轮壳零件的检测特点有哪些?

新科技

光固化成形打印技术

在当前应用较多的几种快速成形工艺方法中，光固化成形技术（SLA）由于具有成形过程自动化程度高、制作原型表面质量好、尺寸精度高以及能够实现比较精细的尺寸成形等特点，得到了最为广泛的应用，在概念设计的交流、单件小批量精密铸造、产品模型、快速工模具及直接面向产品的模具等诸多方面广泛应用于航空、汽车、电器、消费品以及医疗等行业。

首先在主液槽中填充适量的液态光敏树脂，然后特定波长的激光在计算机的控制下沿分层切片所得的截面信息逐点进行扫描，当聚焦光斑扫描处的液态光敏树脂吸收需要的能量后，便会发生聚合反应。一层截面完成固化之后，便形成制件的一个截面薄层。此时，工作台再下降一个层高的高度，使得先前固化的薄层表面被新的一层光敏树脂覆盖。之后，由于树脂黏度较大和先前已固化薄层表面张力的影响，新涂敷的光敏树脂实际上是不平整的，需要专用刮板将之刮平，以便进行下一层的扫描固化，使得新固化的层片牢固地黏结在前一层之上。反复上述步骤，层片即在计算机的控制下依次堆积，最终形成完整的成形制件，再去除支撑，进行相应的后处理，即可获得所需的产品。

一、打印准备

使用的打印设备为光固化 3D 打印机，打印材料为液态光敏树脂。该设备主要是依靠SLA工艺特定波段的光照射光敏树脂材料，逐层打印堆积成形的原理。

二、打印的操作步骤

（1）启动3D打印机预热设备，将处理好的零件模型文件拷贝到打印机的电脑中，使用打印机自带的软件导入文件。

（2）清理打印机的刮刀，检查刮刀和液态光敏树脂是否有杂质，使用刮刀将液态光敏树脂表面刮平准备打印，如图4-63所示。

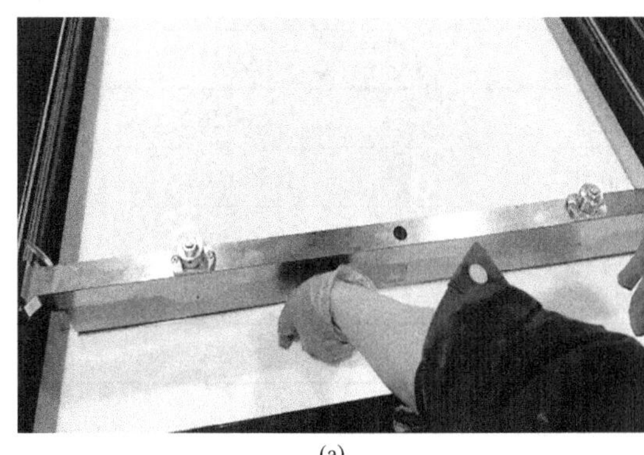

(a)

(b)

图4-63　清理刮刀

（3）设置打印机的参数，详见表4-42。对于同一种打印材料一般打印机的参数基本都通用，可根据打印情况自行微调。

表4-42　打印机参数

序号	参数名称		参数数值
1	刮刀	起刮高度	4.5mm
		刮平次数	1次
2	Z轴	加工高度	−0.5mm
		下沉高度	5mm
		完成下降高度	4mm
		完成上升高度	−140mm
3	延时	Z沉降结束	9s
		扫描结束	3s
		下沉等待	2s
		刮平结束	3s
		制作结束	10s

续表

序号	参数名称		参数数值
3	延时	沉降结束起刮前	0s
4	功率检测	检测模式—固定功率	324W
5	温度控制	设定温度	30℃
6	填充模式	模式	*X-Y*
		扫描线间距	0.08mm
7	树脂	DP	0.165
		EC	11.5
8	尺寸比例	*X* 向	1.0027
		Y 向	1.0026
9	速度	支撑过固化	0.26mm/s
		轮廓过固化	0.2mm/s
		填充过固化	0.18mm/s
		速度比例	1mm/s

注：DP—degree of polymerization，聚合度；EC—ethyl cellulose，乙烷纤维素。

（4）设置好打印的参数后，单击软件下方中间的三角形按钮开始打印，预估打印时间为 2h 左右。在打印刚开始时随时检查打印的情况，有问题随时修改，如图 4-64 所示。

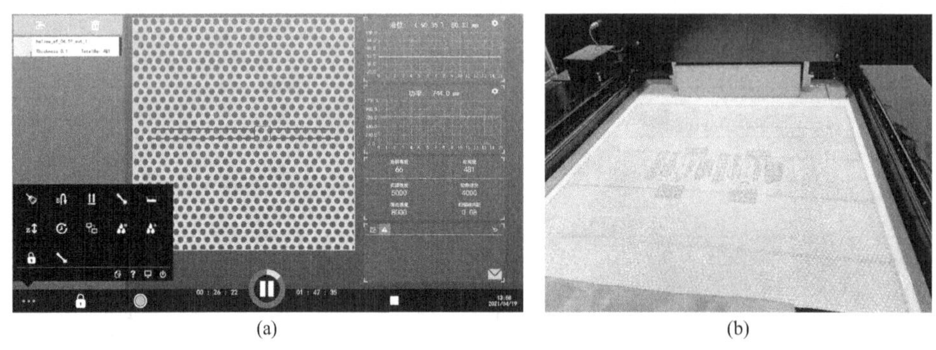

(a) (b)

图 4-64　打印机设置参数页面

三、零件的后处理

1. 取零件

零件打印完成后静置一会，操作员使用铲子在工作台表面轻铲零件的支撑，将零件小心取出，如图 4-65 所示。注意保护零件的脆弱部位，避免零件损坏。

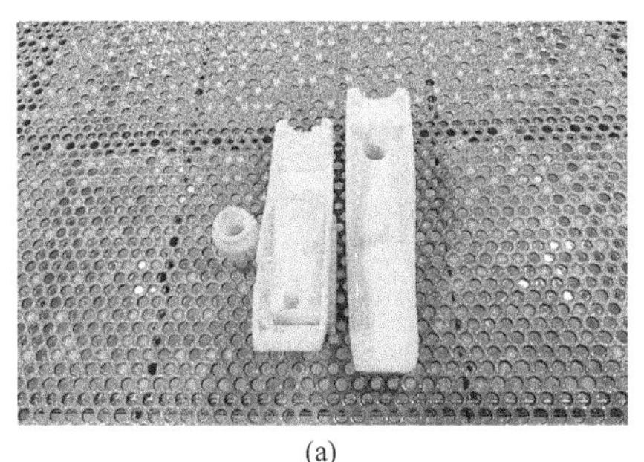
(a)

(b)

图 4-65　取零件

2. 去除零件支撑

将零件支撑较多的部位放入浓度为 75% 的酒精中浸泡一会儿，待支撑泡软一些后再手动去除零件支撑，如图 4-66 所示。可以借助铲子、砂纸等工具，注意保护零件脆弱部位避免损坏。

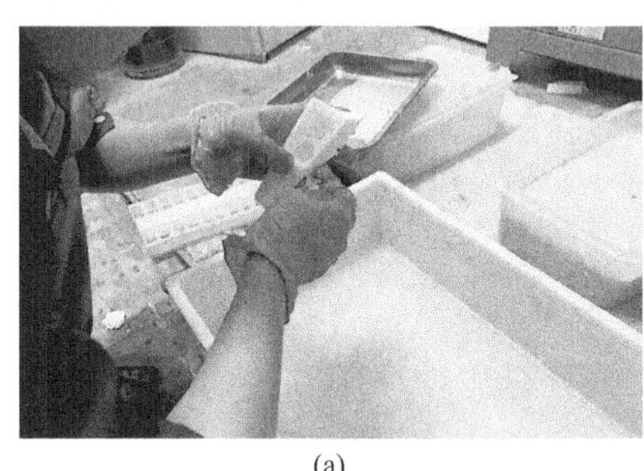
(a)

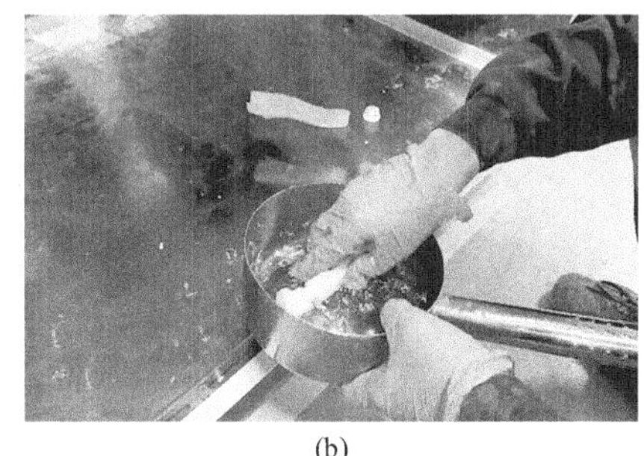
(b)

图 4-66　去除零件支撑

3. 光固化处理

因为零件在打印完成后表面仍有部分液态光敏树脂未完全固化，所以使用光固化机对零件进行光固化处理（时间约为 10min），提高零件表面的硬度和质量，如图 4-67 所示。

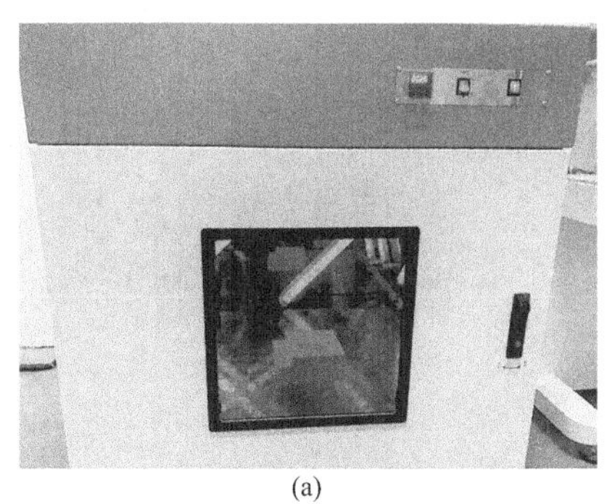
(a)

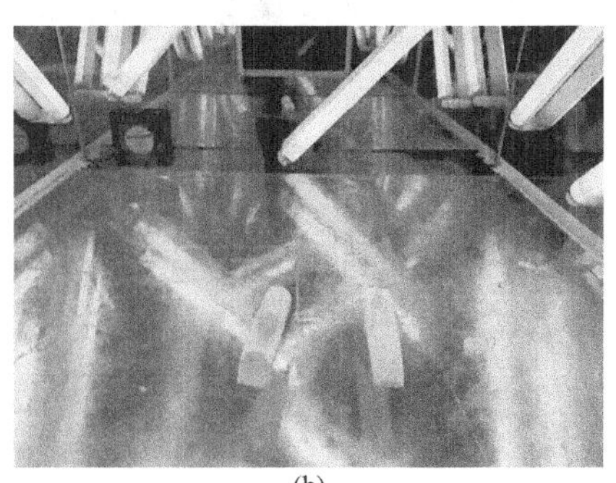
(b)

图 4-67　光固化处理

4. 零件的打磨

如果零件表面仍有粗糙的部位可以使用细砂纸进行打磨，再配合使用酒精清洗等方法处理。

四、零件的检测

将零件成品送到检测室检测零件的尺寸精度，如不合格查找原因修改后重新打印，精度合格则出库，如图 4-68 所示。

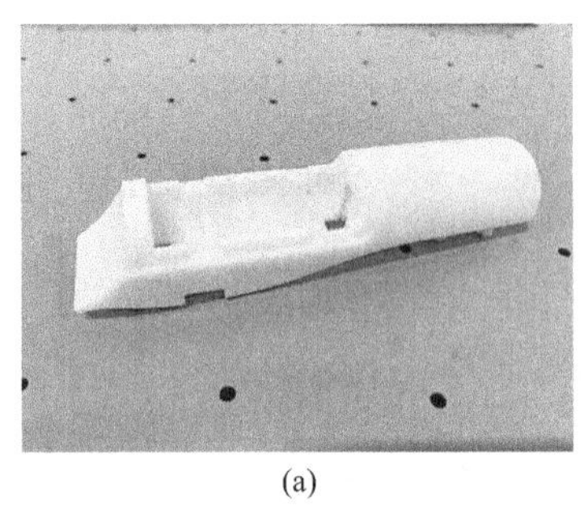
(a)

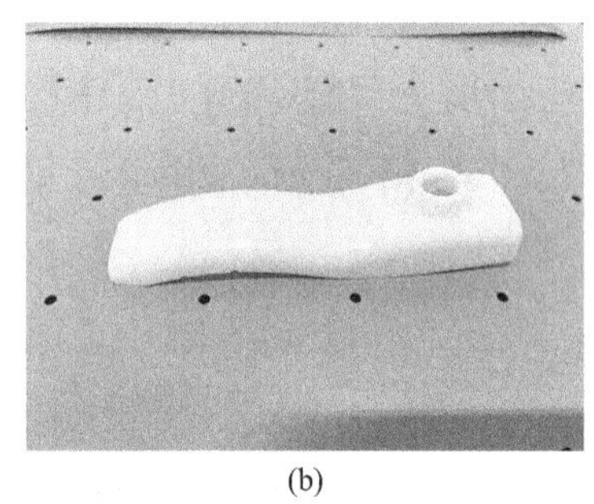
(b)

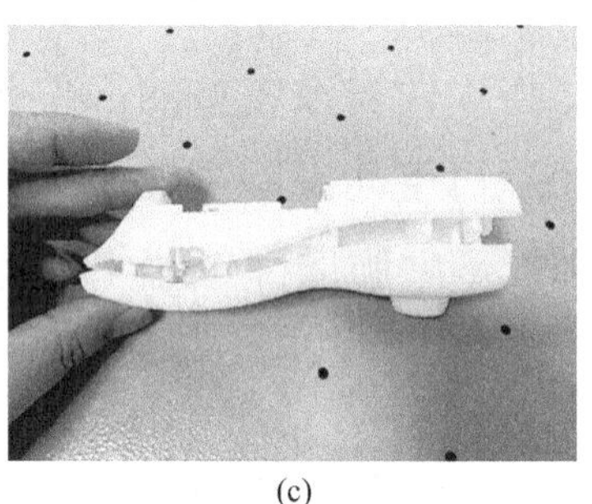
(c)

图 4-68　零件的成品

五、检查打印机

打印机在使用后，及时检查液态光敏树脂的存量，不足时补充；检查液态树脂是否有杂质，如有则及时清理；再次清理刮刀，让打印机处于正常的工作状态，为下次打印做好准备工作，如图 4-69 所示。

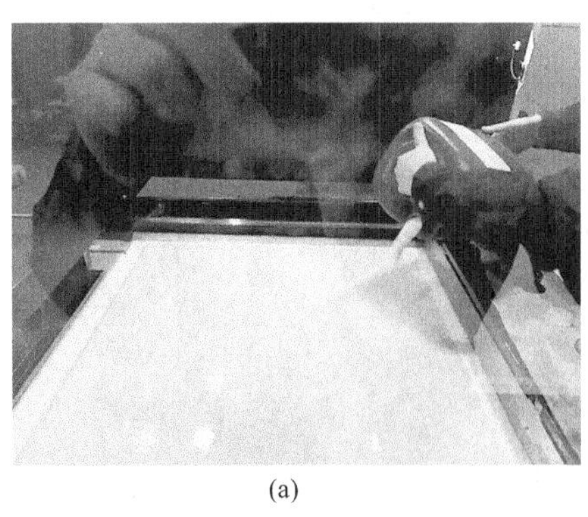
(a)

(b)

图 4-69　检查打印机

参考文献

[1] 单忠德.无模铸造 [M] . 北京：机械工业出版社，2017.

[2] 颜永年，单忠德.快速成形与铸造技术[M]. 北京：机械工业出版社，2004.

[3] 单忠德.机械装备工业节能减排制造技术[M]. 北京：机械工业出版社，2014.

[4] 李弘英，赵成志.铸造工艺设计[M]. 北京：机械工业出版社，2005.